普通高校"十二五"规划教材

数字逻辑原理与 FPGA 设计
（第 2 版）

刘昌华　管庶安　编著

北京航空航天大学出版社

内 容 简 介

本书系统介绍了数字逻辑的基本原理与 FPGA 设计的实际应用。主要内容包括：数字系统、数制与编码、逻辑代数基础、组合逻辑电路的分析与设计、时序逻辑电路的分析与设计、可编程逻辑器件、VHDL 设计基础、FPGA 设计基础、数字逻辑基础实验和数字系统 FPGA 设计实践等。相对第 1 版，本书增加了 FPGA 设计工具 Quartus Ⅱ 9.1 相关内容。基于 DE2-115 系列平台更新了第 9 章和第 10 章。

书中列举的设计实例都经 Quartus Ⅱ 9.1 工具编译通过，并在 DE2-115 开发板上通过了硬件测试，可直接使用。本书配有多媒体教学课件 PPT，可作为普通高等院校计算机、电子、通信、自动控制等专业的基础课教材，也可作为成人自学考试用书及电子设计工程师技术培训的指导教材。从事数字逻辑电路和系统设计的电子工程师亦可将本书内容作为参考。

图书在版编目(CIP)数据

数字逻辑原理与 FPGA 设计 / 刘昌华，管庶安编著
.--2 版. -- 北京：北京航空航天大学出版社，2015.8
ISBN 978-7-5124-1766-3

Ⅰ. ①数… Ⅱ. ①刘… ②管… Ⅲ. ①数字逻辑②可编程序逻辑器件—系统设计 Ⅳ. ①TP302.2②TP332.1

中国版本图书馆 CIP 数据核字(2015)第 082849 号

版权所有，侵权必究。

数字逻辑原理与 FPGA 设计(第 2 版)
刘昌华　管庶安　编著
责任编辑　王静竞

*

北京航空航天大学出版社出版发行

北京市海淀区学院路 37 号（邮编 100191）　http://www.buaapress.com.cn
发行部电话：(010)82317024　传真：(010)82328026
读者信箱：emsbook@buaacm.com.cn　邮购电话：(010)82316936
北京时代华都印刷有限公司印装　各地书店经销

*

开本：787×960　1/16　印张：22　字数：493 千字
2015 年 8 月第 2 版　2015 年 8 月第 1 次印刷　印数：3 000 册
ISBN 978-7-5124-1766-3　定价：49.00 元

若本书有倒页、脱页、缺页等印装质量问题，请与本社发行部联系调换　联系电话：(010)82317024

第 2 版前言

我们正处在一个信息的时代,事物发展和技术进步对传统的教育体系和人才培养模式提出了新的挑战。面向 21 世纪的高等教育正在对专业结构、课程体系、教学内容和教学方法进行系统改革,教材建设是改革的重要内容之一。随着信息技术的飞速发展,各行各业对信息学科人才的需求越来越多。如何为社会培养更多具有创新能力、解决实际问题能力和高素质的信息学科人才,是目前高等教育的重要任务之一。

《数字逻辑与数字系统》课程是计算机、电子、通信和自动控制等学科的基础课。设置本课程的主要目的是:使学生掌握数字系统分析与设计的基本知识与理论,熟悉各种不同规模的逻辑器件,掌握各类逻辑电路分析与设计的基本方法,为数字计算机和其他数字系统的硬件分析与设计奠定坚实的基础。针对教学的需求,国内外出版了大量相关的教科书。这些教科书各具特色,其中有许多被公认是十分优秀的作品。然而,最优秀的教科书也必须不断更新完善。

基于此,本书在初版的基础上,对第 1 章~第 7 章的内容做了部分删减和更新,并修正了部分错误。在第 8 章中,针对新的实验开发系统 DE2－115,删除了 FPGA 设计工具一节中关于 MAX＋plus Ⅱ 的描写。通过一个具体实例介绍了 FPGA 设计工具——Quartus Ⅱ 9.1 的基本使用方法和设计技巧。基于 DE2－115 系列平台更新了第 9 章和第 10 章中有关 FPGA 设计的内容。

本书是作者多年从事理论教学与实验教学的经验总结。从传授知识和培养能力的目标出发,结合本课程教学的特点、难点和要点编写而成的,是对《数字逻辑》课程体系、教学内容、教学方法和教学手段进行综合改革形成的具体成果。本书在讲清基本概念、基本原理的基础上,突出了分析方法和工程设计应用,强调了中大规模集成电路方面的内容,并对可编程逻辑器件(FPGA)进行了全面介绍。教学内容具有基础性和时代性,从理论与实践两方面解决了与后续课程的衔接,具有系统性强,内容新颖,适用性广的特点。

课程理论教学部分为 56～64 学时,实验部分为 16 学时。另外小学期可独立设计实验课,集中安排 36 学时的课程综合设计实践。理论学时建议:第 1 章 4 学时,第 2 章 6 学时,第 3 章 8 学时,第 4 章 8 学时,第 5 章 8 学时,第 6 章 2 学时,第 7～9 章 12 学时,第 10 章 8 学时。

全书可作为普通高等院校计算机、电子、通信、自动控制等专业的技术基础课教材,也可作为成人自学考试用书及电子设计工程师技术培训的指导教材。从事数字逻辑电路和系统设计的电子工程师亦可将本书作为参考。

  本书由刘昌华负责统稿，其中刘昌华编写第 1~4 章，第 7~10 章及附录，管庶安编写第 5 章和第 6 章。在编写本书的过程中，参考了许多同行专家的专著和文章。武汉轻工大学 Altera 公司 EDA/SOPC 联合实验室和武汉轻工大学数学与计算机学院《数字逻辑》课题组的全体老师均提出了许多珍贵意见，并给予了大力支持和鼓励，在此一并表示感谢。

  由于编者水平有限，书中难免会有许多不足和错误，敬请各位专家批评指正。有关本书相关问题请通过网站 http://szlj.whpu.edu.cn 或电子邮件 liuch@whpu.edu.cn 与作者联系。

刘昌华
2015 年 5 月于武汉轻工大学

  本教材还配有教学课件。需要用于教学的教师，请与北京航空航天大学出版社联系。北京航空航天大学出版社联系方式如下：

  通信地址：北京市海淀区学院路 37 号北京航空航天大学出版社嵌入式系统图书分社
  邮 编：100191
  电 话：010-82317035
  传 真：010-82328026
  E-mail：emsbook@buaacm.com.cn

第1版前言

国际上电子和计算机技术先进的国家一直在积极探索新的数字逻辑电路设计方法,在设计方法和设计工具方面都进行了彻底的变革,并取得了成功。因此,数字逻辑的研究和实现方法随之发生变化,从而促使数字逻辑的实验方法和实验手段也不断地更新、完善和开拓。20世纪90年代,在电子设计领域,可编程逻辑器件(FPGA)的应用已得到很好的普及,这些器件为数字逻辑的设计带来极大的灵活性。由于该器件可通过软件编程对其硬件结构和工作方式进行重构,使得硬件设计软件化,极大地改变了传统的数字逻辑系统设计方法、设计过程和设计理念。

"数字逻辑"是电子工程、电子技术和计算机类专业本、专科学生的重要专业基础课。本课程的主要目的是使学生掌握研究与设计数字系统必需的理论基础和基本方法,培养科学、严谨的思维模式,为学习后续课程打下坚实基础。

本课程的主要特点是理论与实际结合十分密切。随着电子信息技术的迅猛发展,数字系统的逻辑规模越来越庞大,逻辑关系越来越复杂,这一形势对本课程的教学提出了新的要求。在课程体系上,要求在掌握分析和设计逻辑电路的基本理论和方法的同时,注重从局部与具体向全局与抽象层次转变,逐步建立起系统的观念。

按照上述特点,采用从典型实例出发引入概念,再进行归纳、总结和运用巩固的方式。在方法的运用上,有意识地引导学生"按部就班"地从基本步骤逐步进入到技巧性运用。充分体现把理论变为实际应用过程的透明性、直观性;对于局部逻辑的分析与设计,突出输入、输出信号的来源、格式及它们之间的因果关系,为构建数字系统埋下伏笔。在系统设计上,强调由模块构建系统的基本方法,在实例中体现系统观念,并通过综合实例逐步使学生掌握复杂数字系统的设计方法。

本书的特点是以数字逻辑电路和系统设计为主线,结合丰富的实例按照由浅入深的学习规律,循序渐进,逐步引入相关的FPGA技术和工具,通俗易懂,重点突出。本书适合作为数字逻辑、EDA技术课程设计的教材和实验指导书,也可用于大学2~4年级学生、研究生教学及电子设计工程师技术培训,以提供和更新其采用VHDL语言和可编程逻辑器件的电子设计方法学方面的知识和技术,也可供从事数字系统设计的电子工程师参考。

本书系统地介绍了数字逻辑的基本原理与设计方法。为适应当前高等教育的发展形势,结合作者长期的教学实践,在内容安排上进行了调整,以介绍数字系统的组成、数字信号的特点、各种数字逻辑电路在系统中的基本应用为主,并增加了FPGA技术和硬件描述语言VHDL的内容。

数字逻辑原理与 FPGA 设计(第2版)

　　本书共分为10章。第1章介绍数字系统的基本概念、数制和编码；第2章详细介绍了逻辑代数的基础知识(这是后续各章节的数学基础)；第3章组合逻辑电路则介绍了逻辑门电路和组合逻辑分析与设计；第4章时序逻辑电路分析则介绍了触发器、同步时序逻辑分析、异步时序逻辑分析及常见的时序逻辑部件；第5章为时序逻辑电路设计；第6章介绍可编程逻辑器件的原理、可编程逻辑器件的基本结构和电路表示方法；第7章以示例形式介绍了VHDL语言基础知识与设计方法；第8章FPGA设计基础则介绍了EDA技术的内容、FPGA设计流程涉及Altera公司的FPGA设计工具MAX+plusII/Quartus II 软件的特点；第9章介绍了MAX+plusII和Quartus II软件的基本使用方法，并通过具体实例给出了在GW48EDA开发平台上使用MAX+plusII/Quartus II软件进行数字逻辑电路设计的EDA方法，并给出了10个数字逻辑基础实验和设计型实验供读者练习以加深理解；第10章介绍了数字系统的FPGA层次化设计方法，并给出了3个综合型应用实例，选编了10个数字系统综合设计课题，供读者进行练习或用于数字逻辑课程设计。书中列举的设计实例都经由MAX+plusII/Quartus II 工具编译通过，并在GW48EDA实验系统上进行了硬件测试，可直接使用。本书提供网上资料中包含了部分设计实例和实验题的VHDL源程序，综合性设计实例和设计课题参考源程序。

　　本书的思路是在作者多年从事"数字逻辑"课程教学及EDA工程实践基础上摸索出来的。本书的体系经过了多年本科教学实践的检验，效果很好，符合教育部高等学校计算机科学与技术专业教学指导委员会于2008年10月发布的《高等学校计算机科学与技术本科专业实践教学体系与规范》。中国地质大学教授博士生导师王典洪博士，解放军理工大学理学院电子技术实验中心主任夏汉初高级工程师，武汉工业学院计算机与信息工程系"数字逻辑"课题组的全体老师均对本书提出了许多宝贵意见，并给予了大力支持和鼓励，在此对他们的帮助表示衷心的感谢。本书也得到了相关EDA实验系统供应商的大力支持和配合，在此一并表示感谢。

　　本书由刘昌华、管庶安编写，刘昌华负责统稿。参与本书编写的还有郭峰林、张红武、丁月华、易逵、徐彤、赵庆等。毛俊、刘庆、王超、胡克亮、李杰、黎娜、吴黎明、刘刚等参与了本书的画图工作。由于编者水平有限，书中难免会有许多不足和错误，敬请各位专家多多批评指正。有关本书的相关问题请通过网站 www.whpu.edu.cn 或电子邮件 liuch@whpu.edu.cn 与作者联系。

编著者

2009年6月于武汉工业学院

目 录

第 1 章 绪 论

1.1 数字时代 ………………………………………………………………………… 1
   1.1.1 模拟信号 …………………………………………………………………… 1
   1.1.2 数字信号 …………………………………………………………………… 1
1.2 数字系统 ………………………………………………………………………… 2
   1.2.1 数字技术的优势 …………………………………………………………… 2
   1.2.2 数字逻辑电路 ……………………………………………………………… 3
   1.2.3 数字系统的组成 …………………………………………………………… 4
   1.2.4 典型的数字系统——计算机 ……………………………………………… 5
   1.2.5 数字逻辑的内容及研究方法 ……………………………………………… 6
1.3 数制及其转换 …………………………………………………………………… 6
   1.3.1 数　制 ……………………………………………………………………… 6
   1.3.2 数制转换 …………………………………………………………………… 7
1.4 带符号二进制数的代码表示 …………………………………………………… 10
1.5 编　码 …………………………………………………………………………… 13
   1.5.1 BCD 码 ……………………………………………………………………… 13
   1.5.2 格雷码 ……………………………………………………………………… 14
   1.5.3 奇偶校验码 ………………………………………………………………… 14
   1.5.4 ASCII 码 …………………………………………………………………… 15
1.6 习　题 …………………………………………………………………………… 16

第 2 章 逻辑代数基础

2.1 逻辑代数的基本概念 …………………………………………………………… 18

- 2.1.1 逻辑变量及基本运算 … 18
- 2.1.2 逻辑表达式 … 19
- 2.1.3 逻辑代数的公理 … 20
- 2.2 逻辑函数 … 22
  - 2.2.1 逻辑函数的定义 … 22
  - 2.2.2 逻辑函数的表示法 … 22
  - 2.2.3 复合逻辑 … 25
- 2.3 逻辑函数的标准形式 … 26
  - 2.3.1 最小项及最小项表达式 … 27
  - 2.3.2 最大项及最大项表达式 … 28
  - 2.3.3 逻辑函数表达式的转换方法 … 30
  - 2.3.4 逻辑函数的相等 … 34
- 2.4 逻辑代数的重要定理 … 35
  - 2.4.1 重要定理 … 35
  - 2.4.2 重要定理与最小项、最大项之间的关系 … 37
- 2.5 逻辑函数化简 … 38
  - 2.5.1 代数化简法 … 39
  - 2.5.2 卡诺图化简法 … 40
  - 2.5.3 具有任意项的逻辑函数的化简 … 46
- 2.6 习 题 … 46

第3章 组合逻辑电路

- 3.1 逻辑门电路的外特性 … 49
  - 3.1.1 简单逻辑门电路 … 49
  - 3.1.2 复合逻辑门电路 … 54
  - 3.1.3 门电路的主要外特性参数 … 56
  - 3.1.4 正逻辑与负逻辑 … 58
- 3.2 组合逻辑电路分析 … 60
  - 3.2.1 组合逻辑电路的基本特点 … 60
  - 3.2.2 分析流程 … 60
  - 3.2.3 计算机中常用组合逻辑电路分析举例 … 62
- 3.3 组合逻辑电路的设计 … 70
- 3.4 设计方法的灵活运用 … 72
  - 3.4.1 逻辑代数法 … 72

3.4.2 利用无关项简化设计 …………………………………… 74
3.4.3 分析设计法 …………………………………………… 77
3.5 组合逻辑电路的险象 …………………………………………… 78
3.5.1 险象的产生与分类 …………………………………… 78
3.5.2 险象的判断与消除 …………………………………… 79
3.6 计算机中常用的组合逻辑电路设计 …………………………… 82
3.6.1 8421 码加法器 ……………………………………… 82
3.6.2 七段译码器 …………………………………………… 84
3.6.3 多路选择器与多路分配器 …………………………… 87
3.7 习 题 …………………………………………………………… 90

第 4 章 时序逻辑电路分析

4.1 时序逻辑电路模型 ……………………………………………… 95
4.2 触发器 …………………………………………………………… 96
4.2.1 基本 R-S 触发器 …………………………………… 97
4.2.2 常用触发器 ………………………………………… 101
4.2.3 各类触发器的相互转换 …………………………… 106
4.2.4 集成触发器的主要特性参数 ……………………… 109
4.3 同步时序逻辑分析 …………………………………………… 109
4.3.1 同步时序逻辑电路描述 …………………………… 111
4.3.2 同步时序逻辑分析 ………………………………… 116
4.4 异步时序逻辑电路分析 ……………………………………… 120
4.5 计算机中常用的时序逻辑电路 ……………………………… 122
4.5.1 寄存器 ……………………………………………… 123
4.5.2 计数器 ……………………………………………… 126
4.5.3 节拍发生器 ………………………………………… 131
4.6 习 题 …………………………………………………………… 132

第 5 章 时序逻辑电路设计

5.1 同步时序逻辑设计的基本方法 ……………………………… 135
5.2 建立原始状态图 ……………………………………………… 140
5.3 状态化简 ……………………………………………………… 142
5.3.1 状态化简的基本原理 ……………………………… 143
5.3.2 完全定义状态化简方法 …………………………… 144

5.4 状态编码 ·· 147
      5.4.1 确定存储状态所需的触发器个数 ···································· 148
      5.4.2 用相邻编码法实现状态编码 ·· 148
   5.5 确定激励函数及输出方程 ·· 149
      5.5.1 选定触发器类型 ·· 149
      5.5.2 求激励函数及输出函数 ·· 149
      5.5.3 电路的"挂起"及恢复问题 ·· 151
   5.6 脉冲异步时序电路的设计方法 ··· 152
   5.7 时序逻辑设计举例 ··· 156
      5.7.1 序列检测器设计 ·· 156
      5.7.2 计数器设计 ·· 158
      5.7.3 基于MSI器件实现任意模值计数器 ···································· 161
   5.8 习 题 ··· 164

第6章 可编程逻辑器件

   6.1 可编程逻辑器件概述 ·· 168
      6.1.1 可编程逻辑器件的发展历程 ·· 168
      6.1.2 可编程逻辑器件分类 ·· 170
      6.1.3 可编程逻辑器件的结构 ·· 172
   6.2 简单PLD原理 ·· 173
      6.2.1 PLD中阵列的表示方法 ·· 173
      6.2.2 PROM ·· 175
      6.2.3 PLA器件 ··· 177
      6.2.4 PAL器件 ··· 178
      6.2.5 GAL器件 ··· 179
   6.3 CPLD ·· 180
      6.3.1 CPLD的基本结构 ··· 180
      6.3.2 Altera公司MAX系列CPLD简介 ······································· 181
   6.4 FPGA ··· 184
      6.4.1 FPGA的基本结构 ··· 184
      6.4.2 Altrea公司FPGA系列FLEX10K器件的结构 ························· 185
      6.4.3 嵌入阵列块(Embedded Array Block,EAB) ······················· 187
      6.4.4 逻辑阵列块(Logic Array Block,LAB) ····························· 188
      6.4.5 逻辑单元(Logic Element,LE) ····································· 189

6.4.6 快速通道互连 ··· 190
6.4.7 输入输出单元(IOE) ·· 191
6.5 习 题 ·· 192

第 7 章 VHDL 设计基础

7.1 VHDL 的基本组成 ·· 194
　7.1.1 实 体 ·· 194
　7.1.2 构造体 ·· 197
　7.1.3 程序包 ·· 200
　7.1.4 库 ··· 201
　7.1.5 配 置 ·· 202
7.2 VHDL 语言的基本要素 ·· 206
　7.2.1 VHDL 语言的标识符 ··· 206
　7.2.2 VHDL 语言的客体 ·· 207
　7.2.3 VHDL 语言的数据类型 ·· 209
　7.2.4 VHDL 语言的运算操作符 ··· 215
7.3 VHDL 语言的基本语句 ··· 217
　7.3.1 顺序描述语句 ··· 217
　7.3.2 并行语句 ··· 225
7.4 常见组合逻辑电路的 VHDL 设计 ·· 235
　7.4.1 编码器、译码器、选择器 ·· 235
　7.4.2 数值比较器 ·· 238
7.5 常见时序逻辑电路的 VHDL 设计 ·· 239
　7.5.1 触发器的 VHDL 设计 ·· 239
　7.5.2 锁存器和寄存器 ·· 241
　7.5.3 计数器 ·· 242
7.6 习 题 ·· 244

第 8 章 FPGA 设计基础

8.1 EDA 技术概述 ·· 246
　8.1.1 EDA 技术的发展历程 ·· 246
　8.1.2 EDA 技术的主要内容 ·· 247
　8.1.3 EDA 技术的发展趋势 ·· 248
8.2 FPGA 设计方法与设计流程 ··· 249

  8.2.1 基于 FPGA 的层次化设计方法 ……………………………………… 249

  8.2.2 基于 FPGA 技术的数字逻辑系统设计流程 ……………………… 250

 8.3 FPGA 设计工具 Quartus II 9.1 ……………………………………………… 254

  8.3.1 Quartus II 9.1 的特点 ………………………………………………… 254

  8.3.2 Quartus II 9.1 设计流程 ……………………………………………… 255

 8.4 Quartus II 9.1 设计入门 ……………………………………………………… 260

  8.4.1 启动 Quartus II 9.1 …………………………………………………… 260

  8.4.2 设计输入 ………………………………………………………………… 265

  8.4.3 编译综合 ………………………………………………………………… 269

  8.4.4 仿真测试 ………………………………………………………………… 270

  8.4.5 硬件测试 ………………………………………………………………… 274

 8.5 习 题 ……………………………………………………………………… 277

第 9 章 数字逻辑实验指南

 9.1 基于原理图输入设计 4 位加法器 …………………………………………… 278

  9.1.1 设计提示 ………………………………………………………………… 278

  9.1.2 Quartus II 设计流程 …………………………………………………… 278

 9.2 基于 VHDL 文本输入设计 7 段数码显示译码器 …………………………… 280

  9.2.1 设计提示 ………………………………………………………………… 280

  9.2.2 Quartus II 设计流程 …………………………………………………… 281

 9.3 基于原理图输入设计 M＝12 加法计数器 …………………………………… 285

  9.3.1 设计提示 ………………………………………………………………… 285

  9.3.2 Quartus II 设计流程 …………………………………………………… 285

 9.4 基于 Altera 宏功能模块 LPM_ROM 的 4 位乘法器设计 …………………… 287

  9.4.1 设计提示 ………………………………………………………………… 287

  9.4.2 Quartus II 设计流程 …………………………………………………… 288

 9.5 数字逻辑基础型实验 ………………………………………………………… 291

  9.5.1 实验 1 加法器的 FPGA 设计 ……………………………………… 291

  9.5.2 实验 2 译码器的 FPGA 设计 ……………………………………… 292

  9.5.3 实验 3 计数器的 FPGA 设计 ……………………………………… 293

  9.5.4 实验 4 100 分频十进制加法计数器 FPGA 设计 ………………… 294

  9.5.5 实验 5 伪随机信号发生器 FPGA 设计 …………………………… 295

  9.5.6 实验 6 应用 VHDL 完成简单组合电路 FPGA 设计 ……………… 296

  9.5.7 实验 7 应用 VHDL 完成简单时序电路 FPGA 设计 ……………… 296

  9.5.8 实验 8 基于 VHDL 语言的 4 位多功能加法计数器 FPGA 设计…………… 297

  9.5.9 实验 9 移位运算器 FPGA 设计 …………………………………………… 298

  9.5.10 实验 10 循环冗余校验(CRC)模块 FPGA 设计 ……………………… 301

9.6 习　题 ……………………………………………………………………………… 304

第 10 章　数字系统的 FPGA 设计

10.1 数字钟的 FPGA 设计 ……………………………………………………………… 307

  10.1.1 设计要求 ………………………………………………………………… 307

  10.1.2 功能描述 ………………………………………………………………… 307

  10.1.3 数字钟的层次化设计方案 ……………………………………………… 308

  10.1.4 数字钟的顶层设计和仿真 ……………………………………………… 313

  10.1.5 硬件测试 ………………………………………………………………… 313

10.2 乐曲演奏电路 FPGA 设计 ………………………………………………………… 315

  10.2.1 设计要求 ………………………………………………………………… 315

  10.2.2 原理描述 ………………………………………………………………… 316

  10.2.3 乐曲硬件演奏电路的层次化设计方案 ………………………………… 317

  10.2.4 乐曲硬件演奏电路顶层电路的设计和仿真 …………………………… 325

  10.2.5 硬件测试 ………………………………………………………………… 326

10.3 数字系统设计课题 ………………………………………………………………… 327

  10.3.1 课题 1 多功能运算器 FPGA 设计 …………………………………… 327

  10.3.2 课题 2 时序发生器 FPGA 设计 ……………………………………… 328

  10.3.3 课题 3 设计一个具有 3 种信号灯的交通灯控制系统 ……………… 328

  10.3.4 课题 4 设计一个基于 FPGA 芯片的弹道计时器 …………………… 329

  10.3.5 课题 5 设计一个基于 FPGA 芯片的汽车尾灯控制器 ……………… 330

  10.3.6 课题 6 数字密码锁 FPGA 设计 ……………………………………… 331

  10.3.7 课题 7 电梯控制器 FPGA 设计 ……………………………………… 332

  10.3.8 课题 8 自动售饮料控制器 VHDL 设计 …………………………… 333

  10.3.9 课题 9 出租车自动计费器 FPGA 设计 …………………………… 334

  10.3.10 课题 10 简易数字钟的设计 ………………………………………… 335

附　录　网上资料与教学课件 …………………………………………………………… 336

参考文献 …………………………………………………………………………………… 337

第 1 章 绪 论

1.1 数字时代

21世纪是信息数字化的时代。从计算机到数字电话,从 CD、VCD、DVD、数字电视等家庭娱乐音像设备到 CT 等医疗设备,从军用雷达到太空站,数字电子技术在计算机、仪器仪表、通信、航空航天等民用、军事的各个领域都得到了广泛应用。信息处理数字化是数字技术渗透到人类生活各个领域的基础,是人类进入信息时代的必要条件。而数字化编码的基础是采用"0"、"1"两个数码的二进制。因此,作为数字技术的基础,数字逻辑是计算机专业的主要技术基础课程。

1.1.1 模拟信号

模拟信号是指用连续变化的物理量所表达的信息,自然界中大多数物理量是模拟量。系统中被监测、处理和控制的输入输出经常是模拟量,如温度、湿度、压力、长度、电流、电压、速度等。我们通常又把模拟信号称为连续信号,它在一定的时间范围内可以有无限多个不同的取值,在数学上以正弦波来表示。模拟信号幅度的取值是连续的(幅值可由无限个数值表示)。时间上离散的模拟信号是一种抽样信号,它是对模拟信号每隔时间 T 抽样一次所得到的信号,虽然其波形在时间上是不连续的,但其幅度取值是连续的,所以仍是模拟信号,称为脉冲幅度调制(PAM,简称脉幅调制)信号。

模拟信号用电压、电流或与所反映的数量成比例的表头移动来表示其数值。如汽车的速度表,其指针的偏转与车速成比例,指针的偏转角度反映了车速的大小;普通水银温度计,水银柱的高度与房间温度成比例,用水银柱的高度表示温度值。

1.1.2 数字信号

数字信号是指在两个稳定状态之间呈阶跃式变化的信号。与人们熟悉的自然界中许多在时间和数值上都连续变化的物理量不同,数字信号在时间和数值上都是不连续的,其数值的变化总是发生在一系列离散时间的瞬间,数量的大小以及增减变化都是某一最小单位的整数倍。通常将这类物理量称为数字量,用于表示数字量的信号称为数字信号。数字信号有电位型

(图 1.1(a))和脉冲型(图 1.1(b))两种表示形式。电位型数字信号用信号的电位高低表示数字"1"和"0";脉冲型数字信号用脉冲的有无表示数字"1"和"0"。图 1.1(a)和(b)均表示数字信号 100110111。

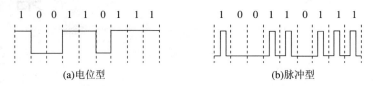

图 1.1 数字信号表示形式

数字信号的最小度量单位称为"比特(bit)",有时也叫"位",即二进制的一位。在媒体中传输的信号是以比特的电子形式组成的数据。比特是一种存在的状态:开或关,真或伪,上或下,入或出,黑或白。bit 即"二进制数字",亦即 0 和 1。"数字时代"准确的意思是"二进制数字时代"或"比特时代"。

数字信号在时间上和数值上均是离散的,它只有两种可能形式:开及关(或 1 和 0),在数学上用方波表示。早在 20 世纪 40 年代,仙农证明了采样定理,即在一定条件下,用离散的序列可以完全代表一个连续函数。就实质而言,采样定理为数字化技术奠定了重要基础。

1.2 数字系统

数字系统是指用来处理逻辑信息,并对数字信号进行加工、传输和存储的电路实体。最常见的数字系统包括计算机、计算器、数字音像设备、数字电话系统等。通常,一个数字系统由若干个单元电路组成,各单元电路的功能相对独立而又相互配合,共同实现了数字系统。构成数字系统的单元电路称为数字逻辑电路,它是"数字逻辑"的研究对象。

1.2.1 数字技术的优势

数字系统处理的是数字信号,当数字系统要与模拟信号发生联系时,必须经过模/数(A/D)转换和数/模(D/A)转换电路对信号类型进行变换。数字技术是将模拟(连续)过程(如话音、地图、信息传输、发动机的运转过程等)按一定规则进行离散取样,然后进行加工、处理、控制和管理的技术。数字技术与模拟技术相比具有便于处理、控制精度高、通用灵活和抗环境干扰能力强等一系列优点。

数字技术的重要性至少可以体现在以下几个方面:

(1) 数字技术是数字计算机的基础。若没有数字化技术,就没有当今的计算机,因为数字计算机的一切运算和功能都是用数字来完成的。

(2) 数字技术是多媒体技术的基础。数字、文字、图像、语音,包括虚拟现实及可视世界的各种信息等,实际上通过采样定理都可以用 0 和 1 来表示。这样数字化以后的 0 和 1 就是各种信息最基本、最简单的表示。因此计算机不仅可以计算,还可以发出声音、打电话、发传真、放录像、看电影,这就是因为 0 和 1 可以表示这种多媒体的形象。用 0 和 1 还可以产生虚拟的房子,因此用数字媒体可以代表各种媒体,可以描述千差万别的现实世界。

(3) 数字技术是软件技术的基础,是智能技术的基础。软件中的系统软件、工具软件、应用软件等,信号处理技术中的数字滤波、编码、加密、解压缩等都是基于数字化实现的。例如图像的数据量很大,数字化后可以将数据压缩至 1/10 甚至几百分之一;图像受到干扰变得模糊,可以用滤波技术使其变得清晰。这些都是经过数字化处理后所得到的结果。

(4) 数字技术是信息社会的技术基础。数字化技术还正在引发一场范围广泛的产品革命,各种家用电器设备、信息处理设备都将向数字化方向变化,如数字电视、数字广播、数字电影、DVD 等,现在通信网络也向数字化方向发展。

(5) 数字技术是信息社会的技术基础。有人把信息社会的经济说成是数字经济,这足以证明数字化对社会的影响有多么重大。

从 20 世纪 90 年代开始整个社会进入数字化、信息化、知识化的时代,数字技术与国民经济和社会生活的关系日益密切,计算机、计算机网络、通信、电视及音像传媒、自动控制、医疗、测量等无不纳入数字技术并获得了较大的技术进步。

在人们的日常生活中,每天的生活用品已逐渐从模拟形式变化为数字形式。音频数字化产了 CD 光盘,图像数字化产生了 DVD,还有数字电视、数字相机、数字化移动电话、数字化 X 片、核磁共振成像仪,以及数字心电图仪、超声系统等现代医疗仪器等。这些仅是数字化革命所带来的一部分应用。伴随着现代电子技术的飞速发展,数字领域的增长将继续强劲。或许现在的汽车已配备了车用计算机,它把仪表盘变为无线通信、导航及信息中心。一旦建立相应基础设施,电话和电视系统将会进入数字化时代,电话机就像一个训练有素的秘书一样,可以接收、分类信息、回复来电,当观看了重要电视内容时,所看的内容在几秒钟内即可传到家中,并存储在电视机内存中,以供随时回放。

1.2.2 数字逻辑电路

数字逻辑研究的对象是数字电路。从功能上说,它除了可以对信号进行算术运算外,还能够进行逻辑判断,即具有一定的"逻辑思维能力"。所谓逻辑就是指一定的规律性。逻辑电路就是按一定的规律控制和传送多种信号的电路,它实际上就是用电来控制的开关。当满足某些条件时,开关即接通,信号就能通过;否则开关断开,信号不能通过,所以逻辑电路又叫开关电路或门电路,它是构成数字电路的基本单元。

数字逻辑电路简称为数字电路或逻辑电路,其基本任务是用电子电路的形式实现逻辑运算。在逻辑电路中,两个基本逻辑量以高电平与低电平的形式出现。例如用高电平代表逻辑 1,用低电平代表逻辑 0。逻辑电路就是要根据用户希望达到的目的,运用逻辑运算法则对数字量进行运算。

数字逻辑电路具有如下特点：

(1) 被处理的量为逻辑量,且用高电平或低电平表示,不存在介于高、低电平之间的量。例如,规定高于3.6 V的电位一律认作高电平,记为逻辑1;低于1.4 V的电位一律认作低电平,记为逻辑0。一般干扰很难如此大幅度地改变电平值,故工作中抗干扰能力很强,数据不容易出错。

(2) 表示数据的基本逻辑量的位数可以很多,当进行数值运算时,可以达到很精确的程度;当进行信息处理时,可以表达非常多的信息。

(3) 随着电子技术的进步,逻辑电路的工作速度越来越高,通常完成一次基本逻辑运算花费的时间为纳秒(10^{-9} s)级;尽管完成一个数据的运算要分解为大量的基本逻辑运算,但在电路中可以让大量的基本逻辑运算单元并行工作,因此处理数据的速度非常高。

(4) 因基本逻辑量仅有两个,故基本逻辑运算类型少,仅有3种。任何复杂的运算都是由这3种逻辑运算构成的。在逻辑电路中,实现3种运算的电路称为逻辑门。逻辑运算电路就是3种门的大量重复,因此,在制作工艺上逻辑电路要比模拟电路容易得多。

随着集成电路技术的发展,数字逻辑电路的集成度(每一个芯片所包含门的个数)越来越高。从早期的小规模集成电路(SSI)、中规模集成电路(MSI),到现在广泛应用的大规模集成电路(LSI)、超大规模集成电路(VLSI)和甚大规模集成电路(ULSI),使数字系统的功能越来越强、体积越来越小,成本越来越低。值得一提的是,目前广泛应用的大规模可编程逻辑门阵列PLD(Programmable logic Device)集成电路,可以让用户按自己需要的逻辑功能开发数字系统;所配备的开发工具功能也极为强大,使一个复杂的数字系统的开发周期大大缩短,第8章将详细介绍PLD的设计工具和设计方法。

1.2.3 数字系统的组成

数字系统可以认为是一种层次结构。任何复杂的数字系统都是由最底层的基本电路开始逐步向上构建起来的。从底层向上,复杂度逐层增加,功能不断增强,如图1.2所示。基本电路由单独的元件组成,能执行特定的功能。各种元件,如电阻、电容、三极管、二极管等,对电路设计者有用,但对系统设计者不会马上有用。

图1.2 数字系统的层次结构

集成电路是构成数字系统的物质基础,数字系统设计时考虑的基本逻辑单元为逻辑门,一旦理解了基本逻辑门的工作原理,便不必过于关心门电路内部电子线路的细节,而是更多地关注它们的外部特性及用途,以便实现更高一级的逻辑功能。

1.2.4 典型的数字系统——计算机

计算机是一种能够自动、高速、精确地完成数值计算、数据加工和控制、管理等功能的数字系统。计算机由存储器、运算器、控制器、输入设备、输出设备以及适配器等主要部分组成。各部分通过总线连成一个整体即数字系统。图1.3所示为数字计算机的基本结构。这些单元均由逻辑电路组成,它们用来处理和修改二进制信息,即数据和指令。在这些电路中,也为保存二进制信息作准备,信息存储是由存储器来实现的。一台计算机的操作包括一系列数据和指令从存储器转移到存储器,并同时完成对信息的修改和处理。

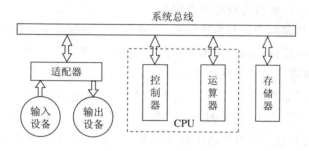

图 1.3 数字计算机的基本结构

大多数对数据的数学和逻辑操作都在运算器(ALU)中完成。从图1.3可见运算器和存储器间存在双向通信。运算器从存储器接收数据,对其执行操作,且将中间和最终结果送到存储器。存储器分若干子存储单元(亦称寄存器),每一个单元有一个地址,每一个地址只存一个数。指令也保存在存储器中,每条指令分别存在一个地址中。这些指令中的每一条都由一个用来确定要执行操作类型的命令,加上指明操作中所用数值数据位置的一个或多个地址构成。在程序开始运行之前,各指令和数值数据就已经存放在存储器中了。

控制器从存储器中一次接收一条指令,并对其作出解释。在存储器中程序指令是顺序存储的。利用位于控制器中的程序计数器可指出下一条指令的地址,正确的指令传到控制单元,被保存在指令寄存器中便于译码。通过译码,控制器使得不同的单元建立连接,以便每一条指令得以恰当执行。当建立了正确连接时,根据特殊指令要求,运算器就可起各种作用,如加法器、乘法器等。控制器也在存储器中建立连接,以便运算器获得对于指令而言的正确数据。输入输出单元是计算机与外界的接口,当计算机和外界用不同的速度和语言操作时,在它们之间交换数据。输入单元从外界接收数据和指令,并将其传送到存储器中。输出单元接收数值结果,且将其传送给外界。

1.2.5 数字逻辑的内容及研究方法

数字逻辑的主要内容包括:逻辑代数、逻辑电路及其分析和设计方法。

逻辑代数是数字逻辑的数学基础,是逻辑电路分析和设计的数学工具。其基本内容是:对逻辑量进行运算的规律、法则和方法。

逻辑电路是实现逻辑运算的物质基础,因此,必须研究逻辑电路的结构及工作原理。研究方法分为"逻辑电路分析"与"逻辑电路设计"。逻辑电路分析就是对一个给定的逻辑电路,分析其工作原理,获得该电路所具有的逻辑功能;逻辑电路设计就是根据给定的功能要求,设计出逻辑电路。从信号加工、处理的角度看,被处理的原始数据是电路的输入,处理后的结果数据是电路的输出。逻辑电路分析与设计就是要研究输入与输出之间的逻辑关系,以及实现这种关系所采用的方法。逻辑设计也称为逻辑综合。

数字逻辑有一套严谨的理论与方法体系,并且与实际问题结合非常密切,在理论与方法的运用上表现出很强的灵活性。随着逻辑规模的日益增长,逻辑关系也日益复杂。面对这一形势,读者应特别注重基本理论和方法的准确、熟练掌握,在实践中提高灵活运用能力,善于协调局部和整体之间的关系。EDA 技术(Electronics Design Automation,电子设计自动化)是进行逻辑分析与设计的强有力工具,掌握这一工具是对现代数字系统设计者的基本要求。虽然EDA 把设计者从过去繁重的脑力劳动中解放出来,但是正确、合理地运用这一工具实现设计的前提条件仍然是数字逻辑的基本理论和方法。

1.3 数制及其转换

数字技术中使用了多种数制,最常用的有十进制、二进制、八进制和十六进制。数制是人们对数量计数的一种统计规律。在日常生活中,人们已习惯于使用十进制数,而在数字系统中,为便于用电路实现对数据进行加工处理,并与逻辑运算相统一,多采用二进制,但二进制书写、识别都不方便。为了克服二进制的不足,通常采用八进制和十六进制作为二进制的缩写。

1.3.1 数 制

任何一种数制都包括基数、进位规则及位权三个特征。基数是指数制中所采用的数字符号(又称为数码)个数,基数为 R 的数制称为 R 进制。R 进制中有 $0 \sim R-1$ 共 R 个数字符号,进位规律是"逢 R 进一",一个 R 进制数 N 可表示为:

$$(N)_R = (K_{n-1} K_{n-2} \cdots K_1 K_0 . K_{-1} K_{-2} \cdots K_{-m})_R \qquad 并列表示法(位置计数法)$$

或

$$(N)_R = \sum_{i=-m}^{n-1} K_i \times R^i$$

多项式表示法(按权展开式)

式中：R——基数；

K_i——$0 \sim R-1$ 中的一个数字符号；

n——正整数，表示数 N 的整数部分位数；

m——正整数，表示数 N 的小数部分位数；

R^i——数 N 第 i 位的位权。

可见，R 进制的特征有：基数为 R，从 $0 \sim R-1$ 共有 R 个数字符号；进位规律是"逢 R 进一"；各位数字的位权为 R^i，$i=-m \sim (n-1)$。4 种常用数制的特点如表 1.1 所列。

表 1.1 4 种常用数制的特点

数制	数字符号	进位规则	表示形式	位权
十进制(DEC)	0,1,2,3,4 5,6,7,8,9	逢十进一借一当十	$\sum_{i=-m}^{n-1} K_i \times 10^i$	10^i
二进制(BIN)	0,1	逢二进一借一当二	$\sum_{i=-m}^{n-1} K_i \times 2^i$	2^i
八进制(OCT)	0,1,2,3,4,5,6,7	逢八进一借一当八	$\sum_{i=-m}^{n-1} K_i \times 8^i$	8^i
十六进制(HEX)	0,1,2,3,4,5,6,7 8,9,A,B,C,D,E,F	逢十六进一借一当十六	$\sum_{i=-m}^{n-1} K_i \times 16^i$	16^i

在实际使用数制时，常将各种数制用简码来表示，如十进制数用 D 表示或省略(默认)；二进制用 B 表示；八进制用 O 表示；十六进制数用 H 表示。

例如：十进制数 168 表示为 168D 或者 168；二进制数 1001 表示为 1001B；八进制数 789 表示为 789O；十六进制数 3E8 表示为 3E8H。

1.3.2 数制转换

二进制数和十六进制数广泛用于数字系统的内部运算，但人们通常习惯与十进制数打交道，因此在数字系统的输入端必须将十进制数转换为二进制数或十六进制数以便于传送、存储和处理，处理的结果又必须转换为十进制数以方便阅读和理解。所以数制的转换可分为十进制数与非十进数之间的相互转换以及非十进制数之间的相互转换两类。表 1.2 给出了 4 种常用进制数码之间的对应关系。

表 1.2　4 种常用进制数码之间的对应关系

十进制数	二进制数	八进制数	十六进制数	十进制数	二进制数	八进制数	十六进制数
0	0000	0	0	8	1000	10	8
1	0001	1	1	9	1001	11	9
2	0010	2	2	10	1010	12	A
3	0011	3	3	11	1011	13	B
4	0100	4	4	12	1100	14	C
5	0101	5	5	13	1101	15	D
6	0110	6	6	14	1110	16	E
7	0111	7	7	15	1111	17	F

1. 非十进制数转换成十进制数

由于任意一个数都可以按权展开为 $\sum_{i=-m}^{n-1} K_i \times R^i$，于是很容易将一个非十进制数转换为相应的十进制数。具体步骤是：将一个非十进制数按权展开成一个多项式，每项是该位的数码与相应的权之积，把多项式按十进制数的运算规则进行求和运算，所得结果即是该数对应的十进制值。

例 1-1　将二进制数 10101.011B 转换为十进制数。

解：$10101.011\text{B} = 1\times 2^4 + 0\times 2^3 + 1\times 2^2 + 0\times 2^1 + 1\times 2^0 + 0\times 2^{-1} + 1\times 2^{-2} + 1\times 2^{-3}$
　　　　　　$= 16 + 0 + 4 + 0 + 1 + 0 + 0.25 + 0.125$
　　　　　　$= 21.375\text{D}$

例 1-2　将十六进制数 5E.4BH 转换为十进制数。

解：$5\text{E}.4\text{BH} = 5\times 16^1 + 14\times 16^0 + 4\times 16^{-1} + 11\times 16^{-2}$
　　　　　　$= 80 + 14 + 0.25 + 0.04296875$
　　　　　　$= 94.29296875\text{D}$

2. 十进制数转换成非十进制数

十进制数转换为非十进制数时，可将其整数部分和小数部分分别进行转换，最后将结果合并为待转换的目的数。下面以十进制数转换为二进制数为例进行说明。

(1) 整数部分的转换

由于任何十进制整数 S 可以表示为：

$$(S)_{10} = k_n 2^n + k_{n-1} 2^{n-1} + \cdots + k_1 2^1 + k_0 2^0 \qquad (1-1)$$

式(1-1)中的 $k_n, k_{n-1}, \cdots, k_1, k_0$ 是二进制数各位的数码。要实现转换，只需得到 $k_n, k_{n-1}, \cdots, k_1, k_0$ 的值。为此，将等式两边除以 2，得到余数 k_0，将商再除以 2，得到 k_1……，以此类推，直到商为 0，就可由以上所有的余数求出对应的二进制数。

例 1-3 将 173D 化为二进制数。

解：

```
2 | 173   ……   余1   ……   K₀
2 |  86   ……   余0   ……   K₁
2 |  43   ……   余1   ……   K₂
2 |  21   ……   余1   ……   K₃
2 |  10   ……   余0   ……   K₄
2 |   5   ……   余1   ……   K₅
2 |   2   ……   余0   ……   K₆
2 |   1   ……   余1   ……   K₇
      0
```

所以 173D=10101101B。

可见，十进制整数转换为非十进制整数是采用除基取余法。所谓除基取余法就是用欲转换的数据的基数去除十进制数的整数部分，第一次除得的余数为目的数的最低位，把得到的商再除以该基数，所得余数为目的数的次低位……以此类推，直到商为 0 时，所得余数为目的数的最高位。

（2）小数部分的转换

若 $(S)_{10}$ 是一个十进制的小数，对应的二进制小数为 $(0.k_{-1}k_{-2}\cdots k_{-m})_2$，则

$$(S)_{10} = k_{-1}2^{-1} + k_{-2}2^{-2} + \cdots + k_{-m}2^{-m} \tag{1-2}$$

将上式两边同乘以 2 得到：

$$2(S)_{10} = k_{-1} + k_{-2}2^{-1} + k_{-3}2^{-2} + \cdots + k_{-m}2^{-m+1} \tag{1-3}$$

显然，式（1-3）所得乘积的整数部分为 k_{-1}，依次类推，将每次十进制数乘以 2 所得积中的个位数去掉，再继续乘 2 运算，直到小数部分为 0 或满足精度要求为止，就可将十进制小数转换为二进制小数。

例 1-4 将 $(0.625)_{10}$ 化为二进制小数。

解：$0.625 \times 2 = \boxed{1}.250 \ldots\ldots k_{-1}=1$ 最高位小数

$0.250 \times 2 = \boxed{0}.500 \ldots\ldots k_{-2}=0$

$0.500 \times 2 = \boxed{1}.000 \ldots\ldots k_{-3}=1$ 最低位小数

所以 0.625D=0.101B。

一般地说，十进制小数转换为非十进制小数是采用乘基取整法。所谓乘基取整法就是用该小数乘上目的数制的基数，第一次乘的结果的整数部分为目的数的小数部分的最高位，其小数部分再乘上基数，所得结果的整数部分为目的数的次高位……依次类推，继续上述过程，直到小数部分为 0 或达到要求的精度为止。这里需要说明两点：首先，乘基数 R 所得的非 0 整数不能参加连乘；其次，在十进制小数部分的转换中，有时连续乘 R 不一定能使小数部分等于

0,也就是说该十进制小数不能用有限位的 R 进制小数来表示,此时只要取足够多的位数,使转换误差达到要求的精度就行了。

3. 二进制、十六进制数、八进制的相互转换

由于 4 位二进制数共有 16 种组合,并且正好与十六进制的 16 种组合一致,故将每 4 位二进制数分为一组,让其对应一位十六进制数,便可非常容易地实现二进制数与十六进制之间的转换。转换规则如下:

(1) 二进制数转换为十六进制数时,只要将二进制数的整数部分自右向左每 4 位分为一组,最后不足 4 位的在左边用零补足 4 位;小数部分自左向右每 4 位分为一组,最后不足 4 位时在右边补零。再把每 4 位二进制数对应的十六进制数写出来即可。

(2) 十六进制数转换为二进制数时,只要将每位十六进制数用对应的 4 位二进制数写出来就行了。下面通过两个例子来说其转换过程。

例 1-5 将二进制数 1010110101.1100101B 转换为十六进制数。

解:二进制数为:0010 1011 0101. 1100 1010
　　十六进制数为: 2　　B　　5.　C　　A

所以,1010110101.1100101B=2B5.CAH。

例 1-6 将十六进制数 B2C.4AH 转换为二进制数。

解:将每位十六进制数用 4 位二进制数表示,得:
　　　　B　　2　　C. 　4　　A
　　1011 0010 1100. 0100 1010

所以,B2C.4AH=101100101100.0100101B。

同理可知,只要将 3 位二进制数分为一组,或者每个八进制数用 3 位对应的二进制数表示,即可实现二进制数与八进制数的相互转换。八进制数与十六进制数的相互转换只须用二进制数作为桥梁,即先将其转换为二进制数,再转换为目的数即可,非常方便,不再赘述。

1.4　带符号二进制数的代码表示

算术运算总会出现负数。前面讨论的数没有考虑符号问题,即默认是正数。一个实际的数包含符号和数值两部分,由于数的符号可用"正(+)"、"负(-)"两个离散信息来表示,因此可用一个二进制位来表示数的符号。习惯上将一个 n 位二进制数的最高位(最左边的一位)用作符号位,符号位为 0 表示正数,为 1 表示负数,其余 $n-1$ 位则表示数值的大小。直接用"+"或"-"来表示符号的二进制数称为带符号数的真值。显然一个数的真值形式不能直接在计算机中使用。若将符号用前述方法数值化,则这个带符号的数就可以在计算机中使用了,所谓机器数就是把符号数值化后能在计算机中使用的符号数。二进制数真值与其对应的机器数表示法见表 1.3。

表 1.3 二进制数真值与其对应的机器数表示法示例表

二进制数 $\|N\|=0.1101$	N 为正数	N 为负数
真值表示	$N=+0.1101$	$N=-0.1101$
机器数表示	$N=0.1101$	$N=1.1101$

为了简化运算,在数字系统中,人们常将机器数分为原码、反码、补码 3 种表示形式。

1. 原码(True Form)

原码实际上就是一个机器数的"符号+数值"表示形式。用"0"表示正数的符号;"1"表示负数的符号;数值部分保持不变。

例 1-7　$N_1=+10011, N_2=-01010$

　　　　$[N_1]_原=010011, [N_2]_原=101010$

原码表示的特点:

(1) 真值 0 有两种原码表示形式,即 $[+0]_原=00\ldots0$　$[-0]_原=10\ldots0$。

(2) 表示范围:$-127 \sim +127$(8 位二进制数)。

原码公式如下:

整数:(含一位符号位)

$$[N]_原 = \begin{cases} N & 0 \leqslant N < 2^{n-1} \\ 2^{n-1}-N & -2^{n-1} < N \leqslant 0 \end{cases} \quad (1-4)$$

定点小数:(含一位符号位)

$$[N]_原 = \begin{cases} N & 0 \leqslant N < 1 \\ 1-N & -1 < N \leqslant 0 \end{cases} \quad (1-5)$$

2. 反码(One's Complement)

对于正数,其反码表示与原码表示相同,对于负数,符号位为 1,其余各位是将原码数值按位求反。

例 1-8　$N_1=+10011, N_2=-01010$

　　　　$[N_1]_反=010011, [N_2]_反=110101$

反码表示的特点:

(1) 真值 0 也有两种反码表示形式,即 $[+0]_反=00\ldots0,[-0]_反=11\ldots1$。

(2) 表示范围:$-127 \sim +127$(8 位二进制数)。

反码公式如下:

整数:(含一位符号位)

$$[N]_反 = \begin{cases} N & 0 \leqslant N < 2^{n-1} \\ (2^n-1)+N & -2^{n-1} < N \leqslant 0 \end{cases} \quad (1-6)$$

定点小数:(含一位符号位)

$$[N]_{反} = \begin{cases} N & 0 \leq N < 1 \\ (2-2^{-m})+N & -1 < N \leq 0 \end{cases} \quad (1-7)$$

用反码进行加减运算时,若运算结果的符号位产生了进位,则要将此进位加到中间结果的最低位才能得到最终的运算结果,并且±0 的反码表示也不相同,所以用反码进行运算也不方便。

3. 补码(Two's Complement)

对于正数,其补码表示与原码表示相同,对于负数,符号位为1,其余各位是在反码数值的末位加"1"。

例 1-9 $N_1 = +10011, N_2 = -01010$

$[N_1]_补 = 010011, [N_2]_补 = 110110$

补码表示的特点:

(1) 真值 0 只有一种补码表示形式,即$(+0)_补 = (-0)_补 = 0.00\ldots0$。

(2) 表示范围:$-128 \sim +127$(8 位二进制数)。

补码公式如下:

整数:(含一位符号位)

$$[N]_补 = \begin{cases} N & 0 \leq N < 2^{n-1} \\ 2^n + N & -2^{n-1} \leq N < 0 \end{cases} \quad (1-8)$$

定点小数:(含一位符号位)

$$[N]_补 = \begin{cases} N & 0 \leq N < 1 \\ 2+N & -1 \leq N < 0 \end{cases} \quad (1-9)$$

补码具有如下运算规则:

$[N_1+N_2]_补 = [N_1]_补 + [N_2]_补$

$[N_1-N_2]_补 = [N_1]_补 + [-N_2]_补$

采用补码运算时,符号位和数值位要一起参加运算,如符号位产生进位,则丢掉此进位。运算结果若符号位为0,说明是正数的补码;运算结果若符号位为1,说明是负数的补码。

例 1-10 若 $N_1 = -0.1100, N_2 = -0.0010$,求$[N_1+N_2]_补$和$[N_1-N_2]_补$。

解:(1) $[N_1+N_2]_补 = [N_1]_补 + [N_2]_补 = 1.0100 + 1.1110 = 11.0010$

由于运算结果的符号位产生了进位,要丢掉这个进位,所以

$[N_1+N_2]_补 = 1.0010$

运算结果的符号位为1,说明运算结果是负数的补码,因此需对运算结果再次求补才能得到原码:

$[N_1+N_2]_原 = 1.1110$

故运算结果的真值为:

$N_1+N_2 = -0.1110$

(2) $[N_1-N_2]_补 = [N_1]_补 + [-N_2]_补 = 1.0100 + 0.0010 = 1.0110$

运算结果的符号位为1,说明运算结果是负数的补码,因此需对运算结果再次求补才能得到原码:

$[N_1-N_2]_原 = 1.1010$

故运算结果的真值为:

$N_1-N_2 = -0.1010$

从上面的讨论可以看出,用原码进行减法运算时,必须进行真正的减法,不能用加法来代替,所需的逻辑电路较复杂,运算时间较长;用反码进行减法运算时,若符号位产生了进位就要进行两次加法运算;用补码进行减法运算时,只需进行一次算术加法。因此,在计算机等数字系统中,几乎都用补码来进行加、减运算。

1.5 编 码

在数字系统中,任何数字和文本、声音、图形图像等信息都是用二进制的数字化代码来表示的。二进制有"0"、"1"两个数字符号,n 位二进制可有 2^n 种不同的组合,换言之,n 位二进制可表示 2^n 种不同的信息。指定某一数码组合去代表某个给定信息的过程称为编码,而这个数码组合则称为代码。代码是不同信息的代号,不一定有数的意义。数字系统中常用的编码有两类,一类是二进制编码,另一类是二-十进制编码。

1.5.1 BCD 码

用 4 位二进制数表示一位十进制数的编码,称为 BCD(Binary – Coded – Decimal)码或二-十进制编码。4 位二进制数有 16 种组合值,究竟取哪十种值,这就形成了各种不同的编码。表 1.4 列出了几种常用的 BCD 码。

表 1.4 常用 BCD 码

十进制数	8421 码	2421 码(A)码	2421 码(B)码	5421 码	余 3 码	余 3 循环码
0	0000	0000	0000	0000	0011	0011
1	0001	0001	0001	0001	0100	0110
2	0010	0010	0010	0010	0101	0111
3	0011	0011	0011	0011	0110	0101
4	0100	0100	0100	0100	0111	0100
5	0101	0101	1011	1000	1000	1100
6	0110	0110	1100	1001	1001	1101
7	0111	0111	1101	1010	1010	1111
8	1000	1110	1110	1011	1011	1110
9	1001	1111	1111	1100	1100	1010

以上编码,除余 3 码和余 3 循环码为变权码外,其余都是恒权码。各位的权值与名称相同。例如,8421 码的位权分别为 8、4、2、1;2421 码分为 A 码和 B 码,编码有所不同,但位权均为 2、4、2、1。

8421 码为最常见的 BCD 码,其特点有:①与 4 位二进制数的表示完全一样;②1010~1111 为冗余码;③8421 码与十进制的转换关系为直接转换关系;④运算时按逢 10 进 1 的原则,并且要进行调整,有进位或出现冗余码时,做加法时+6 调整,做减法时-6 调整。

余 3 码是十进制数加 3 对应的二进制数码,其特点为:①便于 10 进制数加法运算。若两个十进制数相加之和为 10,则对应的两个余 3 码相加其和为十进制数的 16,因而自动产生进位位。②0 和 9、1 和 8、2 和 7、3 和 6、4 和 5 的余 3 码互为反码(按位求反),有利于求对 10 的补码而进行减法运算。余 3 循环码是在格雷码的基础上加 3 的结果,因此具有格雷码的优点。

1.5.2 格雷码

格雷码(Gray Code)又称为循环码或反射码,其编码格式如表 1.5 所列。它的主要优点是相邻两个编码只有一位不同,能避免译码逻辑电路的险象;采用余三码计数的计数器,每次加 1 时只有一个触发器的状态发生变化,使干扰减弱。

设二进制码为 $B=B_{n-1}\cdots B_{i+1}B_i\cdots B_0$,对应的格雷码为 $G=G_{n-1}\cdots G_{i+1}G_i\cdots G_0$,典型二进制格雷码编码规则可表示为:

$$G_{n-1}=B_{n-1}\ ;\ G_i=B_i\oplus B_{i+1} \tag{1-10}$$

反之,典型二进制格雷码也可转换成二进制数,其公式如式(1-11)所示。

$$B_{n-1}=G_{n-1}\ ;\ B_i=B_{i+1}\oplus G_i \tag{1-11}$$

表 1.5 格雷码编码表

十进制数	格雷码	十进制数	格雷码
0	0000	8	1100
1	0001	9	1101
2	0011	10	1111
3	0010	11	1110
4	0110	12	1010
5	0111	13	1011
6	0101	14	1001
7	0100	15	1000

1.5.3 奇偶校验码

格雷码只能避免错误,而奇偶校验码则是一种能检查出二进制信息在传送过程中是否出现错误(单错)的代码,它由信息位和奇偶校验位两部分构成。信息位是要传送的信息本身;校验位是使整个代码中 1 的个数按照预先的规定成为奇数或偶数。当信息位和校验位中 1 的总个数为奇数时,称为奇校验;1 的总个数为偶数时,称为偶校验。

校验原理是:在发送端对 n 位信息编码,产生 1 位检验位,形成 $n+1$ 位信息发往接收端;在接收端检测 $n+1$ 位信息中含"1"的个数是否与约定的奇偶性相符,若相符则判定为通信正确,否则判定为错误。例如,如果发送端正在发送 ASCII 数据,它将增加一位奇偶校验位给 7 位 ASCII 代码组。接收端检查从发送端接收到的数据,校验每一个代码组中 1 的个数(包含校验位)是否与所规定的奇偶校验类型一致,这通常称为检验数据的奇偶性,一旦检测到错误,接收端给发送端发送信息要求重传上一组数据。

奇偶校验码的优点是编码简单,相应的编码电路和检测电路也简单,是一种实用的可靠性编码。缺点是发现错误后不能对错误定位,因而接收端不能纠正错误。并且只能发现单错(或奇数位错误),不能发现双错(或偶数位错误)。实际使用时,由于双错的概率远低于单错的概率,所以用奇偶校验码来检验代码在通信过程中是否发生错误是有效的。

1.5.4 ASCII 码

ASCII(American National Standard Code for Information Interchange)码是美国国家信息交换标准代码的简称。它用 7 位二进制码表示英文字母、数字和专用的符号,常用于通信设备及计算机中的信息传输与存储。其编码如表 1.6 所列。

表 1.6 ASCII 编码表

$b_6b_5b_4b_3$	$b_2b_1b_0$							
	000	001	010	011	100	101	110	111
0000	UNL	DLE	SP	0	@	P	\	p
0001	SOH	DC1	!	1	A	Q	a	q
0010	STX	DC2	"	2	B	R	b	r
0011	ETX	DC3	#	3	C	S	c	s
0100	EOT	DC4	$	4	D	T	d	t
0101	ENQ	NAK	%	5	E	U	e	u
0110	ACK	SYN	&	6	F	V	f	v
0111	BEL	ETB	'	7	G	W	g	w
1000	BS	CAN	(	8	H	X	h	x
1001	HT	EM	)	9	I	Y	i	y
1010	LF	SUB	*	:	J	Z	j	z

续表 1.6

$b_6b_5b_4b_3$	$b_2b_1b_0$							
	000	001	010	011	100	101	110	111
1011	VT	ESC	+	;	K	[	k	{
1100	FF	FS	,	<	L	\	l	!
1101	CR	GS	-	=	M	]	m	}
1110	SO	RS	·	>	N	↑	n	~
1111	SI	US	/	?	O	↓	o	DEL

表 1.6 中的缩写单词的含义如下：

NUL	空、无效	DC1	设备控制 1
SOH	标题开始	DC2	设备控制 2
STX	正文开始	DC3	设备控制 3
ETX	文本结束	DC4	设备控制 4
EOT	传输结束	NAK	否定
ENQ	询问	SYN	空转同步
ACK	应答	ETB	信息传输结束
BEL	声音报警	CAN	作废
BS	退一格	EM	纸尽
HT	横向列表	SUB	减
LF	换行	ESC	换码
VT	垂直制表	FS	文字分割符
FF	走纸开始	GS	组分隔符
CR	回车	RS	记录分隔符
SO	移位输出	US	单元分隔符
SI	移位输入	SP	空格
DLE	数据键换码	DEL	删除

1.6 习题

1-1 举例说明模拟信号和数字信号的区别。

1-2 数字技术有何优点和缺点？

1-3 简述数字计算机的组成。

1-4 以下代码中为无权码的是_____。

A. 8421BCD 码   B. 5421BCD 码   C. 余三码   D. 格雷码

1-5 以下代码中为恒权码的是_____。

A. 8421BCD 码   B. 5421BCD 码   C. 余三码   D. 格雷码

1-6 一位十六进制数可以用_____位二进制数来表示。

A. 1   B. 2   C. 4   D. 16

1-7 十进制数 25 用 8421BCD 码表示为_____。

A. 10 101   B. 0010 0101   C. 100101   D. 10101

1-8 在一个 8 位的存储单元中,能够存储的最大无符号整数是_____。

A. $(256)_{10}$ B. $(127)_{10}$ C. $(FF)_{16}$ D. $(255)_{10}$

1-9 与十进制数 $(53.5)_{10}$ 等值的数或代码为_____。

A. $(0101\ 0011.0101)_{8421BCD}$ B. $(35.8)_{16}$

C. $(110101.1)_{2}$ D. $(65.4)_{8}$

1-10 常用的 BCD 码有_____。

A. 奇偶校验码   B. 格雷码   C. 8421 码   D. 余三码

1-11 判断题

(1) 数字电路中用"1"和"0"分别表示两种状态,二者无大小之分。(　　)

(2) 八进制数 $(18)_{8}$ 比十进制数 $(18)_{10}$ 小。(　　)

(3) 当传送十进制数 5 时,在 8421 奇校验码的校验位上值应为 1。(　　)

(4) 在时间和幅度上都断续变化的信号是数字信号,语音信号不是数字信号。(　　)

(5) 当 8421 奇校验码在传送十进制数 $(8)_{10}$ 时,在校验位上出现了 1 时,表明在传送过程中出现了错误。(　　)

1-12 填空

(1) $(1011\ 0010.1011)_{2} = ($_____$)_{8} = ($_____$)_{16}$

(2) $(35.4)_{8} = ($_____$)_{2} = ($_____$)_{10} = ($_____$)_{16} = ($_____$)_{8421BCD}$

(3) $(39.75)_{10} = ($_____$)_{2} = ($_____$)_{8} = ($_____$)_{16}$

(4) $(5E.C)_{16} = ($_____$)_{2} = ($_____$)_{8} = ($_____$)_{10} = ($_____$)_{8421BCD}$

(5) $(0111\ 1000)_{8421BCD} = ($____$)_{2} = ($____$)_{8} = ($____$)_{10} = ($____$)_{16}$

第 2 章

逻辑代数基础

19 世纪中叶，英国数学家乔治·布尔(George Boole)提出了布尔代数的概念，它是一种描述客观事物逻辑关系的数学方法，是从哲学领域的逻辑学发展来的。1938 年克劳德·香农(Claude E. Shannon)在继电器开关电路的设计中应用了布尔代数理论，提出了开关代数的概念。开关代数是布尔代数的特例。随着电子技术特别是数字电子技术的发展，机械触点开关逐步被无触点电子开关所取代，现已较少使用"开关代数"这个术语，转而使用逻辑代数以便与数字系统逻辑设计相适应。逻辑代数作为布尔代数的一种特例，主要用来研究数字电路输入、输出之间的因果关系，或者说研究输入和输出间的逻辑关系。因此，逻辑代数是布尔代数向数字系统领域延伸的结果，是数字系统分析和设计的数学理论工具。

2.1 逻辑代数的基本概念

2.1.1 逻辑变量及基本运算

逻辑代数是一个封闭的代数系统，由如下要件构成：

1. 逻辑常量

与普通代数不同，逻辑代数中的常量仅有两个："1"和"0"。其含义为某命题为"真"或为"假"，如信号的"有"或"无"、事件的"发生"或"未发生"等。通常，将命题为真记为 1，命题为假记为 0。

2. 逻辑变量

逻辑变量是值可以变化的逻辑量。如果一个逻辑命题，在一些条件下的值可能是真，但在另一些条件下的值可能是假，则该命题的值就要用一个逻辑变量来表示。逻辑变量的取值只能是 0 或 1。通常，逻辑变量用英文字母表示，如 A、B、C、F 等。

3. 基本逻辑运算

逻辑运算指对逻辑量施加的操作。基本逻辑运算仅有 3 种："与"运算、"或"运算和"非"运算，分别用"·"、"+"、"-"表示。逻辑运算的结果仍为逻辑量，运算法则及其含义如表 2.1 所列。

用逻辑变量表示的3种基本逻辑运算如下:

与运算:$A \cdot B$; 或运算:$A+B$; 非运算:$\bar{A}$。

由于逻辑变量的值可以变化,故运算结果由参与运算的逻辑变量的取值而定。例如,与运算$A \cdot B$,当$A=1,B=0$时,结果为$1 \cdot 0=0$;当$A=1,B=1$时,结果为$1 \cdot 1=1$;……

在日常生活中,这3种逻辑关系大量存在。例如,用两个开关并联去控制一盏电灯,由电路原理可知,只有两个开关同时断开,灯才能灭,则灯的亮灭与两个开关之间的逻辑关系就是"或"的关系。

尽管构成逻辑代数系统的要件极为简单,但却能描述数字系统中任何复杂的逻辑电路。这是因为:首先逻辑电路的信号要么为低电平,要么为高电平,可以表示成逻辑变量;其次由于逻辑量只有两种值,则3种逻辑运算足以完备地描述其逻辑关系;再者任何复杂的逻辑功能都是经过3种逻辑运算综合形成的。3种基本逻辑运算的法则及含义如表2.1所列。

表2.1 3种基本逻辑运算的法则及含义

运算名称	法 则		含 义
与	$0 \cdot 0=0$ $1 \cdot 0=0$	$0 \cdot 1=0$ $1 \cdot 1=1$	参加运算的量,只有两个同时为"1"时,运算结果为"1",否则运算结果为"0"
或	$0+0=0$ $1+0=1$	$0+1=1$ $1+1=1$	参加运算的量,只有两个同时为"0"时,运算结果才为"0",否则运算结果为"1"
非	$\bar{0}=1$	$\bar{1}=0$	运算结果取相反的量

2.1.2 逻辑表达式

逻辑表达式是由逻辑量(包括变量与常量)和基本逻辑运算符所构成的式子。照此定义,前面提到的基本逻辑运算$A \cdot B$、$A+B$、$\bar{A}$都是逻辑表达式。再例如$A \cdot B + \bar{A} \cdot \bar{B}$也是一个逻辑表达式。

为简便起见,当几个逻辑量作"与"运算时,可以省略运算符号"·"。于是,上式可记为:

$$AB + \bar{A}\bar{B} \tag{2-1}$$

在逻辑表达式中,3种逻辑运算的优先顺序为:"非"运算最高,其次是"与"运算,"或"运算最低。在遵守这一优先原则的基础上,按从左到右的次序进行计算。对于式(2-1),先求A、B的"与"运算,得中间结果AB;再对A、B分别作"非"运算后相"与",得中间结果$\bar{A}\bar{B}$,最后进行"或"运算。

可以通过添加括号来改变优先顺序。例如,将式(2-1)改为$A(B+\bar{A}\bar{B})$,则应先计算括号中的式子$B+\bar{A}\bar{B}$,显然,改动以后的运算结果与式(2-1)不同。

由于"非"运算的优先级最高,因此"非"运算符号下的表达式应优先计算。例如,表达式$\overline{XY+\bar{X}Z}$,相当于$(\overline{XY+\bar{X}Z})$,要先算出$XY+\bar{X}Z$,再对计算结果求"非"。

2.1.3 逻辑代数的公理

逻辑代数的公理是从逻辑代数的基本运算法则出发,经推导得出的、具有普遍意义的逻辑运算规律。设 A、B、C 为逻辑变量,可推导出表 2.2 所列的逻辑代数的公理。读者熟记这些公理,能使今后的演算更加快捷。

表 2.2 逻辑代数的公理

公理名称	基 本 式	对 偶 式
0-1 律	$A+0=A$	$A+1=1$
	$A \cdot 0 = 0$	$A \cdot 1 = A$
重叠律	$A+A=A$	$A \cdot A = A$
互补律	$A+\bar{A}=1$	$A \cdot \bar{A} = 0$
交换律	$A+B=B+A$	$A \cdot B = B \cdot A$
结合律	$(A+B)+C=A+(B+C)$	$(A \cdot B) \cdot C = A \cdot (B \cdot C)$
分配律	$A \cdot (B+C) = A \cdot B + A \cdot C$	$A+B \cdot C = (A+B) \cdot (A+C)$
对合律	$\bar{\bar{A}} = A$	
吸收律	$A+AB=A$	$A(A+B)=A$
消去律	$A+\bar{A}B=A+B$	$A(\bar{A}+B)=AB$
并项律	$AB+A\bar{B}=A$	$(A+B)(A+\bar{B})=A$
包含律	$AB+\bar{A}C+BC=AB+\bar{A}C$	$(A+B)(\bar{A}+C)(B+C)=(A+B)(\bar{A}+C)$

除对合律外,上述公理每两个为一组。注意到每组公理中的一个有趣的现象:将其中一式中的"+"换成"·","·"换成"+",0 换成 1,1 换成 0,便得到与其相对应的另一式。这种现象称为两式互为"对偶"。对偶是逻辑问题中的普遍现象,在本章后续节中将详细讨论。

表 2.2 的公理不难用枚举和推理的方法加以证明。这里仅证明其中的一部分。在证明的过程中,总是假定正在证明的公理之前的公理都已证明成立。

1. 重叠律

证明:

当 $A=0$ 时,$A \cdot A = 0 \cdot 0 = 0$
当 $A=1$ 时,$A \cdot A = 1 \cdot 1 = 1$ $\Big\} \therefore A \cdot A = A$。

2. 分配律

证明:

$$A+BC = A(1+B+C)+BC \qquad \text{0-1 律}$$
$$= A+AB+AC+BC \qquad \text{分配律}$$

$$= AA + AB + AC + BC \qquad \text{重叠律}$$
$$= (AA + AC) + (AB + BC) \qquad \text{结合律}$$
$$= A(A + C) + B(A + C) \qquad \text{分配律}$$
$$= (A + B)(A + C) \qquad \text{分配律}$$

3. 吸收律

证明：
$$A + AB$$
$$= A(1 + B)$$
$$= A$$

说明：在"与-或"表达式中，如果一个"与"项是另一个"与"项的因子，则包含该因子的"与"项是多余的。

举例：
$$AB + ABC\overline{D}E + BDA$$
$$= AB + BDA$$
$$= AB$$

4. 消去律

证明：
$$A + \overline{A}B = (A + \overline{A})(A + B)$$
$$= 1 \cdot (A + B)$$
$$= A + B$$

说明：在一个"与-或"表达式中，如果一个"与"项的"非"是另一个"与"项的因子，则可在另一个"与"项中消去这个"与"项。

举例：
$$\overline{XY} + XY(W + Z)$$
$$= \overline{XY} + \overline{\overline{XY}}(W + Z) \qquad \text{对合律}$$
$$= \overline{XY} + W + Z$$

5. 并项律

证明：
$$AB + A\overline{B}$$
$$= A(B + \overline{B})$$
$$= A \cdot 1$$
$$= A$$

说明：在"与-或"表达式中，若有一个变量，它在一个"与"项中为原变量，而在另一"与"项中为反变量，且这两个"与"项的其余因子都相同，则此变量是多余的。

举例：
$$\overline{A}(\overline{A} + \overline{C}) + B(\overline{A} + \overline{C})$$
$$= \overline{A} + \overline{C}$$

6. 包含律

证明：
$$AB + \overline{A}C + BC = AB + \overline{A}C + BC(A + \overline{A})$$

$$= AB + ABC + \overline{A}C + \overline{A}CB$$
$$= AB + \overline{A}C \qquad\qquad\qquad 吸收律$$

说明：在一个"与-或"表达式中，如果有两个"与"项，一个"与"项中包含有原变量 X，另一个"与"项包含有反变量 $\overline{X}$，且这两个"与"项的其余因子都是另一个"与"项的因子，则不包含变量 X 的乘积项是多余的。

举例：
$$ABC + \overline{A}BD + BCD\overline{E}$$
$$= ABC + \overline{A}BD + BCD + BCD\overline{E} \qquad 包含律$$
$$= ABC + \overline{A}BD + BCD \qquad\qquad 吸收律$$
$$= ABC + \overline{A}BD \qquad\qquad\qquad 包含律$$

2.2 逻辑函数

2.2.1 逻辑函数的定义

与普通代数类似，逻辑代数中也有逻辑函数。逻辑函数的定义为：

若逻辑变量 F 的值由逻辑变量 A_1、A_2、$\cdots$、A_n 的值所决定，则称 F 为 A_1、A_2、$\cdots$、A_n 的函数，记为：$F = f(A_1, A_2, \cdots, A_n)$，逻辑函数 F 的值也只能为 0 或 1。

逻辑函数可以用逻辑电路来实现，如图 2.1 所示。图 2.1 中的 A_1、A_2、$\cdots$、A_n 称为电路的输入，F 称为电路的输出。A_1、A_2、$\cdots$、A_n 是外部施加到电路的逻辑量，可以自由变化；而 F 的值则由输入和电路的结构所决定。

图 2.1　$F = f(A_1, A_2, \cdots, A_n)$ 电路图

2.2.2 逻辑函数的表示法

逻辑函数的描述形式通常有 3 种：逻辑表达式、真值表和卡诺图。这 3 种方法是等效的，已知一种形式便可求出另两种形式。但 3 种形式各有特点，在分析和设计逻辑电路时往往同时使用。

1. 用逻辑表达式表示逻辑函数

设 F 为逻辑变量，如果将式(2-2)的值作为 F 的值，则可表示为函数的形式：

$$F = f(A, B)$$
$$= AB + \overline{AB} \qquad\qquad\qquad (2-2)$$

逻辑函数是对一个实际的逻辑命题的抽象表达。例如式(2-2),如果将 A、B 当作两个人对某问题发表的意见,否定记为 0,肯定记为 1。则式(2-2)所示的逻辑函数所表达的逻辑命题为:意见不同时 F 的值为 0,意见相同时 F 的值为 1。读者可以列举 A 和 B 的 4 种组合值 00、01、10、11 代入式(2-2),再按照逻辑运算法则,验证此逻辑关系。

2. 用真值表表示逻辑函数

逻辑表达式是一种代数式子,优点是简洁,便于运用公理进行计算,但不够直观。如果将逻辑变量的所有可能组合值及其对应的函数值制成表格的形式,则所表达的逻辑关系将一目了然。这种形式的表格称为真值表。

例如,式(2-2)所描述的逻辑函数,可以用表 2.3 所列的真值表表示。列表时,先将 A、B 的所有可能的组合值 00、01、10、11 依顺序列于表格的左边,再按式(2-2)一一算出对应的函数值 F,列于表格右边的对应位置。

由表 2.3 容易看出,在逻辑变量 A 和 B 的所有可能取值的组合 00、01、10、11 中,当 $A=B$ 时,$F=1$;当 $A \neq B$ 时,$F=0$。

真值表的不足之处是:当逻辑变量较多时,表的规模将很大。一般地,当逻辑函数的变量为 n 个时,真值表就由 2^n 行组成。可见,随着变量数目的增多,真值表的行数将急剧增加。

3. 用卡诺图表示逻辑函数

为了揭示在逻辑变量的各种组合值下,逻辑函数值之间的关系,还可以用卡诺图的方式表示逻辑函数。

将每种组合值用一个小方格表示,对于 n 个逻辑变量就有 2^n 个小方格。将这些小方格按一定的位置排列,构成的图形就是卡诺图。例如,式(2-2)所描述的逻辑函数对应的卡诺图如图 2.2 所示。4 个小方格分别表示 A、B 的组合值 00、01、10、11,方格中的值为对应的函数值 F。为了直观地看出不同输入时的函数值之间的关系,对小方格的排列位置有特殊要求。关于卡诺图,这里仅给出一个粗略的框架。鉴于卡诺图在分析和设计逻辑电路中的重要地位,稍后将深入、详细介绍。

表 2.3 式(2-2)函数的真值表

A	B	F
0	0	1
0	1	0
1	0	0
1	1	1

图 2.2 式(2-2)函数的卡诺图

下面举例说明逻辑函数的建立方法。

例 2-1 有 $A、B、C$ 3 个输入变量,当其中两个或两个以上取值为 1 时,输出 F 为 1;其余输入情况输出均为 0。试写出描述此问题的逻辑函数表达式。

解:3 个输入变量有 $2^3 = 8$ 种不同组合,根据已知条件可得真值表如表 2.4 所列。

由真值表可知,使 $F=1$ 的输入变量组合有 4 个,所以 F 的与-或表达式为:

$$F = \overline{A}BC + A\overline{B}C + AB\overline{C} + ABC$$

表 2.4 例 2-1 真值表

A	B	C	F
0	0	0	0
0	0	1	0
0	1	0	0
0	1	1	1
1	0	0	0
1	0	1	1
1	1	0	1
1	1	1	1

例 2-2 图 2.3 所示为一加热水容器的示意图,图中 A,B,C 分别为 3 个水位传感器。当水面在 A,B 之间时,为正常工作状态,绿信号灯 F1 亮;当水面在 A 之上或在 B,C 之间时,为异常工作状态,黄信号灯 F2 亮;当水面降到 C 以下时,为危险状态,红信号灯 F3 亮。试建立此逻辑命题的逻辑函数表达式。

解:在本例中,水位传感器 A,B,C 应是输入逻辑变量,假定当水位降到某点或某点以下时,为逻辑 1,否则为逻辑 0;信号灯 F1,F2,F3 为输出逻辑函数,假定灯亮为逻辑 1,灯不亮为逻辑 0。据此可得到表 2.5 所列的真值表。根据表 2.5 可得输出 $F1,F2,F3$ 的逻辑函数为:

$$F1 = A\overline{B}\overline{C}; F2 = \overline{A}\,\overline{B}\,\overline{C} + AB\overline{C}; F3 = ABC$$

表 2.5 例 2-2 真值表

A	B	C	F1	F2	F3
0	0	0	0	1	0
1	0	0	1	0	0
1	1	0	0	1	0
1	1	1	0	0	1

图 2.3 加热水容器的示意图

2.2.3 复合逻辑

据 2.1.1 小节可知,任何复杂的逻辑功能,都可以用"与"、"或"、"非"3 种基本逻辑运算实现。这里要介绍的复合逻辑,就是用 3 种基本逻辑运算组成的特殊逻辑运算。

1. 与非逻辑

"与非"逻辑由"与"和"非"逻辑组成,两变量与非逻辑函数表示如下:

$$F = \overline{AB}$$

其真值表如表 2.6 所列,逻辑功能为:参加运算的两个逻辑量,若都为 1,则运算结果为 0,否则为 1。

虽然与非逻辑仅在"与"运算的基础上作"非"运算,但它却能表达任何逻辑功能。因为它能实现三种基本逻辑运算,其说明如下:

非运算:令 $B = 1$,则有 $F = \overline{AB} = \overline{A \cdot 1} = \overline{A}$,即 $F = \overline{A}$。

与运算:$F = \overline{(\overline{AB}) \cdot (1)} = \overline{\overline{AB}} = AB$(重叠律),即 $F = AB$。

或运算:$F = \overline{(\overline{A \cdot 1}) \cdot (\overline{B \cdot 1})} = \overline{\overline{A} \cdot \overline{B}}$,用真值表可以验证,$\overline{\overline{A} \cdot \overline{B}}$ 和 $A + B$ 的值完全一致。对于 n 个逻辑变量,与非逻辑的形式为:

$$F = \overline{A_1 \cdot A_2 \cdot \cdots \cdot A_n}$$

2. 或非逻辑

两变量"或非"逻辑函数表示如下:

$$F = \overline{A + B}$$

其真值表如表 2.7 所列。逻辑功能为:参加运算的两个逻辑量,若都为 0,则运算结果为 1,否则为 0。容易证明,或非逻辑也能表达任何逻辑功能,请读者自行证明。

对于 n 个逻辑变量,或非逻辑的形式为:

$$F = \overline{A_1 + A_2 + \cdots + A_n}$$

表 2.6 与非逻辑真值表

A	B	F
0	0	1
0	1	1
1	0	1
1	1	0

表 2.7 或非逻辑真值表

A	B	F
0	0	1
0	1	0
1	0	0
1	1	0

3. 异或逻辑

两变量"异或"逻辑函数表示如下:

$$F = A\overline{B} + \overline{A}B$$

其真值表如表 2.8 所列,逻辑功能是:若 A、B 的取值不同,则 $F=1$,否则 $F=0$。
异或逻辑是一种常用的逻辑,通常记为:

$$F = A \oplus B$$

"$\oplus$"是异或逻辑运算符号。
可以证明,异或逻辑运算满足交换律和结合律,即:
交换律:
$$F = A \oplus B = B \oplus A$$
结合律:
$$F = (A \oplus B) \oplus C$$
$$= A \oplus (B \oplus C)$$
$$= A \oplus B \oplus C$$

4. 同或逻辑

两变量"同或"逻辑函数表示如下:

$$F = \overline{A}\,\overline{B} + AB$$

其真值表如表 2.9 所列,逻辑功能是:若 A、B 的取值相同,则 $F=1$,否则 $F=0$。
同或逻辑通常记为:$F = A \odot B$;"$\odot$"是同或逻辑运算符号。
与异或逻辑的功能对比可以发现,同或逻辑是对异或逻辑进行非运算的结果,即:

$$F = A \odot B = \overline{A \oplus B}$$

同或逻辑运算也满足交换律和结合律。三变量同或逻辑可表示为:

$$F = A \odot B \odot C$$

同或逻辑和异或逻辑互为对偶。

表 2.8 异或逻辑真值表

A	B	F
0	0	0
0	1	1
1	0	1
1	1	0

表 2.9 同或逻辑真值表

A	B	F
0	0	1
0	1	0
1	0	0
1	1	1

2.3 逻辑函数的标准形式

从前面的介绍可以看出,一个逻辑函数具有唯一的真值表,但它的逻辑表达式不是唯一的。逻辑函数是否存在唯一的表达式形式呢?答案是肯定的,这就是逻辑函数的标准形式。在介绍逻辑函数的标准形式之前,首先了解最小项和最大项的概念。

2.3.1 最小项及最小项表达式

为了了解什么是最小项,我们先来看一个简单的例子。设有逻辑函数 $F = \overline{A} + B$,对其作如下变换:

$$F = \overline{A}(B+\overline{B}) + B(A+\overline{A}) \qquad \text{0-1 律}$$
$$= \overline{A}B + \overline{A}\,\overline{B} + AB + \overline{A}B \qquad \text{分配律}$$
$$= \overline{A}\,\overline{B} + \overline{A}B + AB \qquad \text{重叠律}$$

以上推导的第二行和最后一行,具有由几个"与"项相"或"的形式,称为函数的"**与-或**"表达式。其中,最后一行表达式具有规则的形式:

(1) 由 3 个"与"项相"或"组成,各"与"项互不相同;

(2) 各"与"项包含该函数的全部 2 个逻辑变量,或以原变量 A、B 出现,或以反变量 $\overline{A}$、$\overline{B}$ 出现。

不失一般性,设有 n 个逻辑变量,它们组成的"与"项(或称为乘积项)中,所有变量或以原变量、或以反变量形式出现,且仅出现一次。这样的"与"项称为 n 个变量的最小项。显然,n 个逻辑变量共有 2^n 个最小项。

例如,对于两个变量 A,B,最多能构成 4 个最小项:$\overline{A}\,\overline{B}$,$\overline{A}B$,$A\overline{B}$,$AB$;对于 3 个变量 A、B、C,最多能构成 8 个最小项:$\overline{A}\,\overline{B}\,\overline{C}$,$\overline{A}\,\overline{B}C$,$\overline{A}B\overline{C}$,$\overline{A}BC$,$A\overline{B}\,\overline{C}$,$A\overline{B}C$,$AB\overline{C}$,$ABC$。

为简便起见,用符号 m_i 表示最小项。其中下标 i 的范围为 $0,1,\cdots,2^n-1$。每一个 i 值对应一个最小项,其方法为:先把各变量的排列顺序固定下来,接着,对于某一最小项,将原变量记为 1,反变量记为 0,这就得到一个二进制数。该二进制数对应的十进制数就是 i 值。例如:对于最小项 $AB\overline{C}$,$AB\overline{C} \rightarrow (110)_2 \rightarrow 6$,即 $AB\overline{C} = m_6$。其中,$(\cdots)_2$ 表示括号中的数为二进制数。

由此,上述 3 个变量形成的 8 个最小项可表示为:
$\overline{A}\,\overline{B}\,\overline{C} = m_0$,$\overline{A}\,\overline{B}C = m_1$,$\overline{A}B\overline{C} = m_2$,$\overline{A}BC = m_3$,
$A\overline{B}\,\overline{C} = m_4$,$A\overline{B}C = m_5$,$AB\overline{C} = m_6$,$ABC = m_7$

现在进一步讨论最小项的性质。由最小项的定义和逻辑代数的公理不难证明:

性质 1 对于任意一个最小项,在变量的各种取值组合中,只有一组取值能使其为 1。例如,$A=0$、$B=1$、$C=0$ 时,只能使 m_2 为 1。

性质 2 任意两个最小项 m_i 和 $m_j(i \neq j)$ 相"与",结果必为 0。

性质 3 将 n 个变量的所有最小项"或"起来,结果必为 1。即 $m_0 + m_1 + \cdots + m_{2^n-1} = 1$。

借助普通代数的求和符号,上式可记为:

$$\sum_{i=0}^{2^n-1} m_i = 1$$

为叙述方便,逻辑量相"与"也可以说成相"乘",结果可以称为"积";逻辑量相"或"也可以说成相"加",结果可以称为"和"。但这里是逻辑运算意义上的加、乘、积、和,应根据上下文,严格区分它们究竟是逻辑意义上的、还是普通代数意义上的。

下面讨论用最小项来表达逻辑函数。

可以证明,任何逻辑函数,总可以选择若干个不同的最小项相加而得到。而且,当逻辑函数所描述的逻辑功能一定时,这种选择是唯一的。

例如,上面讨论的逻辑函数 $F = \overline{A} + B$,就是由 3 个最小项组成的:

$$F(A,B) = \overline{A}\,\overline{B} + \overline{A}B + AB$$
$$= m_0 + m_1 + m_3$$
$$= \sum m(0,1,3)$$

上式中的最后一行,借用普通代数中的求和符"$\sum$"表示多个最小项的累加运算,括号前的"m"表示最小项,括号内的十进制数表示参加累加运算的各个最小项 m_i 的下标值。此时,应在函数名称的括号中列出全部变量,并按从左到右的顺序列出在生成最小项时变量的排列次序。

一般地,具有 n 个逻辑变量的逻辑函数,可以用形如:

$$F(A,B,\cdots) = \sum m(i_1,i_2,\cdots)$$

的方式表达,其中,$i_1,i_2,\cdots$ 是构成函数所需的最小项 m_i 的下标值。这种最小项之和的标准形式称为逻辑函数的**最小项表达式**,也称为**积之和范式**。

如何将一个非标准形式的逻辑函数转换为最小项表达式呢?先见下例:

例 2 - 3 将函数 $F(A,B,C) = \overline{A}B + \overline{B}C + A\overline{B}\,\overline{C}$ 化为最小项表达式形式。

观察此函数右边的表达式发现,前两个与项不是最小项的形式。第一项缺少变量 C,第二项缺少变量 A。应在保持原函数的逻辑功能不变的前提下,将其补上。

$$F(A,B,C) = \overline{A}B + \overline{B}C + A\overline{B}\,\overline{C}$$
$$= \overline{A}B(C+\overline{C}) + \overline{B}C(A+\overline{A}) + A\overline{B}\,\overline{C} \qquad 互补律$$
$$= \overline{A}BC + \overline{A}B\overline{C} + A\overline{B}C + \overline{A}\,\overline{B}C + A\overline{B}\,\overline{C} \qquad 分配律$$
$$= m_3 + m_2 + m_4 + m_0 + m_2$$
$$= m_3 + m_2 + m_4 + m_0 \qquad 重叠律$$
$$= \sum m(0,2,3,4)$$

由本例可看出,若逻辑函数是"与-或"表达式,则将表达式中的所有非最小项"与"项乘以所缺变量的"原"、"反"之和(如 $\times + \overline{\times}$ 形式),直至得到该逻辑函数的最小项表达式。

2.3.2 最大项及最大项表达式

根据 2.1.3 小节的介绍,逻辑代数的公理具有对偶规律。相应地,逻辑表达式也有"或-与"表达式的形式,例如式(2-3)就是一个"或-与"表达式,括号中的项称为"或"项,也称为"和"项。

$$F(A,B,C) = (\overline{A}+C)(\overline{B}+C)(A+B+\overline{C}) \qquad (2-3)$$

相应地,也有最大项,其定义为:设有 n 个逻辑变量,它们组成的"或"项中,所有变量或以原变量或以反变量形式出现、且仅出现一次,则这样的"或"项称为 n 变量的最大项。显然,n 个逻辑变量共有 $2n$ 个最大项。

例如,对于两个变量 A、B,最多可构成 4 个最大项:

$$\overline{A}+\overline{B}, \overline{A}+B, A+\overline{B}, A+B$$

对于 3 个变量 A、B、C,最多可构成 8 个最大项:

$$\overline{A}+\overline{B}+\overline{C}, \overline{A}+\overline{B}+C, \overline{A}+B+\overline{C}, \overline{A}+B+C,$$
$$A+\overline{B}+\overline{C}, A+\overline{B}+C, A+B+\overline{C}, A+B+C,$$

最大项可用符号 M_i 表示,但下标 i 的取值规则与最小项 m_i 的取值规则恰好相反。确定 i 值的方法为:先把各变量的排列顺序固定下来,接着,对于某一最大项,将原变量记为 0,反变量记为 1,这就得到一个二进制数。该二进制数对应的十进制数就是 i 值。例如:对于最大项 $A+B+\overline{C}$,$A+B+\overline{C} \rightarrow (001)_2 \rightarrow 1$,即 $A+B+\overline{C} = M_1$。

照此,上述 3 个变量形成的 8 个最大项可表示为:

$$\overline{A}+\overline{B}+\overline{C} = M_7, \overline{A}+\overline{B}+C = M_6, \overline{A}+B+\overline{C} = M_5, \overline{A}+B+C = M_4$$
$$A+\overline{B}+\overline{C} = M_3, A+\overline{B}+C = M_2, A+B+\overline{C} = M_1, A+B+C = M_0$$

现在进一步讨论最大项的性质。由最大项的定义和逻辑代数的公理不难证明:

性质 1 对于任意一个最大项,在变量的各种取值组合中,只有一组取值能使其为 0。例如,$A=0$、$B=1$、$C=0$ 时,只能使 M_5 为 0。

性质 2 任意两个最大项 M_i 和 $M_j (i \neq j)$ 之和必为 1。

性质 3 n 个变量的所有 2^n 个最大项之积必为 0。借助普通代数的求积符号,此即:

$$\prod_{i=0}^{2^n-1} M_i = 0$$

下面讨论用最大项来表达逻辑函数。可以证明,任何逻辑函数,总可以选择若干个不同的最大项相乘而得到。当逻辑函数所描述的逻辑功能一定时,这种选择是唯一的。

例如,函数 $F = (\overline{A}+C)(\overline{B}+C)(\overline{A}+\overline{B}+C)$ 的最大项表达式为

$$\begin{aligned}
F(A,B,C) &= (\overline{A}+C)(\overline{B}+C)(\overline{A}+\overline{B}+C) \\
&= (\overline{A}+C+B\overline{B})(\overline{B}+C+A\overline{A})(\overline{A}+\overline{B}+C) \qquad \text{互补律,0-1 律}\\
&= (\overline{A}+B+C)(\overline{A}+\overline{B}+C)(A+\overline{B}+C)(\overline{A}+\overline{B}+C)(\overline{A}+\overline{B}+C) \quad \text{分配律}\\
&= M_4 \cdot M_6 \cdot M_2 \cdot M_6 \cdot M_6 \\
&= M_4 \cdot M_6 \cdot M_2 \qquad \text{重叠律}\\
&= \prod M(2,4,6)
\end{aligned}$$

上式中的最后一行,括号内的十进制数表示参与求积运算的各个最大项 M_i 的下标值。

一般地，具有 n 个变量的逻辑函数，可以用形如：
$$F(A,B,\cdots) = \prod M(i_1,i_2,\cdots)$$
的方式表达，其中，$i_1,i_2,\cdots$ 是构成函数所需的最大项 M_i 的下标值。这种最大项之积的标准形式称为逻辑函数的**最大项表达式**，也称为**和之积范式**。

上面推出最大项表达式的过程表明，若已知函数为"或-与"表达式，将逻辑函数转化成最大项表达式的方法是：在每个非最大项中加上它所缺变量的"原"、"反"之积（如 $X\bar{X}$ 形式），再运用分配律将其展开。直到全部或项都变为最大项，即得已知函数的最大项表达式。

例 2-4 将函数 $F(A,B,C) = \bar{A} + BC$ 转换为最大项表达式的形式。

$$\begin{aligned}
F(A,B,C) &= \bar{A} + BC \\
&= (\bar{A}+B)(\bar{A}+C) & \text{分配律} \\
&= (\bar{A}+B+C\bar{C})(\bar{A}+C+B\bar{B}) & \text{0-1 律} \\
&= (\bar{A}+B+C)(\bar{A}+B+\bar{C})(\bar{A}+B+C)(\bar{A}+\bar{B}+C) & \text{分配律} \\
&= M_4 \cdot M_5 \cdot M_4 \cdot M_6 \\
&= M_4 \cdot M_5 \cdot M_6 & \text{重叠律} \\
&= \prod M(4,5,6)
\end{aligned}$$

2.3.3 逻辑函数表达式的转换方法

据 2.2.2 小节所述，同一逻辑函数可以用两种标准形式表达，已知一种形式，可以转换为另一种形式。从上述讨论已经看到，用逻辑代数的公理和运算法则可以实现转换。代数法转换的特点是灵活性强，但不太直观，有时运算量较大。前面提到，逻辑函数不仅可以用逻辑表达式描述，还可以用真值表和卡诺图来描述。下面讨论用真值表和卡诺图来实现转换。

1. 用真值表实现逻辑表达式的转换

下面仍以逻辑函数 $F(A,B,C) = \bar{A} + BC$ 为例，说明用真值表实现逻辑表达式的转换方法。列出 F 的真值表，如表 2.10 所列。在表的右侧，按行注明了 $F=1$ 时的最小项和 $F=0$ 时的最大项。

怎样由表 2.10 获得 $F = \bar{A} + BC$ 的最小项表达式呢？只要将 $F=1$ 时的最小项全部"或"起来即可。即：

$$\begin{aligned}
F(A,B,C) &= \bar{A}\bar{B}\bar{C} + \bar{A}\bar{B}C + \bar{A}B\bar{C} + \bar{A}BC + ABC \\
&= \sum m(0,1,2,3,7)
\end{aligned} \tag{2-4}$$

这是因为 $F=0$ 时的所有最小项 m_4、m_5、m_6 均不含于式(2-4)中。由最小项的性质 1 可知，如果变量 A、B、C 的组合值使 m_4、m_5、m_6 之一为 1，则式(2-4)中的最小项必全部为 0，F 必为 0；反之，如果 A、B、C 的组合值能使式(2-4)中的某一最小项为 1，则 F 必为 1。这正好与真值表相符，说明式(2-4)的正确性。

类似地,可以证明 $F = \overline{A} + BC$ 的最大项表达式为:
$$F(A,B,C) = (\overline{A}+B+C)(\overline{A}+B+\overline{C})(\overline{A}+\overline{B}+C)$$
$$= \prod M(4,5,6)$$

表 2.10　$F = \overline{A} + BC$ 的真值表

A	B	C	F	$F=1$ 时的最小项	$F=0$ 时的最大项
0	0	0	1	$\overline{A}\,\overline{B}\,\overline{C} = m_0$	
0	0	1	1	$\overline{A}\,\overline{B}C = m_1$	
0	1	0	1	$\overline{A}B\overline{C} = m_2$	
0	1	1	1	$\overline{A}BC = m_3$	
1	0	0	0		$\overline{A}+B+C = M_4$
1	0	1	0		$\overline{A}+B+\overline{C} = M_5$
1	1	0	0		$\overline{A}+\overline{B}+C = M_6$
1	1	1	1	$ABC = m_7$	

一般地,由真值表求逻辑函数的最小项表达式,可将表中 $F=1$ 时对应的全部最小项相加得到;由真值表求逻辑函数的最大项表达式,可将表中 $F=0$ 时对应的全部最大项相乘得到。这一结论适用于 n 个变量的任意逻辑函数。

例 2-5　用真值表求逻辑函数 $F = A\overline{B} + B\overline{C} + \overline{A}BC$ 的最小项表达式和最大项表达式。

解:列出 $F = A\overline{B} + B\overline{C} + \overline{A}BC$ 的真值表,如表 2.11 所列。则 F 的最小项表达式为:
$$F(A,B,C) = \sum m(2,3,4,5,6)$$

F 的最大项表达式为:
$$F(A,B,C) = \prod M(0,1,7)$$

表 2.11　$F = A\overline{B} + B\overline{C} + \overline{A}BC$ 的真值表

A	B	C	F	$F=1$ 时的最小项	$F=0$ 时的最大项
0	0	0	0		M_0
0	0	1	0		M_1
0	1	0	1	m_2	
0	1	1	1	m_3	
1	0	0	1	m_4	
1	0	1	1	m_5	
1	1	0	1	m_6	
1	1	1	0		M_7

由表 2.11 还可以看出，F 的值要么为 0，要么为 1。因此，组成一个函数的最小项的下标与组成该函数的最大项的下标相互错开。这一结论同样适用于 n 个变量的任意逻辑函数，即：对于所有的 $i,i=0,1,\cdots 2^n$，如果 i 是组成函数 f 的最小项的下标，则必不是组成 f 的最大项的下标；如果 i 不是组成 f 的最大项的下标，则必是组成 f 的最小项的下标。

2. 用卡诺图实现逻辑表达式的转换

卡诺图是一种图解工具，用来化简逻辑方程式或者把一个真值表以简单而有规律的方法转换为相应的逻辑电路。下面，先介绍卡诺图的构成以及如何用卡诺图表达逻辑函数，再讨论用卡诺图实现逻辑表达式的转换。

已知 n 个变量的逻辑函数有 2^n 个最小项，在卡诺图中，每一个小方格代表一个最小项。如何排列这些小方格？我们先给出排列原则：在卡诺图中，**任何两个上下或左右相邻的小方格对应的两个最小项中，有且仅有一个变量发生变化**。例如，三变量的最小项 $\overline{A}BC$ 和 ABC，只有 B 发生变化，故应使这两个最小项对应的小方格相邻。下面简述各变量逻辑函数的卡诺图。

(1) 二变量逻辑函数的卡诺图

二变量逻辑函数的卡诺图框架如图 2.4 所示。斜线下方的 A 及左边的"0"、"1"表示 A 的值沿水平方向不变，沿垂直方向发生变化。即：第一行小方格对应的各个最小项中都含有 $\overline{A}$，故在此行的左边标以"0"；第二行小方格对应的各个最小项中都含有 A，故在此行的左边标以"1"。

斜线上方的 B 及上边的"0"、"1"表示 B 的值沿垂直方向不变，沿水平方向发生变化。即第一列小方格对应的各个最小项中都含有 $\overline{B}$，故在此列的上方标以"0"；第二列小方格对应的各个最小项中都含有 B，故在此列的上方标以"1"。

若规定变量的排列顺序为 AB，则各最小项与小方格的位置对应关系如图 2.4 所示。显然，这种排法满足排列原则。

(2) 三变量逻辑函数的卡诺图

三变量逻辑函数的卡诺图如图 2.5 所示。该卡诺图有两行，每一行 A 不变，上下两行分别对应于 A 和 $\overline{A}$。

该卡诺图有四列，每一列 BC 不变。从左到右的各列中，BC 在对应的最小项中出现的形式分别为：$\overline{B}\overline{C}$、$\overline{B}C$、BC、$B\overline{C}$，故在各列的上方分别标以 00、01、11、10。注意，它们并不是按二进制值的大小递增排列的。

规定变量的排列顺序为 ABC，于是各最小项与小方格的位置对应关系如图 2.5 所列。注意，m_0 和 m_2、m_4 和 m_6 也是相邻格，因为它们满足排列原则。

(3) 四变量逻辑函数的卡诺图

四变量逻辑函数的卡诺图如图 2.6 所示。每一行 AB 不变，从上到下的各行中，AB 在对应的最小项中出现的形式分别为：$\overline{A}\overline{B}$、$\overline{A}B$、AB、$A\overline{B}$，故在各行的左边分别标以 00、01、11、10。

每一列 CD 不变,从左到右的各列中,CD 在对应的最小项中出现的形式分别为:$\overline{C}\overline{D}$、$\overline{C}D$、CD、$C\overline{D}$,故在各列的上方分别标以 00、01、11、10。

规定变量的排列顺序为 $ABCD$,于是各最小项与小方格的位置对应关系如图 2.6 所列。注意,最上一行和最下一行为相邻行,因此 m_0 和 m_8、m_1 和 m_9、m_3 和 m_{11}、m_2 和 m_{10} 分别是相邻格;最左一列和最右一列为相邻列,因此 m_0 和 m_2、m_4 和 m_6、m_{12} 和 m_{14}、m_8 和 m_{10} 分别是相邻格。

A\B	0	1
0	m_0	m_1
1	m_2	m_3

图 2.4　二变量卡诺图框架

A\BC	00	01	11	10
0	m_0	m_1	m_3	m_2
1	m_4	m_5	m_7	m_6

图 2.5　三变量卡诺图框架

AB\CD	00	01	11	10
00	m_0	m_1	m_3	m_2
01	m_4	m_5	m_7	m_6
11	m_{12}	m_{13}	m_{15}	m_{14}
10	m_8	m_9	m_{11}	m_{10}

图 2.6　四变量卡诺图框架

5 个及以上变量的卡诺图比较复杂,使用不便,在实际中很少用到,这里不予介绍。

卡诺图是如何表达逻辑函数的呢?已知 n 变量卡诺图共有 2^n 个小方格。如果每一小方格代表一种变量组合值,就可以计算出该方格对应的逻辑函数值,并填在该方格中。这与真值表的情况相类似,即卡诺图中列举了全部输入组合值时的函数值。现举例说明。

例 2-6　作函数 $F=AB+BC+AC$ 的卡诺图。

解:F 是一个三变量逻辑函数,题目没有指明构成最小项的变量的排列次序,这里约定排列次序为 CBA,则对应的卡诺图框架如图 2.7(a)所示。

首先,要明确各小方格对应的变量组合值是什么。例如,左下角小方格,位于 $C=1$ 的行,$BA=10$ 的列,因此该小方格代表组合值 $CBA=110$。接下来要填入函数值。将各种变量组合值代入原函数,将算得的函数值"对号入座",填入小方格中,如图 2.7(b)所示。

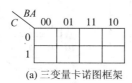

(a) 三变量卡诺图框架

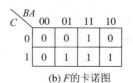

(b) F 的卡诺图

图 2.7　函数 $F=AB+BC+AC$ 的卡诺图

卡诺图的特点是突出函数值的分布情况,以便研究函数值的变化规律。尤其是各方格的排列规律,为揭示函数值与变量之间的内在联系创造了非常有利的条件。

利用卡诺图进行函数的转换是卡诺图的应用之一。对于例 2-6 的函数,由卡诺图很容易写出其最小项表达式和最大项表达式。

将函数值为 1 的小方格对应的最小项累加起来,就得到最小项表达式:

$$F(C,B,A) = \sum m(3,5,6,7)$$
$$= m_3 + m_5 + m_6 + m_7$$
$$= \overline{C}BA + C\overline{B}A + CB\overline{A} + BCA$$

将函数值为 0 的小方格对应的最大项累乘起来,就得到最大项表达式:

$$F(C,B,A) = \prod M(0,1,2,4)$$
$$= M_0 M_1 M_2 M_4$$
$$= (C+B+A)(C+B+\overline{A})(C+\overline{B}+A)(\overline{C}+B+A)$$

注意:写最大项时,有关方格对应的最小项变量应取反,并将最小项变量之间的"与"改为"或"。

例 2 - 7 已知逻辑表达式 $F = \overline{C}D + ABC$,画出卡诺图,并写出最小项表达式。

解:这是一个四变量函数,设变量的排列次序为 $ABCD$。该函数仅有两个"与"项,在填入函数值时,采用逐项处理的方法比较有利。

先处理第一个"与"项。因缺少变量 A、B,故认为 A、B 的值任意,因此凡是 $CD=01$ 的方格都填入 1,结果如图 2.8(a)所示。

再处理第二个"与"项。能使 $ABC=1$ 的小方格有两个,填写结果如图 2.8(b)所示。

最后将两个结果按"或"运算合成,如图 2.8(c)所示。

函数的最小项表达式为:

$$F(A,B,C,D) = \sum m(1,5,9,13,14,15)$$

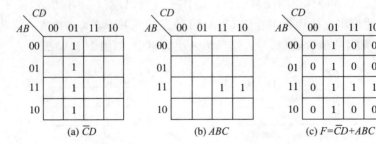

图 2.8 例 2-7 的卡诺图

2.3.4 逻辑函数的相等

逻辑函数也有相等的概念,定义如下:

设有两个逻辑函数 f、g,具有相同的逻辑变量 $A_1, A_2, \cdots, A_n$:

$$F = f(A_1, A_2, \cdots, A_n)$$
$$G = g(A_1, A_2, \cdots, A_n)$$

如果对应于 $A_1, A_2, \cdots, A_n$ 的任何一组变量取值，F 和 G 的值都相等，则称 F 和 G 相等，记为 $F=G$。

根据定义可知，判断两个逻辑函数是否相等，可以用代数法、真值表法、卡诺图法，其中真值表法比较直观。只要按相同的变量排列次序列出两个函数的真值表，逐行比较函数值即可做出判断。

例 2-8 已知下列两个逻辑函数

$$F(A,B,C) = \overline{A+B+C}$$
$$G(A,B,C) = \overline{A} \cdot \overline{B} \cdot \overline{C}$$

判断是否相等。

解：同时列出 F 和 G 的真值表，如表 2.12 所示。显然，它们的真值表完全相同，故判定 F 和 G 相等。即：$F(A,B,C) = G(A,B,C)$。

表 2.12 $F=\overline{A+B+C}$ 和 $G=\overline{A} \cdot \overline{B} \cdot \overline{C}$ 的真值表

A	B	C	F	G
0	0	0	1	1
0	0	1	0	0
0	1	0	0	0
0	1	1	0	0
1	0	0	0	0
1	0	1	0	0
1	1	0	0	0
1	1	1	0	0

实际上，运用下面即将介绍的摩根定理，可以由上述两个函数中的一个直接推导出另一个。在方法的使用上要灵活掌握，不能一成不变。

2.4 逻辑代数的重要定理

在逻辑代数的运算法则和公理基础上，产生了一些重要定理。下面给出其中最重要的 3 条定理及其应用，定理的证明从略。

2.4.1 重要定理

1. 德·摩根定理

德·摩根(De Morgan)定理简称摩根定理，有如下两种形式：

$$\overline{X_1 + X_2 + \cdots + X_n} = \overline{X_1} \cdot \overline{X_2} \cdot \cdots \cdot \overline{X_n} \qquad (2-5)$$

$$\overline{X_1 \cdot X_2 \cdot \cdots \cdot X_n} = \overline{X_1} + \overline{X_2} + \cdots + \overline{X_n} \qquad (2-6)$$

其中 $X_i, i=1,2,\cdots,n$ 均为逻辑变量。该定理表明,几个逻辑变量的"或-非"运算,等于各逻辑变量的"非-与"运算;几个逻辑变量的"与-非"运算,等于各逻辑变量的"非-或"运算。

摩根定理的正确性可以用真值表验证。例如,用真值表很容易验证下列等式成立:

$$\overline{A+B} = \overline{A}\,\overline{B}\,,\ \overline{AB} = \overline{A} + \overline{B}$$

多变量下的摩根定理,可以用归纳法加以证明,此处从略。

摩根定理在逻辑代数的演算中扮演很重要的角色,熟练运用这一定理,往往能收到事半功倍的效果。

2. 香农定理

香农(Shannon)定理是指:如果将一个函数表达式中的原变量换成反变量,反变量换成原变量;将"+"运算换成"·"运算,"·"运算换成"+"运算;将常量"1"换成"0","0"换成"1",则得到的新函数是原来函数的反函数。

由于新函数的值与原来函数的值相反,故香农定理也称为反演定理。

例如,设 $F = 1 \cdot A + 0 \cdot BC$,由香农定理有: $\overline{F} = (0 + \overline{A}) \cdot 1 \cdot (\overline{B} + \overline{C})$。注意:操作时,要先将"与"项加上括号,再进行替换。

例 2-9 已知函数 $F = A\overline{B} + \overline{A}B$,求 F 的反函数。

解:由香农定理有: $\overline{F} = (\overline{A} + B)(A + \overline{B})$。

由摩根定理也可以得到相同的结果,对原函数两边取反,则有:

$$\overline{F} = \overline{A\overline{B}}\ \overline{\overline{A}B} = (\overline{A} + \overline{\overline{B}})(\overline{\overline{A}} + \overline{B}) = (\overline{A} + B)(A + \overline{B})$$

实际上,香农定理是摩根定理的推广。

例 2-10 已知逻辑函数 $F = A + \overline{B+C}$,求 F 的反函数。

解:令 $X = \overline{B+C}$,则 $F = A + X$。由香农定理,

$$\overline{F} = \overline{A} \cdot \overline{X} = \overline{A}(\overline{\overline{B+C}}) = \overline{A}(B+C)$$

此例说明,对于形如 $\overline{X+X}$、$\overline{X \cdot X}$ 的复合"非"运算,应将其视为一个整体,再应用香农定理。

3. 对偶定理

对偶是逻辑问题中的普遍现象,对偶的概念已在逻辑代数的公理中接触过。对偶定理是指:如果将一个函数 f 中的"+"运算换成"·"运算,"·"运算换成"+"运算;将常量"1"换成"0","0"换成"1",但变量保持不变,则得到的新函数称为原来函数的对偶函数,记为 f'。

例如,设 $F = 1 \cdot A + 0 \cdot BC$,则其对偶函数为: $F' = (0 + A) \cdot 1 \cdot (B + C)$。

关于函数的对偶,有如下两个推论:

(1) 原函数 f 与其对偶函数 f' 互为对偶函数,即 $(f')' = f$。

(2) 两个相等函数 ($f = g$) 的对偶函数一定相等,即 $f' = g'$。

与反函数不同,对偶函数要求保持原来函数中的变量不变。因此,两个互相对偶的函数,其值一般不等,也不一定互为相反。对偶只是说明了两个函数在构成形式上的对应关系,有助于在逻辑推理中知其一推想到另一。

例 2 - 11 求下面每组函数的对偶函数:

(1) $F = \overline{A}B + \overline{C}D$ $F' = (\overline{A} + B)(\overline{C} + D)$

(2) $F = A + BCD$ $F' = A(B + C + D)$

(3) $F = BC(D + E)$ $F' = B + C + DE$

在使用对偶规则时,也要注意保持原函数式中运算符号的优先顺序不变,为避免出错,应正确使用括号,演算中要注意添加必要的括号。

自对偶函数是指:若一个函数 f 的对偶函数 f' 等于原函数,则函数 f 称为自对偶函数。例如函数 $F = A\overline{B} + A\overline{C} + \overline{C}B$ 是自对偶函数,证明如下:

$$\begin{aligned}
F' &= (A + \overline{B})(A + \overline{C})(\overline{C} + B) \\
&= (A + A\overline{C} + A\overline{B} + \overline{B}\overline{C})(\overline{C} + B) \quad &\text{分配律,重叠律} \\
&= [A(1 + \overline{C} + \overline{B}) + \overline{B}\overline{C}](\overline{C} + B) \quad &\text{分配律} \\
&= (A + \overline{B}\overline{C})(\overline{C} + B) \quad &\text{0 - 1 律} \\
&= A\overline{C} + A B + \overline{B}\overline{C} \quad &\text{分配律,重叠律} \\
&= F
\end{aligned}$$

2.4.2 重要定理与最小项、最大项之间的关系

最小项和最大项是构成标准逻辑函数的基本成分。为了研究逻辑函数的反函数、对偶函数,先研究对最小项和最大项进行取反、对偶操作的规律性。

以 3 个变量 A、B、C 为例,列出最小项和最大项及其取反、对偶操作之间的关系,结果如下:

$m_0 = \overline{A}\overline{B}\overline{C}$ $\overline{m}_0 = A + B + C = M_0$ $m'_0 = \overline{A} + \overline{B} + \overline{C} = M_7$

$m_1 = \overline{A}\overline{B}C$ $\overline{m}_1 = A + B + \overline{C} = M_1$ $m'_1 = \overline{A} + \overline{B} + C = M_6$

$m_2 = \overline{A}B\overline{C}$ $\overline{m}_2 = A + \overline{B} + C = M_2$ $m'_2 = \overline{A} + B + \overline{C} = M_5$

$m_3 = \overline{A}BC$ $\overline{m}_3 = A + \overline{B} + \overline{C} = M_3$ $m'_3 = \overline{A} + B + C = M_4$

$m_4 = A\overline{B}\overline{C}$ $\overline{m}_4 = \overline{A} + B + C = M_4$ $m'_4 = A + \overline{B} + \overline{C} = M_3$

$m_5 = A\overline{B}C$ $\overline{m}_5 = \overline{A} + B + \overline{C} = M_5$ $m'_5 = A + \overline{B} + C = M_2$

$m_6 = AB\overline{C}$ $\overline{m}_6 = \overline{A} + \overline{B} + C = M_6$ $m'_6 = A + B + \overline{C} = M_1$

$m_7 = ABC$ $\overline{m}_7 = \overline{A} + \overline{B} + \overline{C} = M_7$ $m'_7 = A + B + C = M_0$

不难看出,

$$\overline{m}_i = M_i, \overline{M}_i = m_i \quad (2-7)$$

$$m'_i = M_{\bar{i}}, M'_i = m_{\bar{i}} \quad (2-8)$$

其中 $\bar{i}$ 表示,对二进制形式的 i 逐位取反得到的二进制数所对应的十进制数。

显然,这一结论在 n 个变量时也成立。这一关系可用于求任意函数 F 的反函数 $\bar{F}$ 和对偶函数 F'。

例 2-12 求逻辑函数

$$F = AB + BC + AC$$

的反函数 $\bar{F}$ 和对偶函数 F'。

解:先求出 F 的最小项表达式:

$$\begin{aligned}
F(A,B,C) &= AB(C+\bar{C}) + (A+\bar{A})BC + AC(B+\bar{B}) \\
&= ABC + AB\bar{C} + ABC + \bar{A}BC + ABC + A\bar{B}C \\
&= m_7 + m_6 + m_3 + m_5 \\
&= \sum m(3,5,6,7)
\end{aligned}$$

由式(2-7),有:

$$\begin{aligned}
\bar{F}(A,B,C) &= \overline{m_3 + m_5 + m_6 + m_7} \\
&= \bar{m}_3 \cdot \bar{m}_5 \cdot \bar{m}_6 \cdot \bar{m}_7 \\
&= M_3 \cdot M_5 \cdot M_6 \cdot M_7 \\
&= \prod M(3,5,6,7)
\end{aligned}$$

由式(2-8),有:

$$\begin{aligned}
F' &= (m_3 + m_5 + m_6 + m_7)' \\
&= m'_3 \cdot m'_5 \cdot m'_6 \cdot m'_7 \\
&= M_4 \cdot M_2 \cdot M_1 \cdot M_0 \\
&= \prod M(0,1,2,4)
\end{aligned}$$

2.5 逻辑函数化简

如前所述,同一个逻辑函数,可以用不同形式的表达式来表达。虽然逻辑函数的标准形式整齐、规范,却不一定是最简单的。在数字系统中,逻辑函数是用逻辑电路来实现的,表达式的复杂程度不同,电路的复杂程度也不同。为此,应该选择最简单的逻辑函数形式用于电路的实现,以利于降低成本,减少功耗。

什么样的逻辑函数才是最简单的呢?从表达式的结构来看,"与-或"表达式具有形如普通代数的多项式结构,比较直观、便于操作。并且,由对偶关系很容易转化为"或-与"形式。最简逻辑函数一般用"与-或"表达式来判断。

若"与-或"表达式满足如下条件:
(1) 表达式中的"与"项个数最少;
(2) 每个乘积项中变量个数最少。

则称为最简"与-或"式。由最简"与-或"式实现的逻辑电路,使用的逻辑门数和逻辑门的输入端个数将最少。

逻辑函数的化简方法通常有:代数化简法、卡诺图简法、列表化简法。这些方法各有特点,下面分别介绍。

2.5.1 代数化简法

代数化简法是运用逻辑代数的公理、定理和常用公式对逻辑函数进行化简的方法。在熟记公理、定理和常用公式的基础上,还要求运用灵活得当,通过练习积累经验,掌握技巧。下面通过举例介绍一些常用方法。在下面的演算过程中,在即将操作的项下注以虚线,仅仅是为了观察方便而已,读者不要将其误认为运算符号。

例 2 - 13 化简逻辑函数 $F = \overline{X}\overline{Y} + X\overline{Y} + \overline{X}Y$。

$$
\begin{aligned}
F &= \overline{X}\overline{Y} + X\overline{Y} + \overline{X}Y \\
&= \overline{X}(\overline{Y} + Y) + X\overline{Y} \\
&= \overline{X} + X\overline{Y} \\
&= \overline{X} + \overline{Y}
\end{aligned}
$$

$\Big\}$ 分配律,结合律

$\Big\}$ 0 - 1 律,消去律

本例灵活地运用了消去律 $A + \overline{A}B = A + B$。在化简过程中的第三行,将 $\overline{X}$ 和 $\overline{Y}$ 分别当作消去律中的 A 和 B,得出结果。实际上,在运用公理、公式时,对其中的变量都可以看作是一个表达式。

例 2 - 14 化简逻辑函数 $F = (A + \overline{B})(\overline{A} + C)(\overline{B} + C + D)$。

解:
$$F = (A + \overline{B})(\overline{A} + C)(\overline{B} + C + D) \tag{2-9}$$

反向运用包含律 $(A + B)(\overline{A} + C)(B + C) = (A + B)(\overline{A} + C)$,在式(2-9)中添加一项,得

$$F = (A + \overline{B})(\overline{A} + C)(\overline{B} + C)(\overline{B} + C + D) \tag{2-10}$$

对式(2-10)中虚线上方的项,运用吸收律 $A(A + B)$,得

$$F = (A + \overline{B})(\overline{A} + C)(\overline{B} + C) \tag{2-11}$$

对式(2-11)中虚线上方的项,运用包含律,得

$$F = (A + \overline{B})(\overline{A} + C) \tag{2-12}$$

本题运用"欲擒先纵"的技巧,先添加一项,使最后一项被消除;再去掉添加的项,达到化简的目的。

例 2 - 15 化简逻辑函数 $Y = AC + \overline{B}C + B\overline{D} + C\overline{D} + A(B + \overline{C}) + \overline{A}BC\overline{D} + A\overline{B}DE$。

解:$Y = AC + \overline{B}C + B\overline{D} + C\overline{D} + A(B + \overline{C}) + \overline{A}BC\overline{D} + A\overline{B}DE \tag{2-13}$

对式(2-13)中虚线上方的项,运用消去律 $A + \overline{A}B = A + B$,得

$$Y = AC + \overline{B}C + B\overline{D} + C\overline{D} + A(B + \overline{C}) + A\overline{B}DE \tag{2-14}$$

对式(2-14)中虚线上方的项,运用摩根定理,得

$$Y = AC + \overline{B}C + B\overline{D} + C\overline{D} + A(\overline{\overline{B}\overline{C}}) + A\overline{B}DE \tag{2-15}$$

对式(2-15)中虚线上方的项,运用消去律,得

$$Y = AC + \overline{B}C + B\overline{D} + C\overline{D} + A + A\overline{B}DE \tag{2-16}$$

对式(2-16)中虚线上方的项,运用吸收律,得

$$Y = A + \overline{B}C + B\overline{D} + C\overline{D} \tag{2-17}$$

对式(2-17)中虚线上方的项,运用包含律 $AB + \overline{A}C + BC = AB + \overline{A}C$,得

$$Y = A + \overline{B}C + B\overline{D}$$

例 2-16 化简逻辑函数 $F(A,B,C) = \sum m(2,3,6,7)$。

$$\begin{aligned}
F &= \overline{A}B\overline{C} + \overline{A}BC + AB\overline{C} + ABC \\
&= \overline{A}B(\overline{C}+C) + AB(C+\overline{C}) \\
&= \overline{A}B + AB \\
&= (\overline{A}+A)B \\
&= B
\end{aligned}$$

例 2-17 化简 $F = (A+\overline{B})(\overline{A}+B)(B+C)(\overline{A}+C)$。

解:先求 F 的对偶式 F',并进行化简:

$$\begin{aligned}
F' &= A\overline{B} + \overline{A}B + BC + \overline{A}C \\
&= A\overline{B} + \overline{A}B + (B+\overline{A})C \\
&= A\overline{B} + \overline{A}B + \overline{\overline{A}B}\,C
\end{aligned}$$

本例说明,如果对"或-与"形式的定理不熟悉,可先用对偶定理,将表达式转化为"与-或"形式,再化简。将化简结果再求对偶,从而得到原函数的最简式。

代数化简法的优点是不受变量数目的约束,当对公理、定理和常用公式十分熟悉时,化简比较方便;其缺点是没有一定的规律和步骤,技巧性很强,而且在很多情况下难以判断化简结果是否最简。

2.5.2 卡诺图化简法

由代数法化简逻辑函数就是要善于发现构成函数的各个项之间的联系,以便运用适当的公式和定理进行处理。然而,这种联系有时是隐含的,发现它们需要敏锐的洞察力和丰富的联想力。获得这种能力需经过大量的实践、归纳、积累经验。

2.2.2 小节已述及,卡诺图揭示了在逻辑变量的各种组合值下,逻辑函数值之间的关系。它将逻辑上相邻的最小项,有机地安排成空间位置上的相邻项。因而便于发现组成函数的各最小项之间隐含的联系。下面通过实例,讨论运用卡诺图化简逻辑函数的方法。

1. 卡诺图化简的原理

(1) 两个相邻最小项的合并

设逻辑函数为 $F = \overline{A}\overline{B}C + A\overline{B}C$。

先用代数法化简,运用并项律,有:

$$\begin{aligned} F &= \overline{A}\overline{B}C + A\overline{B}C \\ &= (\overline{A} + A)\overline{B}C \\ &= \overline{B}C \end{aligned} \quad (2-18)$$

消去了变量 A。这里,之所以能消去变量 A,是因为在 F 的两个最小项中,仅有 A 不同,因而能提取公共因式 $\overline{B}C$。

再看 F 的卡诺图,如图 2.9 所示。因为 F 的两个最小项仅有 A 不同,因此必对应相邻的小方格,见图 2.9 中 $F = 1$ 的小方格。

由此可见,组成函数的两个最小项,若在卡诺图中对应相邻的小方格,则可将其中发生变化的那一个变量消去。为操作直观,用一个圈将这两个为"1"的相邻小方格圈起来。这样的圈称为卡诺圈,一个卡诺圈对应一个"与"项。

图 2.9 的卡诺圈中,沿垂直方向变量 A 发生了变化,因此消去变量 A;变量 BC 保持 01 不变,因此该卡诺圈对应的"与"项为 $\overline{B}C$。

图 2.10 为函数 $F = A\overline{B} + AB\overline{C} + \overline{B}C$ 的卡诺图。因为 F 的最小项表达式为:

$$F(A,B,C) = \sum m(1,4,5,6)$$

故图 2.10 中有 4 个为 1 的小方格。我们关心的是为"1"的小方格,为简明起见,为"0"的小方格可以不标出。注意,左下角和右下角的小方格也是相邻的,结果得到两个卡诺圈。其中卡诺圈 $A\overline{C}$,变量 B 因沿水平方向发生了变化,故应消去 B。于是,化简结果为:

$$F = A\overline{C} + \overline{B}C$$

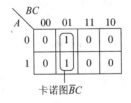

图 2.9 $F = \overline{A}\overline{B}C + A\overline{B}C$ 的卡诺图

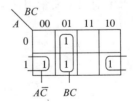

图 2.10 $F = A\overline{B} + AB\overline{C} + \overline{B}C$ 的卡诺图

图 2.11 为函数 $F(A,B,C,D) = \sum m(2,5,7,10,12,15)$ 的卡诺图。m_{12} 对应的小方格无任何其他小方格与之相邻,只好独自圈成卡诺圈;根据重叠律原理,图中重复利用了 m_7 对应的小方格,目的是使化简后得到的"与"项含有尽可能少的变量个数。注意,不能将中间的 3 个小方格圈成一个卡诺圈,因为它们不可能化简成一个"与"项。

由图 2.11,得到化简结果为:
$$F(A,B,C,D) = AB\overline{CD} + BCD + \overline{A}BD + \overline{B}C\overline{D} \quad (2-19)$$
因为所有相邻的最小项都得到了处理,故式(2-19)为 F 的最简与-或表达式。

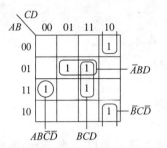

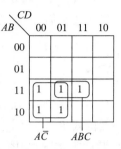

图 2.11　$F(A,B,C,D) = \sum m(2,5,7,10,12,15)$ 的卡诺图　　图 2.12　4 个相邻最小项的合并

(2) 4 个相邻最小项的合并

以上讨论了具有两个相邻最小项的函数的化简,下面讨论函数有 4 个相邻的最小项的化简方法。

现以函数 $F(A,B,C,D) = \sum m(8,9,12,13,15)$ 为例加以说明。图 2.12 是该函数的卡诺图,左下角的 4 个小方格是相邻格,并排列成矩形。这就告诉我们,这 4 个小方格对应的 4 个最小项可以合并。先考察用代数法对它们进行合并的结果:

$$\begin{aligned} m_8 + m_9 + m_{12} + m_{13} &= A\overline{BCD} + A\overline{B}C\overline{D} + AB\overline{CD} + ABC\overline{D} \\ &= A\overline{C}(\overline{BD} + \overline{B}D + B\overline{D} + BD) \quad (2-20)\\ &= A\overline{C} \end{aligned}$$

式(2-20)括号中的表达式的值为 1,这正是这 4 个最小项相邻的结果。因为这 4 个小方格在垂直方向上变量 B 发生了变化,A 保持为 1;在水平方向上变量 D 发生了变化,C 保持为 0。因此,化简结果中消去了变量 B、D,保留了公共因式 $A\overline{C}$。将这 4 个小方格圈上卡诺圈,该卡诺圈代表"与"项 $A\overline{C}$。

对于剩下的最小项 m_{15},它与 m_{13} 相邻。将 m_{15} 和 m_{13} 圈上卡诺圈,得"与"项 ABD。于是,最终化简结果为:
$$F(A,B,C,D) = A\overline{C} + ABD$$

图 2.13 是函数 $F(A,B,C,D) = \sum m(0,2,4,5,6,7,8,10)$ 的卡诺图。4 个角上的小方格是相邻的,故得卡诺圈 $\overline{BD}$。第二行的小方格全为 1,且有 AB 保持 01 不变,C 和 D 均发生变化。因此可消去变量 CD,保留变量 $\overline{A}B$,故得卡诺圈 $\overline{A}B$。于是,该函数的最简"与-或"表达式为:
$$F = \overline{A}B + \overline{BD}$$

由此可见,如果 4 个相邻最小项对应的方格排列成矩形,则可以合并为一个"与"项,并消去两个变量。合并后的结果中只包含最小项的公共因式。

(3) 8 个相邻最小项的合并

如果 8 个相邻最小项排列成一个矩形,则可以合并为一个与项,并消去 3 个变量。合并后的结果中只包含最小项的公共因子。

图 2.14 为函数 $F(A,B,C,D) = \sum m(0,1,2,3,8,9,10,11)$ 的卡诺图,其 8 个最小项合并为一个与项。因在水平方向上 CD 都发生变化,垂直方向上 B 保持 0 不变,故合并结果为卡诺圈 $\overline{B}$。即:$F(A,B,C,D) = \overline{B}$。

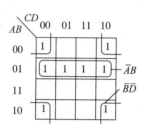 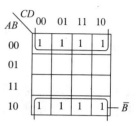

图 2.13　$F(A,B,C,D) = \sum m(0,2,4,5,6,7,8,10)$ 的卡诺图　　图 2.14　8 相邻最小项合并的卡诺图

以上讨论了二相邻、四相邻、八相邻最小项的合并。一般,如果有 2^n 个相邻最小项($n = 0,1,2,3,4$)排列成一个矩形,则它们可以合并为一项,消去 n 个变量。合并后的结果,仅包含这些最小项的公共因子。

卡诺图化简逻辑函数的一般步骤为:

① 画出函数的卡诺图。

② 画卡诺圈。构成卡诺圈的小方格必须满足:对应的函数值全部为 1;总数为 2^n 个;拼成尽可能大的矩形。

③ 按②的要求圈出全部可能的卡诺圈,即直到为 1 的所有小方格圈完为止。小方格可以重复利用,但每一卡诺圈中至少应含有一个未被其他卡诺圈使用的小方格。

④ 一一写出每个卡诺圈表示的"与"项。该"与"项由这样的变量乘积组成:沿垂直方向保持不变的斜线下方的变量;沿水平方向保持不变的斜线上方的变量;保持为 0 的采用反变量形式,保持为 1 的采用原变量形式。

⑤ 将各卡诺圈表示的"与"项累加起来,得到化简结果。

2. 卡诺图化简举例

例 2-18　用卡诺图将函数 $F = \overline{AB} + \overline{BC} + AC + \overline{AC}$ 化简为最简"与-或"式。

解:首先画 F 的卡诺图,如图 2.15(a)所示。因题目要求求 F 的最简"与-或"式,因此图中仅标出了 $F = 1$ 的值。

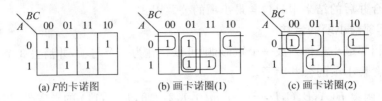

图 2.15 $F=\overline{A}B+\overline{B}C+AC+\overline{A}\overline{C}$ 的卡诺图化简

画卡诺圈。图 2.15(b)和(c)都满足画卡诺圈的要求,化简结果都是 F 的最简"与-或"式。

由图 2.15(b)可得:
$$F = \overline{A}\overline{C} + \overline{B}C + AC$$

由图 2.15(c)可得:
$$F = \overline{A}B + AC + \overline{A}\overline{C}$$

此例说明,逻辑函数的最简与-或表达式可能不是唯一的。

例 2-19 用卡诺图化简法将下式化简为最简"与-或"表达式:
$$F(A,B,C,D) = \sum m(0,5,7,9,10,12,13,14,15)$$

解:首先画 F 的卡诺图,如图 2.16(a)所示。画卡诺圈,如图 2.16(b)所示。

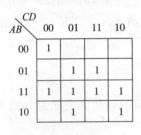 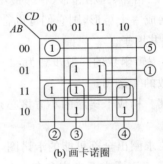

(a) F的卡诺图   (b) 画卡诺圈

图 2.16 $F(A,B,C,D) = \sum m(0,5,7,9,10,12,13,14,15)$ 的卡诺图化简

按从小到大的次序,先画出卡诺圈①。为使卡诺圈②尽可能大,可以利用卡诺圈①中已使用过的两个小方格。再画出卡诺圈③和④,它们也重复利用了卡诺圈①和②中的小方格。最后,画出卡诺圈⑤,因为没有其他小方格与之相邻,它只含有一个小方格。至此,所有为1的小方格全部圈毕,每一卡诺圈中至少有一个未被其他卡诺圈包围的小方格。

写出每个卡诺圈表示的"与"项,分别为:① BD ,② AB ,③ $\overline{A}C D$,④ $AC\overline{D}$,⑤ $\overline{A}\overline{B}\overline{C}\overline{D}$ 。于是,得到如下最终结果:
$$F = BD + AB + \overline{A}CD + AC\overline{D} + \overline{A}\overline{B}\overline{C}\overline{D}$$

例 2-20 用卡诺图化简法求函数 F 的最简与-或表达式:
$$F = \overline{A}\overline{D} + \overline{A}CD + \overline{C}D + A\overline{C}D + AC\overline{D}$$

解:首先作 F 的卡诺图,如图 2.17(a)所示。图 2.17(a)中为 1 的小方格较多,要用 3 个卡诺圈才能圈完。如果用卡诺圈去圈为 0 的小方格,则只要 1 个卡诺圈就能圈完,如图 2.17(b)所示。对于图 2.17(b),若仍然像对待为 1 的小方格那样去化简,则得到的结果为 $\overline{F}$,即:

$$\overline{F} = AC\overline{D} \tag{2-21}$$

再根据香农定理,将式(2-21)变换为:

$$F = \overline{A} + \overline{C} + D$$

这就是所求的最简与-或表达式。

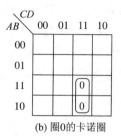

(a) 卡诺图　　　　　　　　(b) 圈0的卡诺圈

图 2.17　$F = \overline{A}\overline{D} + \overline{A}CD + \overline{C}D + A\overline{C}\overline{D} + AC\overline{D}$ 的卡诺图化简

例 2-21　已知函数 $F(A,B,C) = \prod M(0,1,2,4,6)$,用卡诺图化简此函数。

解:该函数为"或-与"表达式,或项较多。先将其转化为最小项表达式的形式:

$$F(A,B,C) = \sum m(3,5,7) \tag{2-22}$$

再对式(2-22)化简。作 F 的卡诺图,如图 2.18 所示。

化简结果为:

$$F = AC + BC$$

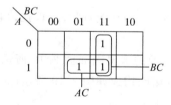

图 2.18　$F(A,B,C) = \prod M(0,1,2,4,6)$ 的卡诺图化简

由上述讨论可以看出,卡诺图化简法具有规范的操作步骤,直观性强,能得到最简表达式。但是,当变量达到 5 个或以上时,直观性变差,甚至很难操作。而且它毕竟是一种手工化简的方法,容易出错。在数字系统日益复杂的今天,我们希望借助计算机的强大功能和 EDA 工具,实现复杂的多变量逻辑函数化简。

2.5.3 具有任意项的逻辑函数的化简

在一些实际逻辑设计中,由于问题的某些限制,或者输入变量之间存在某种相互制约(如电机转动和停止信号不可能同时存在)等原因,使得输入变量的某些取值组合不会出现,或者即使这些输入组合出现,但对应的逻辑函数值是 1 还是 0 人们并不关心(如 8421BCD 码输入变量的 16 种组合中,$m10$、$m11$、$m12$、$m13$、$m14$、$m15$ 这 6 种组合始终不会出现,或者即使出现,也不关心其对应的函数值)。也就是说,这时的逻辑函数不再与 2^n 个最小项都有关,而仅仅与 2^n 个最小项的部分有关,与另一部分无关。或者说这另一部分最小项不决定函数的值,这种最小项称为任意项或者无关最小项。具有这种特征的逻辑函数称为具有任意项的逻辑函数。从上述定义可以看出,与任意项对应的逻辑函数值既可以看成 1,也可以看成 0。因此在卡诺图或真值表中,任意项常用 d 或 × 来表示;在函数表达式中常用 ϕ 或 d 来表示任意项,如下式所示:

$$F(A,B,C) = \sum m(0,1,5,7) + \sum \phi(4,6) \qquad (2-23)$$

除了对任意项的值加以处理外,具有任意项的逻辑函数化简方法与不含任意项的逻辑函数化简方法相同。任意项到底按"1"还是"0"处理,就要以其取值能使函数尽量简化为原则。可见在化简逻辑函数时任意项具有一种特殊的地位。

化简具有任意项的逻辑函数的步骤如下:

(1) 画出函数对应的卡诺图,在任意项对应的小方格填上 d 或 ×。

(2) 按 2 的整数次幂为一组构成卡诺圈,如果任意项方格为 1 时可以圈得更大,则将任意项当作 1 来处理,否则当 0 处理。未被圈过的任意项一律当作 0 处理。

(3) 写出化简的表达式。

例 2-22 化简函数 $F_3(A,B,C,D) = \sum m(1,2,4,12,14) + \sum d(5,6,7,8,9,10)$

解:做出逻辑函数 $F(A,B,C,D)$ 的卡诺图如图 2.19 所示。若将任意项部分看作为 1 来处理,卡诺圈构成如图 2.19 所示(此题将 3 个任意项×看作 1 来处理)。化简后 F_3 为:

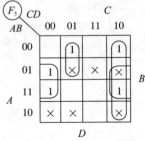

图 2.19 函数 F 卡诺图

$$F_3 = B\overline{D} + C\overline{D} + \overline{A}\,CD \qquad (2-24)$$

2.6 习 题

2-1 解释下列名词,并举例说明:

(1) "与-或"表达式

(2) 标准"与-或"表达式

(3) 最简"与-或"表达式

2-2 用真值表和逻辑运算法则与公理证明,"或-非"逻辑可以实现 3 种基本逻辑运算。

2-3 设 A、B、C 为逻辑变量,试说明下列结论正确与否。

(1) 若 $A+B=A+C$,则必有 $B=C$

(2) 若 $AB=AC$,则必有 $B=C$

(3) 若 $A+B=A+C$ 且 $AB=AC$,则必有 $B=C$

2-4 分别用真值表和卡诺图表达下列逻辑函数。

(1) $F = A\overline{B} + \overline{A}B$

(2) $F = AB + AB\overline{C} + \overline{A}C$

(3) $F = (A+B)(A+C)(B+C)$

2-5 将下列逻辑函数展开为最小项表达式。

(1) $F(A,B,C) = \overline{A}B + AC$

(2) $F(A,B,C,D) = \overline{A}\,\overline{C}D + BCD + \overline{A}BD + \overline{A}B\overline{C}$

2-6 将下列逻辑函数展开为最大项表达式。

(1) $F(A,B,C) = A + BC$

(2) $F(A,B,C,D) = \overline{A}B + \overline{C}D$

2-7 求下列函数的反函数。

(1) $F = \overline{A\overline{B}C + B\overline{C}}$

(2) $F(A,B,C,D) = \sum m(3,6,9,12,15)$

2-8 求下列函数的对偶函数。

(1) $F = AB + AC + AD + BC + BD + CD$

(2) $F(A,B,C,D) = \prod M(3,5,7,11,13)$

2-9 试证明逻辑函数 $F = C\overline{A\overline{B} + \overline{A}B} + \overline{C}(A\overline{B} + \overline{A}B)$ 是一个自对偶函数。

2-10 用代数化简法将下列函数化为最简与-或表达式。

(1) $F = A\overline{B} + A\overline{C} + \overline{A}\,\overline{B}C$

(2) $F = \overline{AB + \overline{A}C + BC\overline{D}}$

(3) $F = \overline{A}B + \overline{B} + \overline{AB}(\overline{B}C + AD\overline{C})$

(4) $F = BC + D + \overline{D}(\overline{B} + \overline{C})(AD + B)$

(5) $F(A,B,C) = \sum m(0,2,4,6)$

(6) $F(A,B,C,D) = \sum m(5,7,11,13,14,15)$

2-11 用卡诺图化简法将下列函数化为最简与-或表达式。

(1) $F(A,B,C) = \sum m(0,1,2,3)$

(2) $F = \overline{A\overline{B} + B\overline{C} + \overline{A}C}$

(3) $F = \overline{A}B + ACD + \overline{A}BD + \overline{A}BC\overline{D}$

(4) $F = (\overline{A}+\overline{B})(A+B)(\overline{A}+\overline{C})(A+C)$

(5) $F(A,B,C,D) = \sum m(1,3,5,6,7,14,15)$

(6) $F(A,B,C,D) = \prod M(0,3,8,10)$

(7) $F(A,B,C,D) = \sum m(2,3,6,7,8,10,12,14)$

(8) $F1(A,B,C,D) = \sum m(3,6,8,9,11,12) + \sum d(0,1,2,13,14,15)$

2-12 判断题。

(1) 逻辑变量的取值,1比0大。（　　）

(2) 异或函数与同或函数在逻辑上互为反函数。（　　）

(3) 若两个函数具有相同的真值表,则两个逻辑函数必然相等。（　　）

(4) 因为逻辑表达式 $A+B+AB=A+B$ 成立,所以 $AB=0$ 成立。（　　）

(5) 若两个函数具有不同的真值表,则两个逻辑函数必然不相等。（　　）

(6) 若两个函数具有不同的逻辑函数式,则两个逻辑函数必然不相等。（　　）

(7) 逻辑函数两次求反则还原,逻辑函数的对偶式再作对偶变换也还原为它本身。（　　）

(8) 逻辑函数 $Y = A\overline{B} + \overline{A}B + \overline{B}C + B\overline{C}$ 已是最简与-或表达式。（　　）

2-13 填空题。

(1) 逻辑代数又称为＿＿＿＿代数。最基本的逻辑关系有＿＿＿＿、＿＿＿＿、＿＿＿＿三种。常用的几种导出的逻辑运算为＿＿＿＿、＿＿＿＿、＿＿＿＿、＿＿＿＿。

(2) 逻辑函数的常用表示方法有＿＿＿＿、＿＿＿＿、＿＿＿＿、＿＿＿＿。

(3) 逻辑代数中与普通代数相似的定律有＿＿＿＿、＿＿＿＿、＿＿＿＿。摩根定律又称为＿＿＿＿。

(4) 逻辑代数的3个重要规则是＿＿＿＿、＿＿＿＿、＿＿＿＿。

第 3 章

组合逻辑电路

数字系统的逻辑电路可分为两类：一类是组合逻辑电路，另一类是时序逻辑电路。所谓组合逻辑电路，是指由各种门电路组合而成且无反馈的逻辑电路。

本章首先介绍组合电路的基础门电路，组合逻辑电路的基本特点及分析、设计方法，再从设计的角度说明编码器、译码器、多路选择器、数值比较器和加法器，以及这些电路相应的中规模集成电路产品的原理及应用。

3.1 逻辑门电路的外特性

第 2 章讨论了逻辑代数的基本定律、基本公式以及逻辑函数的表示和化简方法，它们是进行逻辑电路分析和设计的基本理论知识。任何复杂的逻辑运算都是由三种基本逻辑运算组成的。因此，首先应该研究实现三种基本逻辑运算的电路。在此基础上，可以进一步构成各种复杂的逻辑运算电路。

用以实现基本逻辑运算和复合逻辑运算的单元逻辑电路通称为逻辑门电路，简称为"门"。为便于使用，逻辑门电路通常制作成集成电路。按其制作的半导体材料可分为 TTL(Transistor-Transistor-Logic)门电路和 MOS(Metal-Oxide-Semiconductor)门电路。TTL 门电路的工作速度快、负载能力强，但功耗较大、集成度低；MOS 门电路的结构简单、集成度高、功耗低，但速度较慢、负载能力较弱。随着技术的进步，MOS 门电路的性能得到了极大的提高，目前大规模、超大规模集成电路一般采用 MOS 工艺制造。因此，本节在讨论门电路的结构与工作原理时，均以 MOS 门电路为例。

按所实现的逻辑功能的复杂程度，可将逻辑门电路分为简单逻辑门和复杂逻辑门。

逻辑门电路是实现数字系统的基本单元逻辑电路。了解逻辑门电路的内部结构、工作原理及其外部特性，对数字逻辑电路的分析和设计是十分必要的。

3.1.1 简单逻辑门电路

简单逻辑门是指只有单一逻辑功能的门电路，如实现三种基本逻辑运算的或门、与门及非门电路，也称基本逻辑门。

下面以 CMOS 门电路为例,讨论非门、或门、与门电路的基本工作原理。在 CMOS 门电路中,采用了两种在导电极性上互补的 MOS 半导体管。MOS 管是"金属－氧化物－半导体"绝缘栅场效管的简称,分为 NMOS 管和 PMOS 管,下面简要说明其工作原理。

NMOS 管为 N 沟道 MOS 管,其电路符号如图 3.1(a)所示。它有三个电极,分别为漏极 D、源极 S 和栅极 G。B_N 则是电路中的所有 NMOS 管公共的衬底电极,通常接"地"(参考 0 电位)。S 和 D 之间相当于一个开关,此开关的通断与否,由 G 上施加的电位所控制,如图 3.1(b)、(c)所示,电极边的"＋"、"－"符号表示电荷,电荷越多,电极间的电场越强。当 G 上加高电平时,G 与衬底之间形成的强电场能使 D 与 S 之间导通,呈低阻抗;当 G 上加低电平时,G 与衬底之间形成的电场太弱,D 与 S 之间截止,呈高阻抗。

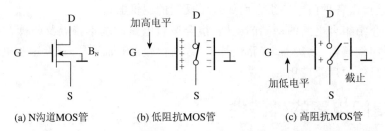

(a) N沟道MOS管　　(b) 低阻抗MOS管　　(c) 高阻抗MOS管

图 3.1　NMOS 管的符号及工作方式

PMOS 管为 P 沟道 MOS 管,其电路符号如图 3.2(a)所示。B_P 是电路中的所有 PMOS 管公共的衬底电极,通常接电源正极。PMOS 管的导电极性与 NMOS 管相反,当栅极 G 加低电平时,D 与 S 之间导通,呈低阻抗;当 G 上加高电平时,D 与 S 之间截止,呈高阻抗。

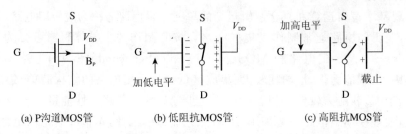

(a) P沟道MOS管　　(b) 低阻抗MOS管　　(c) 高阻抗MOS管

图 3.2　PMOS 管的符号及工作方式

1. 非门电路

图 3.3(a)为用 NMOS 管 T_5 和 PMOS 管 T_6 互补组成的 CMOS 非门电路。A 为输入端,F 为输出端。

当输入 A 为高电平时,T_6 截止,T_5 导通。结果输出端经 T_5 接"地",F 为低电平,等效电路如图 3.3(b)所示。

当输入 A 为低电平时,T_5 截止,T_6 导通。结果电源经 T_6 传到输出端,F 为高电平,等效电路如图 3.3(c)所示。

用 H 表示高电平，L 表示低电平，则上述输入和输出的电平关系如表 3.1 所列。若令 H 表示逻辑值"1"，L 表示逻辑值"0"，则由表 3.1 可得表 3.2。

表 3.2 正是"非"运算的真值表，故如图 3.3(a)所示的电路实现了"非"运算逻辑，称其为非门。非门的逻辑表达式为：

$$F = \overline{A}$$

即非门的输出总是输入的反相，故又称为反相器。

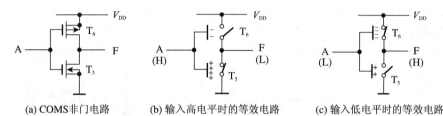

(a) COMS非门电路　　(b) 输入高电平时的等效电路　　(c) 输入低电平时的等效电路

图 3.3　COMS 非门电路及输入高电平和低电平时的等效电路

表 3.1　非门的输入、输出电位

A	F
L	H
H	L

表 3.2　非门的真值表

A	F
0	1
1	0

非门的逻辑符号如图 3.4 所示，其中，电路工作所需的电源和"地"是默认的，一般不予画出。在图 3.4 中，(a)为国内早期沿用的符号(SJ123-77 标准)；(b)为 GB4728.12-85 标准规定的新标准符号，本书将采用这一标准；(c)为国外常用符号(MIL-STD-806 标准)，在国外数字系统开发软件绘制的逻辑图中大都采用这一标准。

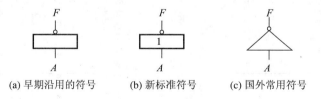

(a) 早期沿用的符号　　(b) 新标准符号　　(c) 国外常用符号

图 3.4　非门的逻辑符号

2. 或门电路

实现"或"逻辑功能的电路称为或门。图 3.5(a)所示是 CMOS 结构组成的二输入或门电路。对比图 3.3(a)的非门电路可知，T_5 和 T_6 管的接法完全相同，因此 T_5 和 T_6 管在电路中等效为一个非门,该非门的输入为 p,输出为 F,故有 $F=\bar{p}$。A、B 是两个输入端。

再看 $T_1 \sim T_4$。一方面,T_1 和 T_3 组成互补结构,它们受输入 A 的控制,其中一个导通,另一个必然截止;T_2 和 T_4 组成互补结构,它们受输入 B 的控制。另一方面,T_1 和 T_2 为并联结构,T_3 和 T_4 为串联结构。

先分析 A、B 中至少有一个是高电平的情况。此时 T_3 和 T_4 中至少有一个截止,电源不可能传到 p 点;T_1 和 T_2 中至少有一个导通,使 p 点与"地"接通而成为低电平。于是 p 点的电平经 T_5 和 T_6 非运算后,F 为高电平。也就是说,只要 A 和 B 中至少有一个为高电平,F 就为高电平。图 3.5(b) 是 A 为高电平、B 为低电平时的等效电路图。

当 A 和 B 都是低电平时,T_3 和 T_4 都导通,T_1 和 T_2 都截止,于是电源电压 V_{DD} 经 T_3 和 T_4 管传到 p 点,使 p 点为高电平,输出 F 为低电平。也就是说,只有 A 和 B 都为低电平时,F 才能为低电平。

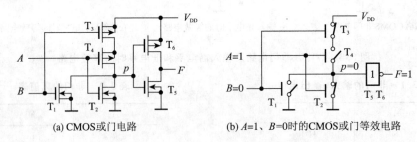

(a) CMOS 或门电路　　　　(b) $A=1$、$B=0$ 时的CMOS 或门等效电路

图 3.5　CMOS 或门电路及 $A=1$、$B=0$ 时的等效电路

上述输入和输出的电平关系如表 3.3 所列。对应的真值表如表 3.4 所列。显然,表 3.4 就是"或"运算的真值表,故图 3.5(a) 所示的电路实现了"或"逻辑运算,称为或门。

表 3.3　或门的输入、输出电平

A	B	F
L	L	L
L	H	H
H	L	H
H	H	H

表 3.4　或门的真值表

A	B	F
0	0	0
0	1	1
1	0	1
1	1	1

图 3.6 为或门的逻辑符号。用逻辑函数表达的二输入或门逻辑功能如下:
$$F = A + B$$
集成电路或门的输入端可以制成多个,相应地,逻辑符号中的输入端也画成多个。

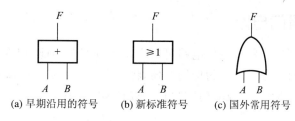

(a) 早期沿用的符号　　(b) 新标准符号　　(c) 国外常用符号

图 3.6　或门的逻辑符号

3. 与门电路

实现"与"逻辑功能的电路称为与门。图 3.7 为 CMOS 二输入端与门电路。对比图 3.5(a) 所示的或门电路可知，T_1、T_2 变为串联结构，T_3、T_4 变为并联结构，其余电路结构相同。因此，只有当 T_1 和 T_2 同时导通时，p 点才能为低电平，F 为高电平；否则 p 点为高电平，F 为低电平。也就是说，只有 A、B 同时为高电平时，F 才能为高电平；否则 F 为低电平。

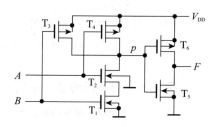

图 3.7　CMOS 与门电路

与门电路的输入与输出电平关系和真值表分别如表 3.5 和表 3.6 所列。表 3.6 是"与"运算的真值表，故图 3.7 所示电路是实现"与"逻辑功能的电路，称为与门。

与门的逻辑符号如图 3.8 所示，其逻辑功能可以用下列逻辑表达式表示：

$$F = AB$$

表 3.5　与门的输入、输出电位

A	B	F
L	L	L
L	H	L
H	L	L
H	H	H

表 3.6　与门的真值表

A	B	F
0	0	0
0	1	0
1	0	0
1	1	1

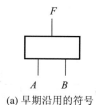　　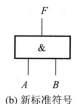　　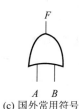

(a) 早期沿用的符号　　(b) 新标准符号　　(c) 国外常用符号

图 3.8　与门的逻辑符号

同样地，集成电路与门的输入端可以制成多个，逻辑符号中的输入端也画成多个。

3.1.2 复合逻辑门电路

尽管"与"、"或"、"非"三种基本门电路可以实现各种逻辑功能,但在实际中存在大量两种或两种以上基本逻辑的复合运算。为使用方便,将经常遇到的复合运算制成集成门电路,称为复合逻辑门电路,如"与非门"、"或非门"、"与或非门"和"异或门"等。

1. "与非"门

实现"与非"逻辑功能的门电路称为"与非"门。其实在图 3.7 所示的与门中,p 点的逻辑运算关系为 $p = \overline{AB}$。故去掉图 3.7 中的 T_5 和 T_6,将 p 点直接作为输出 F,就是一个二输入端"与非"门电路。

"与非"门的逻辑符号如图 3.9 所示,注意输出端上有一个小圆圈,它表示"非"的意思。表 3.7 是二输入与非门的真值表,对应的逻辑表达式为

$$F = \overline{AB}$$

集成电路与非门的输入端也有多个的,如 3 个、4 个等。

表 3.7 与非门真值表

A	B	F
0	0	1
0	1	1
1	0	1
1	1	0

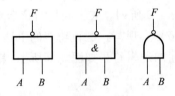

图 3.9 与非门的逻辑符号

2. "或非"门

实现"或非"逻辑功能的门电路称为"或非"门。在图 3.5(a)所示的或门中,p 点的逻辑运算关系为 $p = \overline{A+B}$。故去掉图 3.5(a)中的 T_5 和 T_6,将 p 点直接作为输出 F,就是一个二输入端"或非"门电路。

"或非"门的逻辑符号如图 3.10 所示,表 3.8 是二输入或非门的真值表,对应的逻辑表达式为:

$$F = \overline{A+B}$$

表 3.8 "或非"门真值表

A	B	F
0	0	1
0	1	0
1	0	0
1	1	0

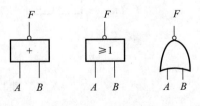

图 3.10 或非门的逻辑符号

集成电路或非门的输入端也可以有多个。

3. "与或非"门

"与"、"或"、"非"三种运算的复合运算称为"与或非"运算,实现"与或非"逻辑功能的门电路称为"与或非"门。例如,下面是一个四变量"与或非"运算:

$$F = \overline{AB + CD} \tag{3-1}$$

实现式(3-1)的"与或非"门逻辑符号如图 3.11 所示。在实际电路中,"与或非"门的输入端个数、运算形式将根据实际需要而定,不一定就是式(3-1)那样。因此,在画逻辑符号时应根据实际情况进行调整。

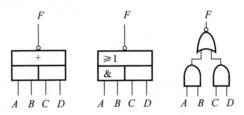

图 3.11　与或非门的逻辑符号

4. "异或"门 与"同或"门

在实际中,"异或"也是一种常用的复合逻辑,实现"异或"运算的门电路称为"异或"门,其逻辑符号如图 3.12 所示。图中,A、B 为输入端,F 为输出端。

"同或"逻辑门符号如图 3.13 所示。由于"同或"实际上是"异或"之非,因此,"同或"逻辑也叫做"异或非"逻辑,其逻辑功能可用"异或"门和"非"门来实现,故"同或"门电路很少用到。

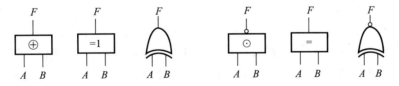

图 3.12　异或门的逻辑符号　　　　图 3.13　同或门的逻辑符号

5. 三态门

三态输出门(Three - State Output Gate)简称三态门或 TS 门,是在典型门电路的基础上加控制端和控制电路构成的。前面描述的几种门电路的输出只有两种状态,要么为 0,要么为 1。但在三态输出门电路中,有三种输出状态:低阻抗的 0、1 状态和高阻抗状态。前两种状态与上述门电路相同,称为工作状态,第三种状态称为高阻态(或隔离状态)。CMOS 三态门的电路及逻辑符号如图 3.14 所示。电路中,A 是输入端,F 是输出端,E 为输出允许端。由图可知,两个 MOS 管的控制信号为:

$$G_1 = \overline{EA}, G_2 = \overline{E+A}$$

其真值表如表 3.9 所列。由表 3.9 可以看出：

当 $E=0$ 时，若 $A=0$，则 $G_1=G_2=1$，故上管截止，下管导通，$F=0$；若 $A=1$，有 $G_1=G_2=0$，故上管导通，下管截止，$F=1$。总之，当 $E=0$ 时有 $F=A$，表示数据可以从输入端传向输出端。

当 $E=1$ 时，无论 A 为何值，总有 $G_1=1$，$G_2=0$，故上管和下管均为截止，输出端呈高阻态，输入端与输出端被隔离。

表 3.9 "三态"门真值表

E	A	G_1	G_2	F
0	0	1	1	0
0	1	0	0	1
1	0	1	0	高阻抗
1	1	1	0	高阻抗

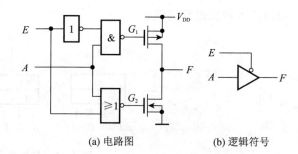

(a) 电路图　　　　(b) 逻辑符号

图 3.14　三态门电路及逻辑符号

在数字系统中，三态门是常用的器件之一，常利用三态门实现数据的双向传输和多路数据切换。

3.1.3　门电路的主要外特性参数

门电路的外特性是指集成逻辑门对外表现的电气特性，在实际应用时必须认真对待。

当今，数字集成电路的品种繁多，制造工艺不尽相同。上述逻辑门的介绍仅限于 CMOS 工艺，此外，还有双极型工艺、PMOS 工艺等。采用不同工艺制造的器件，虽然在实现的逻辑功能上是一致的，但在电气特性上却存在相当大的差异，各有特点。这里仅介绍门电路的几个主要外特性参数的定义，具体应用时请查阅相关技术手册。

1. 开门电平 V_{ON} 与关门电平 V_{OFF}

现以非门为例，说明开门电平与关门电平的定义。

开门电平是指使输出达到标准低电平时，应在输入端施加的最小电平值；关门电平是指使输出达到标准高电平时，应在输入端施加的最大电平值。V_{ON} 与 V_{OFF} 之间的差距越大，器件的抗干扰能力越强，但驱动器件正常工作所需的信号幅度越大。

上述定义对其他功能的逻辑门是类似的，不过输出电平的高低应根据该种门的逻辑关系而定。

2. 输出高电平 V_{OH} 与输出低电平 V_{OL}

仍以非门为例，说明输出高电平与输出低电平的定义。

输出高电平是指输入端接低电平、输出端开路（即不接负载）时，器件输出的实际电平值；输出低电平是指输入端接高电平、输出端开路时器件输出的实际电平值。

上述定义对其他功能的逻辑门是类似的，不过输入电平的高低应由该种门的逻辑关系而定。

3. 扇入系数 N_r

扇入系数是指门电路允许的输入端数目，在器件制造时被确定。一般门电路的扇入系数为 1~5，最多不超过 8。例如，一个 4 输入端与非门，其 $N_r=4$。使用时，它最多允许有 4 个输入。

如果要得到更多的输入端，则可用级联的方法实现。图 3.15 是用两个 $N_r=3$ 的与门和一个 $N_r=2$ 的与非门实现的 6 输入与非运算。

如果有多余的输入端，则应在保证所需逻辑功能的前提下，将多余的输入端接"地"或接高电平。尤其是 MOS 门的输入端必须这样处理，因为 MOS 门的输入阻抗极高，悬空的输入引脚会感应空中的电磁干扰，导致电路无法正常工作。图 3.16 是对与非门和或非门的多余输入端的处理方法。为保证逻辑功能不变，应将多余的与运算输入端接高电平（电源正），而多余的或运算输入端则应接低电平（"地"）。

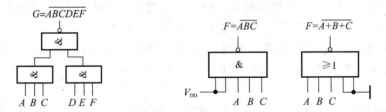

图 3.15　输入端扩展举例　　图 3.16　与非门和或非门多余输入端的连接法

4. 扇出系数 N_c

实际应用中，门电路的输出端通常与其他门电路的输入端相连。一个门电路的输出端最多能够驱动其他同类门电路的输入端个数，称为扇出系数。扇出系数实际上表示门输出端带负载的能力。例如，若某与非门的扇出系数 $N_c=8$，表明它的输出端最多可驱动 8 个同类门输入端。

5. 平均时延 t_{PD}

信号通过实际逻辑门电路时都存在延迟。平均时延是指门电路的输出信号滞后于输入信号的平均时间。例如，对于"非"门电路，如果输入一个正极性的方波，则经过非门后，输出是一个延迟的负极性方波,如图 3.17 所示。从输入波形上升沿的 50% 处,到输出波形下降沿的 50% 处之间的时间间隔定义为前沿延迟 t_{PLH},定义 t_{PHL} 为类似的后沿延迟,则它们的平均值称为平均时延:

$$t_{PD} = \frac{1}{2}(t_{PHL} + t_{PLH})$$

平均时延是反映门电路工作速度的重要参数。

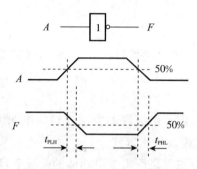

图 3.17 平均时延示意图

3.1.4 正逻辑与负逻辑

在上述门电路讨论中,我们总是规定用高电平表示逻辑值"1",用低电平表示逻辑值"0",这种规定称为"正逻辑"。然而,这仅仅是一种人为的规定。如果反过来,用高电平表示逻辑值"0",用低电平表示逻辑值"1",即采用"负逻辑",情况会怎样呢?

必须说明,上述两种规定都没有改变门电路内部的结构,因此其输入与输出的电位高低关系并未改变。我们关心的是,对于同一门电路,在两种规定下,所实现的逻辑功能是否相同。

以图 3.7 所示的电路为例,为方便比较,将其电平关系重绘于表 3.10 中。已知在正逻辑下,它是与门。现在按负逻辑列出真值表,如表 3.11 所列。显然,此时的逻辑功能为"或"运算。因此,正逻辑下的与门是负逻辑下的或门。

类似地,可以分析图 3.5(a)所示的电路,在正逻辑下它是或门,但在负逻辑下它是与门;对于非门,不管是正逻辑还是负逻辑,它仍然是非门。

严格地讲,对于一个门电路,在未决定采用正逻辑还是负逻辑之前,就断言它是何种逻辑运算关系是不妥的。然而,正逻辑符合人们的思维习惯,通常情况下,都约定用正逻辑下电路的逻辑功能来命名该电路的名称。在本书中,如无特别说明,均采用正逻辑。

为便于区分采用何种逻辑,在逻辑符号的输入端上加一个小圆圈表示负逻辑下的门电路符号。常用逻辑门的正逻辑和负逻辑符号如表 3.12 所列。

表3.10 图3.7的输入、输出电平关系

A	B	F
L	L	L
L	H	L
H	L	L
H	H	H

表3.11 负逻辑下图3.7的真值表

A	B	F
1	1	1
1	0	1
0	1	1
0	0	0

表3.12 正负逻辑下对应的门电路

正逻辑		负逻辑	
逻辑符号	名称	逻辑符号	名称
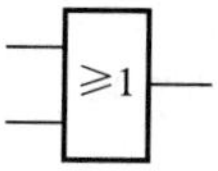 ≥1	或门	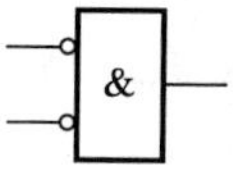 &	与门
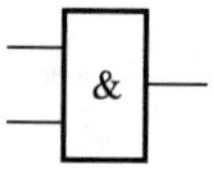 &	与门	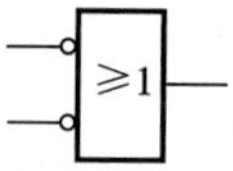 ≥1	或门
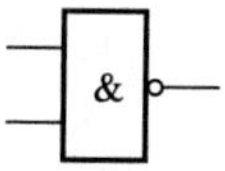 &	与非门	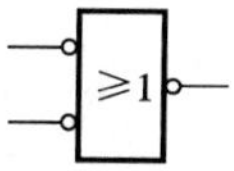 ≥1	或非门
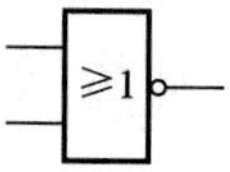 ≥1	或非门	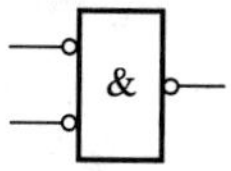 &	与非门
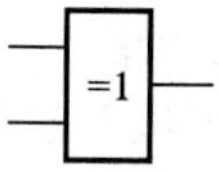 =1	异或门	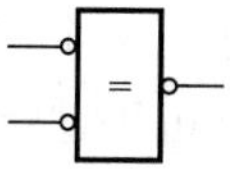 =	同或门

正、负逻辑的相互转换可用逻辑代数的有关定理实现,例如,正逻辑下的与非门,其表达式为:

$$F = \overline{AB}$$

由摩根定理知:

$$\overline{F} = \overline{\overline{AB}} = \overline{\overline{A} + \overline{B}}$$

令 $Z = \overline{F}$,$X = \overline{A}$,$Y = \overline{B}$,则

$$Z = \overline{X + Y} \tag{3-2}$$

将 X、Y 视为独立变量,Z 视为 X、Y 的函数,则式(3-2)采用的是负逻辑。式(3-2)表明,正逻辑逻辑下的与非门,在负逻辑下则是或非门。

3.2 组合逻辑电路分析

3.2.1 组合逻辑电路的基本特点

组合逻辑电路主要由门电路构成。在电路中,任何时刻的输出仅仅取决于该时刻的输入信号,而与这一时刻输入信号作用前电路原来的状态没有任何关系,其电路模型可表示为图 3.18,该电路模型用函数式表示为下式:

图 3.18 组合逻辑电路模型

$$\begin{cases} Y_0 = f_0(I_0, I_1, \cdots, I_{n-1}) \\ Y_1 = f_1(I_0, I_1, \cdots, I_{n-1}) \\ \vdots \\ Y_{m-1} = f_{m-1}(I_0, I_1, \cdots, I_{n-1}) \end{cases} \quad (3-3)$$

可见组合逻辑电路的结构特点是:由逻辑门构成,不含记忆元件;输入信号是单向传输的,电路中不含反馈回路。

根据电路输出端是一个还是多个,可将组合逻辑电路分为单输出组合逻辑电路和多输出组合逻辑电路两种类型。其功能可用逻辑函数表达式、真值表、时间图以及逻辑图等进行描述。

3.2.2 分析流程

组合逻辑电路的分析是指对已知的逻辑电路图,推导出描述其逻辑特性的逻辑表达式,进而评述其逻辑功能的过程。广泛用于系统仿制、系统维修等领域,是学习、追踪最新技术的必备手段。

组合逻辑电路分析的方法一般是根据给出的电路图,从输入端开始,根据器件的基本数字逻辑功能,逐次推导出输出逻辑函数表达式,再根据函数表达式列出真值表,从而了解逻辑电路的功能。进一步地,还可以评价其设计方案的优劣,改进和完善电路的结构;结合实际需要,更换逻辑电路的某些器件;对设计优秀的方案进行分析,可以吸取设计思想,为分析和设计数字系统打下基础。

下面结合一个具体实例,说明组合逻辑电路分析的一般步骤。

例 3-1 给定逻辑电路如图 3.19 所示,分析其功能,并作出评价。

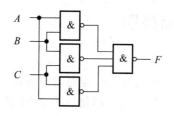
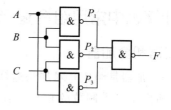

图 3.19 例 3-1 给定的逻辑电路图　　图 3.20 例 3-1 电路中的有关中间量

解:(1) 写出电路的逻辑表达式。

根据电路中各逻辑门的功能,从输入端开始逐级写出函数表达式。为方便起见,在图中标出有关中间量,即如图 3.20 所示的 P_1、P_2 和 P_3。于是有:

$$P_1 = \overline{AB}, P_2 = \overline{BC}, P_3 = \overline{AC}$$
$$F = \overline{P_1 P_2 P_3} = \overline{\overline{AB}\ \overline{BC}\ \overline{AC}} \tag{3-4}$$

(2) 化简。

直接写出的逻辑函数往往不是最简的。为便于分析,需要将其化为最简与或表达式。用代数法化简式(3-4),有:

$$\begin{aligned} F &= \overline{\overline{AB}\ \overline{BC}\ \overline{AC}} \\ &= \overline{\overline{AB}} + \overline{\overline{BC}} + \overline{\overline{AC}} \\ &= AB + BC + AC \end{aligned} \tag{3-5}$$

(3) 列出真值表。

真值表比逻辑表达式更容易看出电路的逻辑功能。由式(3-5)列出的真值表如表 3.13 所列。

(4) 分析电路的功能。

由表 3.13 所列的真值表可知,该电路仅当 A、B 和 C 中有两个或两个以上同时为 1 时,输出 F 的值为 1,其他情况下输出 F 均为 0。

该电路的逻辑功能是什么?一般应结合具体使用场合来分析。例如,如果设有 A、B、C 三个人对某事件进行表决,同意用"1"表示,不同意用"0"表示。表决结果用 F 表示,$F=1$ 表示该事件通过,$F=0$ 表示该事件未通过。则式(3-5)为一多数表决逻辑。

用卡诺图可以验证,该电路方案已经是最简的,不需要进一步化简。

表 3.13　例 3-1 的真值表

A	B	C	F
0	0	0	0
0	0	1	0
0	1	0	0
0	1	1	1
1	0	0	0
1	0	1	1
1	1	0	1
1	1	1	1

以上详细地列出了分析逻辑电路的一般步骤,在实际应用中,应根据电路的复杂程度和分析者的熟练程度,对上述步骤进行适当取舍。

3.2.3 计算机中常用组合逻辑电路分析举例

1. 半加器和全加器

半加器和全加器是组成算术加法运算部件的重要单元电路。为说明半加器与全加器的功能,我们先分析两个二进制数的相加过程。设有两个四位二进制数 a、b 相加,设 $a = 1011$,$b = 1011$,竖式演算过程如下:

```
       1 0 1 1    ……… 被加数a
   +)  1 0 1 1    ……… 加数b
     1 0 1 1      ……………… 进位c
     1 0 1 1 1    ……… 和s
```

为了用逻辑运算实现算术运算,用逻辑 0 和 1 分别代表二进制数 0 和 1。

先看最低位。实现最低位算术加法运算的逻辑电路框图如图 3.21(a)所示。图 3.21(a)中,a_0 和 b_0 分别表示两个一位二进制加数,s_0 与 c_0 分别是相加产生的和与进位。这种只有两个一位二进制加数参加运算的算术加法电路称为半加器,其逻辑符号如图 3.21(b)所示,其中 c_0 为进位,与 c_0 同侧的输出端 s_0 为其和。电路有两个输出端,s_0 和 c_0 都是输入量 a_0 和 b_0 的函数。这种具有多个输出端的逻辑电路称为多输出逻辑电路。

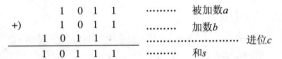

(a) 半加器逻辑电路框图　　　　(b) 半加器逻辑符号

图 3.21　半加器电路框图及其逻辑符号

再看其他位的运算情况。如图 3.22(a)所示,参与相加的数除了 a_i 和 b_i($i = 1,2,3$)两个加数位外,低位运算产生的进位 c_{i-1} 也必须参与运算。运算结果有和 s_i 及 c_i。这种有 3 个一位二进制加数参加运算的算术加法电路称为全加器,其逻辑符号如图 3.22(b)所示,其中 C_i 为低位运算产生的进位,C_o 为本位运算产生的进位,这里,下标 i 和 o 分别表示 in 和 out 之意。与 C_o 同侧的输出端为本位运算产生的和。全加器也是多输出逻辑电路。

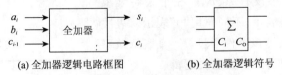

(a) 全加器逻辑电路框图　　　　(b) 全加器逻辑符号

图 3.22　全加器及其逻辑符号

由此可见,全加器的逻辑功能齐全,但半加器的电路简单。以后将会看到,算术乘法电路中要用到大量的半加器。常见的集成电路加法器有7483和74283。下面通过两个实例分析一下半加器和全加器的特性。

例 3 - 2 图 3.23 为一个半加器电路,试分析之。

解:由图 3.23 可写出两个输出的表达式:

$$S = A \oplus B, C_O = AB \tag{3-6}$$

列出式(3-6)的真值表,如表 3.14 所列。

表 3.14 半加器的真值表

A	B	S	C_O
0	0	0	0
0	1	1	0
1	0	1	0
1	1	0	1

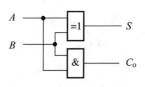

图 3.23 半加器电路图

一位二进制数相加的算术运算规则如下:

$$0+0=0, 0+1=1, 1+0=1, 1+1=10$$

对比表 3.14,显然,把 A、B 作为两个加数,S 作为本位和,C_O 作为进位,在正逻辑下,正好满足上述运算规则。因此,图 3.23 是一个半加器。

例 3 - 3 图 3.24 为一个全加器电路,试分析之。

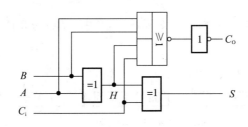

图 3.24 全加器电路

解:由图 3.24,写出电路的输出端 S 的逻辑表达式:

$$S = H \oplus C_i, \quad H = A \oplus B$$

因此有:

$$S = A \oplus B \oplus C_i \tag{3-7}$$

C_O 的逻辑表达式为:

$$C_O = \overline{\overline{AB} + \overline{HC_i}}$$
$$= AB + (A \oplus B)C_i$$

$$= AB + A\overline{B}C_i + \overline{A}BC_i$$
$$= A(B + \overline{B}C_i) + B(A + \overline{A}C_i)$$
$$= AB + (A+B)C_i \tag{3-8}$$

由式(3-7)和式(3-8),列出真值表,如表3.15所列。

3个一位二进制数算术相加的运算结果如下:

$$0+0+0=0, 0+0+1=1, 0+1+0=1, 0+1+1=10$$
$$1+0+0=1, 1+0+1=10, 1+1+0=10, 1+1+1=11$$

对比表3.15,显然,把C_i、A、B作为3个加数位,S作为本位和,C_O作为进位,在正逻辑下,正好满足上述运算规则。因此,图3.24是一个全加器。

2. 编码器与译码器

编码器与译码器是数字系统中最常用的逻辑部件之一。在数字系统中,往往需要改变原始数据的表示形式,以便存储、传输和处理,这一过程称为编码。例如,将二进制码变换为具有抗干扰能力的格雷码,能减少传输和处理时的误码;对图像、语音数据进行压缩,使数据量大大减少,能降低传输和存储开销。译码则是将编码后的数据变换为原始数据的形式。无论编码器还是译码器,其逻辑功能均为将一种形式的码变换为另一种形式的码。限于本课程的知识范围,这里仅分析最基本的编、译码器电路。

表3.15 全加器的真值表

C_i	B	A	S	C_O
0	0	0	0	0
0	0	1	1	0
0	1	0	1	0
0	1	1	0	1
1	0	0	1	0
1	0	1	0	1
1	1	0	0	1
1	1	1	1	1

(1) 3-8译码器

图3.25是一个由与非门组成的3-8译码器,其中ABC为3位二进制码,$F_7 \sim F_0$为8个输出端。

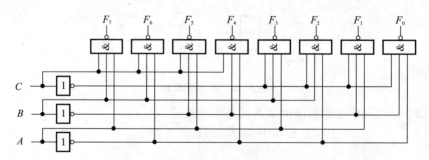

图3.25 3-8译码器电路图

3-8译码器是3线至8线译码器的简称,其功能是:将输入的3位二进制码译为8路输出。每一路输出与一组二进制输入对应。根据图3.25可写出输出函数的逻辑表达式:

$$\left.\begin{array}{ll} F_0 = \overline{ABC} & F_1 = \overline{A\overline{B}\overline{C}} \\ F_2 = \overline{\overline{A}B\overline{C}} & F_3 = \overline{AB\overline{C}} \\ F_4 = \overline{\overline{A}\overline{B}C} & F_5 = \overline{A\overline{B}C} \\ F_6 = \overline{\overline{A}BC} & F_7 = \overline{ABC} \end{array}\right\} \qquad (3-9)$$

根据式(3-9)可列出译码器的真值表,如表 3.16 所列。由真值表可知,当输入 $CBA=000$ 时,只有 $F_0=0$,其他输出都为 1;当输入 $CBA=001$ 时,只有 $F_1=0$,其余全为 1;依次类推,从而实现了将输入的二进制码译为相应输出线上的低电平。显然,二进制译码器的输入是一组二进制代码,输出是一组与输入代码一一对应的高、低电平信号。

表 3.16 3-8 译码器的真值表

C	B	A	F_7	F_6	F_5	F_4	F_3	F_2	F_1	F_0
0	0	0	1	1	1	1	1	1	1	0
0	0	1	1	1	1	1	1	1	0	1
0	1	0	1	1	1	1	1	0	1	1
0	1	1	1	1	1	1	0	1	1	1
1	0	0	1	1	1	0	1	1	1	1
1	0	1	1	1	0	1	1	1	1	1
1	1	0	1	0	1	1	1	1	1	1
1	1	1	0	1	1	1	1	1	1	1

3-8 译码器常用于地址译码、节拍分配等场合。例如,用 $F_7 \sim F_0$ 分别控制 8 个彩灯,当 $F_i(i=0...7)$ 为 0 时彩灯发亮,否则彩灯熄灭。如果输入数据 ABC 每隔一段时间加 1,加到 8 时立即返回到 0,则 8 个彩灯将轮流发亮,形成流动效果。如果把 8 个彩灯换成能执行 8 种操作的逻辑单元,则可按顺序执行 8 种操作。3-8 译码器用途广泛,已制成集成电路,如 74138 等。

(2) 8421 码至格雷码编码器

根据 1.5 节内容可知 8421 码是一种用 4 位二进制码表示一个十进制数的编码,4 个二进制位由高到低的权分别为 8、4、2、1。设 8421 码的 4 个二进制位为 $B_8B_4B_2B_1$,则十进制数 N 为:$N=8 \times B_8 + 4 \times B_4 + 2 \times B_2 + 1 \times B_1$。

图 3.26 是将 8421 码转换为格雷码的电路。其中,输入量 $B_8B_4B_2B_1$ 为 8421 码,输出量 $G_8G_4G_2G_1$ 为格雷码。由图 3.26 可写出该译码器的输出逻辑表达式:

$$\left.\begin{aligned} G_8 &= B_8 \\ G_4 &= B_8 \oplus B_4 \\ G_2 &= B_4 \oplus B_2 \\ G_1 &= B_2 \oplus B_1 \end{aligned}\right\} \tag{3-10}$$

由式(3-10)列出真值表,如表 3.17 所列。表中的输入 $B_8 B_4 B_2 B_1$ 是 8421 码(0000~1001),输出 $G_8 G_4 G_2 G_1$ 则是格雷码。

格雷(Gray)码是一种具有一定抗误码能力的编码,格雷码的码组中任何两个相邻代码(或称码字)只有一位不同,这有利于减少干扰。数字电路中,信号在跳变时会产生尖峰脉冲干扰。在很多情况下,数据的大小逐步增加或减少,例如,在一个与正弦波的幅度成正比的数据系列中,前后两个数据之差为 1 的情况会经常发生。显然,用二进制码表示这样的数据,两个相邻的数据可能有多位发生改变。例如,8421 码从 0111 增加到 1000,4 位

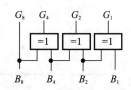

图 3.26 8421 码至格雷码译码器

都要发生改变。但对应的格雷码分别为 0100 和 1100,4 位中只有 G_8 位不同,这意味着尖峰干扰大大减少。格雷码的这一特点常用于计算机系统的某些输入转换设备中,能有效地降低误码率。

表 3.17 8421 码至格雷码的真值表

B_8	B_4	B_2	B_1	G_8	G_4	G_2	G_1
0	0	0	0	0	0	0	0
0	0	0	1	0	0	0	1
0	0	1	0	0	0	1	1
0	0	1	1	0	0	1	0
0	1	0	0	0	1	1	0
0	1	0	1	0	1	1	1
0	1	1	0	0	1	0	1
0	1	1	1	0	1	0	0
1	0	0	0	1	1	0	0
1	0	0	1	1	1	0	1

(3) 键盘编码器

图 3.27 是一个键盘输入编码器,能将某一个按键的输入信号编为相应的 8421 码。10 个按键分别代表十进制数 0~9,按下某一按键表示输入对应的十进制数,再由编码电路将其转换为对应的 4 位二进制码。

组合逻辑电路 3

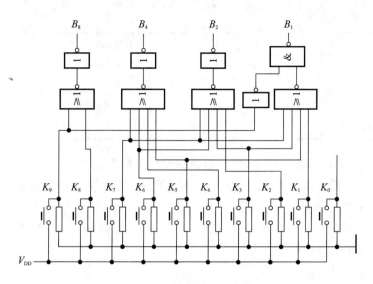

图 3.27 键盘输入译码器

图 3.27 中,按键未压下时,触点经电阻与地接通,向电路输入低电平;按键压下时,触点与电源 V_{DD} 接通,向电路输入高电平。设 $K_9 \sim K_0$ 为 10 个按键操作时对应的输入逻辑量,由图 3.27 可写出该译码器的输出逻辑表达式如下:

$$\left.\begin{array}{l} B_8 = \overline{\overline{K_8 + K_9}} = K_8 + K_9 \\ B_4 = \overline{\overline{K_4 + K_5 + K_6 + K_7}} = K_4 + K_5 + K_6 + K_7 \\ B_2 = \overline{\overline{K_2 + K_3 + K_6 + K_7}} = K_2 + K_3 + K_6 + K_7 \\ B_1 = \overline{\overline{(K_1 + K_3 + K_5 + K_7)} \cdot \overline{K_9}} = K_1 + K_3 + K_5 + K_7 + K_9 \end{array}\right\} \quad (3-11)$$

由式(3-11)可列出键盘译码器的真值表,如表 3.18 所列。可见,表中的输出为 8421 码。图 3.27 中的 K_0 无论按下与否,电路的输出 $B_8 B_4 B_2 B_1$ 均为 0000。故 K_0 没有与图 3.27 中的任一个门的输入端相连。

表 3.18 式(3-11)的真值表

K_9	K_8	K_7	K_6	K_5	K_4	K_3	K_2	K_1	K_0	B_8	B_4	B_2	B_1
0	0	0	0	0	0	0	0	0	1	0	0	0	0
0	0	0	0	0	0	0	0	1	0	0	0	0	1
0	0	0	0	0	0	0	1	0	0	0	0	1	0
0	0	0	0	0	0	1	0	0	0	0	0	1	1
0	0	0	0	0	1	0	0	0	0	0	1	0	0
0	0	0	0	1	0	0	0	0	0	0	1	0	1

续表 3.18

K_9	K_8	K_7	K_6	K_5	K_4	K_3	K_2	K_1	K_0	B_8	B_4	B_2	B_1
0	0	0	1	0	0	0	0	0	0	0	1	1	0
0	0	1	0	0	0	0	0	0	0	0	1	1	1
0	1	0	0	0	0	0	0	0	0	1	0	0	0
1	0	0	0	0	0	0	0	0	0	1	0	0	1

必须说明，当用户同时按下两个键时，电路的输出可能发生错误。例如，如果同时按下 K_7 和 K_8，输出为 1111，既不代表 7，也不代表 8。为避免"二义性"，定义多键同时按下时，取代表的十进制数较大的键为有效。于是，K_7 和 K_8 同时按下时，认定为仅有 K_8 按下，电路应输出 1000。实现这一编码功能的编码电路称为优先编码器，其电路如图 3.28 所示。由图 3.28 可以写出各输出的表达式如下：

$$\left.\begin{aligned} B_8 &= K_9 + K_8 \\ B_4 &= \overline{K_9}\overline{K_8}K_7 + \overline{K_9}\overline{K_8}K_6 + \overline{K_9}\overline{K_8}K_5 + \overline{K_9}\overline{K_8}K_4 \\ B_2 &= \overline{K_9}\overline{K_8}K_7 + \overline{K_9}\overline{K_8}K_6 + \overline{K_9}\overline{K_8}\overline{K_5}\overline{K_4}K_3 + \overline{K_9}\overline{K_8}\overline{K_5}\overline{K_4}K_2 \\ B_1 &= K_9 + \overline{K_8}K_7 + \overline{K_8}\overline{K_6}K_5 + \overline{K_8}\overline{K_6}\overline{K_4}K_3 + \overline{K_8}\overline{K_6}\overline{K_4}\overline{K_2}K_1 \end{aligned}\right\} \quad (3-12)$$

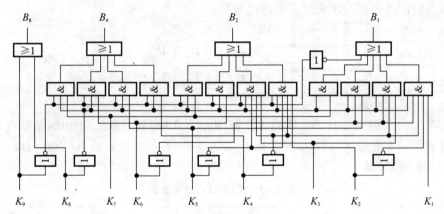

图 3.28 优先编码器电路图

由式(3-12)可列出真值表表 3.19。表 3.19 中的"ϕ"为任意值，在 10 个输入 $K_9 \sim K_0$ 中，只要下标较大的为 1，则不管下标较小的为何值，均以下标较大者所代表的 8421 码作为输出，从而实现了优先编码。常见集成电路有 74147 和 74148，CMOS 定型产品 74HC147 和 74HC148，它们在逻辑功能上没有区别，只是电性能参数不同。

表 3.19　式(3-12)的真值表

K_9	K_8	K_7	K_6	K_5	K_4	K_3	K_2	K_1	K_0	B_8	B_4	B_2	B_1
0	0	0	0	0	0	0	0	0	1	0	0	0	0
0	0	0	0	0	0	0	0	1	φ	0	0	0	1
0	0	0	0	0	0	0	1	φ	φ	0	0	1	0
0	0	0	0	0	0	1	φ	φ	φ	0	0	1	1
0	0	0	0	0	1	φ	φ	φ	φ	0	1	0	0
0	0	0	0	1	φ	φ	φ	φ	φ	0	1	0	1
0	0	0	1	φ	φ	φ	φ	φ	φ	0	1	1	0
0	0	1	φ	φ	φ	φ	φ	φ	φ	0	1	1	1
0	1	φ	φ	φ	φ	φ	φ	φ	φ	1	0	0	0
1	φ	φ	φ	φ	φ	φ	φ	φ	φ	1	0	0	1

(4) 总线收发器

在计算机中,总线是各种数据的公共传输通道。总线收发器的功能是通过总线发送和接收数据,图 3.29 为 8 位总线收发器的示意图。图中 EN 为收发允许控制信号。EN=0 时,允许数据传输;EN=1 时,A、B 端呈高阻态,总线可用于其他部件之间的数据传输。DIR 为数据传输方向控制信号。DIR=0 时,总线上的数据可从 B 端传到 A 端;DIR=1 时,A 端的数据可传到总线上。常见的总线收发器集成电路有 4 总线缓冲门 74125,8 总线缓冲门 74244,8 总线双向传送接收器 74245。

图 3.30 为一位总线收发器的逻辑电路。G_1、G_2 为三态门,当要求数据从 B 端传到 A 端时,G_2 门开通,G_1 门呈高阻态;反之,当要求数据从 A 端传到 B 端时,G_1 门开通,G_2 门呈高阻态;当要求 A、B 端呈高阻态时,G_1、G_2 门都不能开通;不允许 G_1、G_2 门同时开通。图中,控制逻辑的任务就是将输入 DIR 和 EN 变换为控制 G_1、G_2 门开通与否的输出信号。由图可知:

$$G_1 = \overline{\overline{EN} \cdot DIR}, \quad G_2 = \overline{\overline{EN} \cdot \overline{DIR}} \tag{3-13}$$

由式(3-13)列出 G_1、G_2 的真值表,如表 3.20 所列。

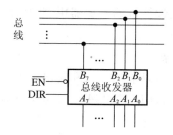

图 3.29　8 位总线收发器示意图

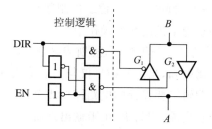

图 3.30　一位总线收发器电路图

表 3.20 控制逻辑的真值表

输入		输出		功能说明
EN	DIR	G_1	G_2	
0	0	1	0	G_1 门呈高阻态、G_2 门开通
0	1	0	1	G_2 门呈高阻态、G_1 门开通
1	0	1	1	G_1、G_2 门呈高阻态
1	1	1	1	G_1、G_2 门呈高阻态

由表 3.20 可以看出,电路实现了所希望的功能。要实现多位数据的收发传输,只需将图 3.30 虚线右边的电路重复多次,并共用控制逻辑的输出信号即可。图 3.31 为 8 总线双向传送接收器 74245 的内部逻辑电路图,其中 $\overline{EA}$ 表示 0 有效。

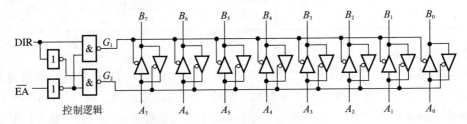

图 3.31 74245 的内部逻辑电路图

3.3 组合逻辑电路的设计

组合逻辑的分析是已知逻辑电路图,求出该电路能实现的功能。与此相反,组合逻辑设计则是根据给定的逻辑命题,设计出能实现其功能的逻辑电路。通常,逻辑命题是用文字表达的一个具有固定因果关系的事件。如果能导出描述其功能的逻辑函数,就很容易用逻辑门实现该命题。因此,正确理解和分析逻辑命题,求出逻辑函数,是组合逻辑设计的最关键一步。

本节以一个简单的逻辑命题为例,引入组合逻辑电路的设计流程。

例 3-4 判断一个 4 位二进制数是否大于 9。在计算机的运算器中,此功能用于将十六进制数调整为十进制数的操作中。

解:步骤 1 分析命题,规划待设计电路的基本框架。

由命题可知,当前的结果仅与当前输入的数有关,与以前的输入和输出无关,这是一个典型的组合逻辑。要设计的电路需要 4 个输入端,分别记为 D、C、B、A,用于输入 4 位二进制数;需要 1 个输出端,记为 F,用于输出判断结果。

步骤 2 建立描述问题的逻辑函数。

首先,需要约定所有输入、输出量的值的含义。对于输入量 D、C、B、A,令其分别代表 4 位二进制数由高到低的各个位,该位为 1 表示输入高电平 1,为 0 表示输入低电平 0。令输出量 $F=1$ 时表示"大于",$F=0$ 时表示"不大于"。由此可列出描述问题的真值表,如表 3.21 所列。由真值表可写出函数 F 的最小项表达式如下:

$$F = \sum m(10,11,12,13,14,15) \tag{3-14}$$

步骤 3 化简逻辑函数。

显然,式(3-14)可以直接用门电路实现,但所需的逻辑门较多,且需要为每个输入量提供反变量,因而线路复杂,成本高。因此,需要对 F 化简,求出最简表达式。

化简方法有公式法和卡诺图法。当输入变量不超过 4 个时,宜采用操作直观的卡诺图法。由表 3.21 作出卡诺图,如图 3.32 所示。在卡诺图上进行化简,得到:

$$F = DC + DB \tag{3-15}$$

表 3.21 例 3-4 的真值表

D	C	B	A	F
0	0	0	0	0
0	0	0	1	0
0	0	1	0	0
0	0	1	1	0
0	1	0	0	0
0	1	0	1	0
0	1	1	0	0
0	1	1	1	0
1	0	0	0	0
1	0	0	1	0
1	0	1	0	1
1	0	1	1	1
1	1	0	0	1
1	1	0	1	1
1	1	1	0	1
1	1	1	1	1

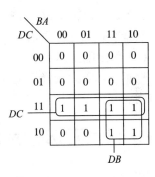

图 3.32 式(3-14)卡诺图

步骤 4 画出具体电路。

按照式(3-15)画出电路,如图 3.33 所示。有时,希望用同类型的逻辑门来实现某逻辑功能。对式(3-15)作如下变换:

$$F = \overline{\overline{DC + DB}} = \overline{\overline{DC}\,\overline{DB}} \tag{3-16}$$

按式(3-16)所需功能全部由与非门实现的电路图如图 3.34 所示。注意,式(3-15)和式(3-16)中均不含变量 A,即无论 A 取何值,均不影响判断结果,画图时不予考虑。

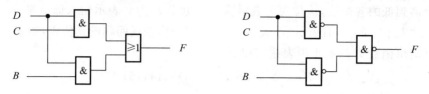

图 3.33　按式(3-15)画出电路　　　图 3.34　按式(3-16)画出电路

通过例 3-4,可以归纳出组合逻辑设计的一般步骤及方法:

(1) 分析实际逻辑问题

对命题作全盘分析,特别要注意不要遗漏细节。要点如下:判断问题是否为组合逻辑。如果不是组合逻辑,则不能用组合逻辑方法求解。确定待设计的电路需要多少输入端、多少输出端,并明确各自的用途。

(2) 建立逻辑函数

规定各输入和输出端上出现高电平或低电平时分别代表什么含义。对于二进制数,常用高电平代表 1,低电平代表 0。

列出真值表,由真值表写出最小项之和(或最大项之积)形式的逻辑表达式。

(3) 化简逻辑函数

选择合适的化简方法。求出逻辑函数的最简表达式。

(4) 画出电路图

根据实际需要选择合适的逻辑门,对最简表达式作适当变换,按变换后的逻辑表达式画出电路图。

3.4　设计方法的灵活运用

上述步骤直观、规范,具有一般性。但是,实际中的问题是千变万化的,目前,计算机部件的逻辑规模巨大、逻辑关系极为复杂。设计者应根据问题的复杂程度和积累的经验,采取灵活的方法。数字逻辑电路的设计目标是:在保证功能和性能要求的前提下,使用尽可能少的逻辑元件,以利于降低硬件成本和系统功耗。

3.4.1　逻辑代数法

在建立逻辑表达式时,灵活地运用逻辑表达式的形式,往往会简化设计难度,使设计结果更合理。

例 3-5　设计一个数值比较器,能比较两个 2 位二进制正整数的大小。

解:步骤 1　分析实际逻辑问题,规划电路框架。

设两个二进制正整数为 $X=X_1X_2,Y=Y_1Y_2$，比较结果用一个输出端 Z 指示。当 $X \geqslant Y$ 时，输出 Z 为高电平 1，否则 Z 为低电平 0。待设计的电路有 4 个输入端，1 个输出端。

步骤 2　建立逻辑函数。

根据题意列真值表，如表 3.22 所列。由表可见，Z 为 0 的项较少，故按最大项之积形式写出的逻辑表达式较简单：

$$Z = \prod M(1,2,3,6,7,11) \tag{3-17}$$

步骤 3　化简逻辑函数。

按照上述思路，我们感兴趣的是最小项取值为 0 的方格，故在画卡诺图时，取值为 1 的最小项方格不用标注，如图 3.35 所示。然而，按 0 方格合并得到的项是 Z 的反函数，即：

$$\overline{Z} = \overline{X}_1 Y_1 + \overline{X}_1 \overline{X}_2 Y_2 + \overline{X}_2 Y_1 Y_2 \tag{3-18}$$

对式 (3-18) 两边取反，就能得到 Z 的原函数

$$Z = \overline{\overline{X}_1 Y_1 + \overline{X}_1 \overline{X}_2 Y_2 + \overline{X}_2 Y_1 Y_2} \tag{3-19}$$

或

$$Z = \overline{\overline{X}_1 Y_1} \cdot \overline{\overline{X}_1 \overline{X}_2 Y_2} \cdot \overline{\overline{X}_2 Y_1 Y_2} \tag{3-20}$$

$$Z = (X_1 + \overline{Y}_1)(X_1 + X_2 + \overline{Y}_2)(X_2 + \overline{Y}_1 + \overline{Y}_2) \tag{3-21}$$

步骤 4　画出电路图。

式 (3-19)～式 (3-21) 都可由相应的门实现，见图 3.36。究竟采用哪一个，要根据具体情况而定。当使用小规模集成逻辑门器件时，希望某一局部功能尽量集中在同一个芯片中，以缩短连接导线，减少导线间的干扰和传输延时。目前，标准小规模逻辑门器件大都将同一类型的几个门制作在同一个芯片中，此时，应采用图 3.36(b) 的电路形式。然而，目前广泛采用可编程逻辑门阵列器件 (Programmable Logic Device, PLD) 来实现数字系统，在一个芯片中有大量的、不同类型的逻辑门可用，设计者不必强调门的类型一致，应着重考虑电路运行的稳定性、可靠性和速度，力求用较少的门达到设计目标。

由图 3.36 看出，输入量采用了反变量。在很多场合，信号源能同时提供原变量和反变量。但是，当信号源不能提供这些反变量时，不得不使用非门来求反。这样做一是需要的门数增加，二是门的插入会引入传输时延，导致 X 和 Y 信号传输到终端的耗时不一致，使电路的稳定性降低。在某些情况下，对逻辑函数作适当变换可减少输入反变量。

例如，函数 $F = \overline{A}B + B\overline{C} + A\overline{B}C$，虽然已经是最简与或表达式，但在实现时，各变量都需要反变量。

$$\begin{aligned} F &= B(\overline{A} + \overline{C}) + AC\overline{B} \\ &= B(\overline{A} + \overline{B} + \overline{C}) + AC(\overline{A} + \overline{B} + \overline{C}) \\ &= B\overline{ABC} + AC\overline{ABC} \end{aligned} \tag{3-22}$$

对 F 作变换后，变换后的表达式式 (3-22) 就不存在反变量了。

表 3.22　例 3-5 的真值表

X_1	X_2	Y_1	Y_2	Z
0	0	0	0	1
0	0	0	1	0
0	0	1	0	0
0	0	1	1	0
0	1	0	0	1
0	1	0	1	1
0	1	1	0	0
0	1	1	1	0
1	0	0	0	1
1	0	0	1	1
1	0	1	0	1
1	0	1	1	0
1	1	0	0	1
1	1	0	1	1
1	1	1	0	1
1	1	1	1	1

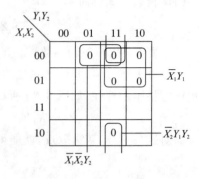

图 3.35　例 3-5 的卡诺图

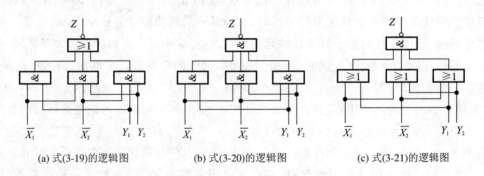

(a) 式(3-19)的逻辑图　　(b) 式(3-20)的逻辑图　　(c) 式(3-21)的逻辑图

图 3.36　用 3 种形式实现例 3-5

3.4.2　利用无关项简化设计

第 2 章 2.5 节对无关项进行了描述。设一个组合逻辑有 m 个输入量,这些输入量的取值共有 2^m 个。在某些实际问题中,有些取值根本不会出现,或即使出现了也不予关心。利用这一现象,可简化逻辑设计。现举例讨论。

例 3-6　水箱水位高度指示器如图 3.37 所示。D、C、B、A 是 4 个探测针,各探针间的距离均为 1 m。当水与某针接触时,该针上产生低电平,否则该针上产生高电平。设计一个组合逻辑,以 D、C、B、A 为输入量,输出高度值 $Y=Y_2Y_1Y_0$(3 位二进制数)。

解:步骤 1　规划电路框架。

要设计的电路有 4 个输入端,3 个输出端,如图 3.38 所示。这是一个多输出组合逻辑电路,在逻辑设计的实际问题中大量存在。

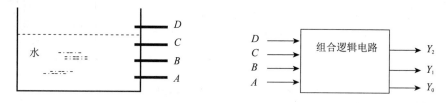

图 3.37　水位探测示意图　　　　图 3.38　水位指示逻辑的电路框架

现在研究输入量的取值范围。4 个输入量可以表示的值有 16 种,但在本问题中只有 5 种可能的取值,如表 3.23 所列。即 $DCBA=\{0000,1000,1100,1110,1111\}$。其余的值不会出现,将其作为无关项考虑。

步骤 2　建立逻辑函数。

对于多输出组合逻辑,在真值表中应将全部输出量一一列出。对于无关项,输出量可任意指定,用 Φ 标记,真值表如表 3.24 所列。由真值表得出各输出量的逻辑表达式如下:

$$\left.\begin{array}{l} Y_2 = m_0 + \sum \Phi(1,2,3,4,5,6,7,9,10,11,13) \\ Y_1 = m_8 + m_{12} + \sum \Phi(1,2,3,4,5,6,7,9,10,11,13) \\ Y_0 = m_8 + m_{14} + \sum \Phi(1,2,3,4,5,6,7,9,10,11,13) \end{array}\right\} \qquad (3-23)$$

式(3-23)中,用 Φ 表示的最小项值是无关项。

表 3.23　水位高度与输入、输出量之间的关系

水位高度(m)	输入				输出		
	D	C	B	A	Y_2	Y_1	Y_0
4	0	0	0	0	1	0	0
3	1	0	0	0	0	1	1
2	1	1	0	0	0	1	0
1	1	1	1	0	0	0	1
0	1	1	1	1	0	0	0

步骤 3　化简逻辑函数,画出电路。

为求出全部输出的逻辑表达式,对每一输出都要作出对应的卡诺图,如图 3.39 所示。在合并方格时,Φ 既可视为 0,也可视为 1,怎样对化简有利就怎样确定。

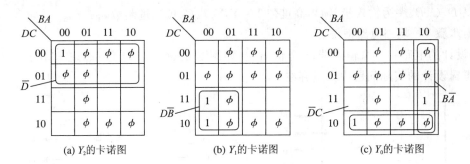

(a) Y_2的卡诺图 (b) Y_1的卡诺图 (c) Y_0的卡诺图

图 3.39 例 3-6 的卡诺图

化简结果为：

$$\left. \begin{array}{l} Y_2 = \overline{D} \\ Y_1 = D\overline{B} \\ Y_0 = B\overline{A} + D\overline{C} = \overline{\overline{B\overline{A}} \cdot \overline{D\overline{C}}} \end{array} \right\} \quad (3-24)$$

由式(3-24)画出电路，如图 3.40 所示。

表 3.24 例 3-6 的真值表

D	C	B	A	Y_2	Y_1	Y_0
0	0	0	0	1	0	0
0	0	0	1	ϕ	ϕ	ϕ
0	0	1	0	ϕ	ϕ	ϕ
0	0	1	1	ϕ	ϕ	ϕ
0	1	0	0	ϕ	ϕ	ϕ
0	1	0	1	ϕ	ϕ	ϕ
0	1	1	0	ϕ	ϕ	ϕ
0	1	1	1	ϕ	ϕ	ϕ
1	0	0	0	0	1	1
1	0	0	1	ϕ	ϕ	ϕ
1	0	1	0	ϕ	ϕ	ϕ
1	0	1	1	ϕ	ϕ	ϕ
1	1	0	0	0	1	0
1	1	0	1	ϕ	ϕ	ϕ
1	1	1	0	0	0	0
1	1	1	1	0	0	0

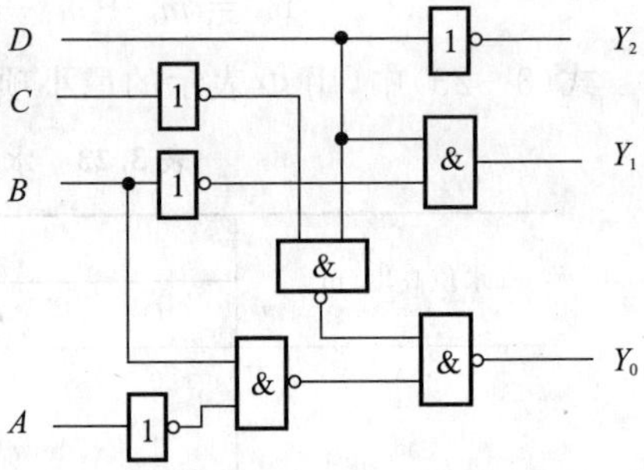

图 3.40 例 3-6 的电路图

必须指出，利用无关项简化设计得到正确输出的前提条件是输入量不出现异常值。但实际情况是复杂的，例如图 3.37 中的探针被腐蚀、引线脱落，或电磁干扰等，可能会导致输入量异常。例如，当探针 B 的引线脱落，水位达到 4 m 时的输入为 $DCBA=1101$，代入式(3-23)有：$Y_2Y_1Y_0$

=010,即水位错误地指示为 2 m。因此,设计者应认真分析问题的起因及后果,谨慎使用。

3.4.3 分析设计法

由真值表建立给定问题的逻辑表达式,对全部输入、输出变量进行了无遗漏的枚举,是一种规范、直观的方法。但是,当输入变量较多时,列出完整的真值表是一件十分麻烦的事,而且化简也相当困难。在实际中,很多问题具有明显的规律性,对其加以分解,找出其中的基本操作步骤,对各步骤用逻辑电路予以实现,再把它们有机地结合为一个整体,是解决问题的有效方法。下面举例说明。

例 3-7 设计一个乘法器,实现两个 2 位二进制数相乘。

解:乘法器是计算机中的运算器实现算术乘法运算的重要逻辑电路。如果用逻辑意义上的"1"和"0"分别表示算术意义上的数值 1 和 0,用"×"表示算术意义上的"乘","·"表示逻辑意义上的"与",则一位二进制数的算术乘法运算与逻辑运算的对应关系为:

算术运算	对应的逻辑运算
$0 \times 0 = 0$	$0 \cdot 0 = 0$
$0 \times 1 = 0$	$0 \cdot 1 = 0$
$1 \times 0 = 0$	$0 \cdot 1 = 0$
$1 \times 1 = 1$	$1 \cdot 1 = 1$

这说明,一位二进制数的算术乘对应于逻辑"与"。多位二进制数的代数乘又是怎样的呢?现以两个 2 位二进制数相乘为例进行说明。

设两个乘数分别为 $A_1 A_0$ 和 $B_1 B_0$。两个 2 位二进制数相乘,其积最多为 4 位,设为 $M_3 M_2 M_1 M_0$。用手工演算乘法的过程如图 3.41 所示。仿照手工演算过程,可画出逻辑电路,如图 3.42 所示。图 3.42 中上部的 4 个与门用于实现第一步和第二步运算时产生的 4 个与项;两个半加器用于实现第三步运算。

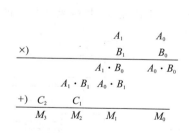

图 3.41 手工演算乘法的过程

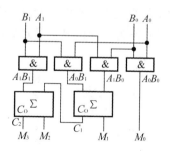

图 3.42 2 位二进制算术乘法电路

注意,上述计算中的"+"表示算术意义上的"加"。

运算的第一步,是拿 B_0 去"×"A_0,其乘积为 $A_0 \cdot B_0$;接着又拿 B_0 去"×"A_1,其乘积为 $A_1 \cdot B_0$。

运算的第二步,是拿 B_1 分别去"×" A_0 和 A_1,分别得到积 $A_0 \cdot B_1$ 和 $A_1 \cdot B_1$;

运算的第三步是"+"。结果:$M_0 = A_0 B_0$;M_1 是两个一位二进制数 $B_0 A_1$ 和 $B_1 A_0$ 相"+",可用半加器实现,且产生进位 C_1;类似地,M_2 也是两个一位二进制数($B_1 A_1$ 和 C_1)相"+"的"和",也用半加器实现,且产生进位 C_2;$M_3 = C_2$。

3.5 组合逻辑电路的险象

前面已提及,信号经过逻辑门会产生时延。不仅如此,信号经过导线也会产生时延。时延的大小与信号经历的门数及导线的尺寸有关。因此,输入信号经过不同的途径到达输出端需要的时间也不同。这一因素不仅会使数字系统的工作速度降低,使信号的波形参数变坏,而且还会在电路中产生所谓"竞争—冒险"现象,严重时甚至使系统无法正常工作。在高速数字电路中,尤其不可忽视这个问题。

3.5.1 险象的产生与分类

什么是险象?下面通过具体电路进行讨论。设有如下逻辑函数:

$$F = AB + \overline{A}C \tag{3-25}$$

用与非门实现的电路如图 3.43(a)所示。设输入信号 $B=1$,$C=1$,A 在 t_1 时刻由 1 跳变到 0。

先讨论门没有时延的理想工作情况,如图 3.43(b)所示。在 A 下跳的同时,q、p 信号上跳,s 信号下跳。F 信号是 q、s 信号与非运算的结果,在任何时刻,q、s 中总有一个为 0,故 F 恒为 1。因已假设跳变不需要时间,故 t_1 时刻 F 的值是什么不予考虑。

上述理想情况在实际中并不存在。实际的逻辑门都有时延,记为 t_{PD}。因此,考虑 t_{PD} 后的工作波形如图 3.43(c)所示。q 和 p 信号分别来自于 G_2 和 G_1 门,要等到 t_2 时刻才能跳变为 1;从 A 到 s 经历了 G_1 和 G_3 两个门,则 s 信号要等到 t_3 时刻才能跳变为 0。q、s 与非运算的结果将在 $t_2 \sim t_3$ 时间段为 0,此结果再经 G_4 延时 t_{PD} 后才能输出,故 F 信号在 $t_3 \sim t_4$ 时间段为 0。这与理想的情况不一致。以此作为驱动信号会导致后续逻辑电路产生误动作,其后果往往是严重的。

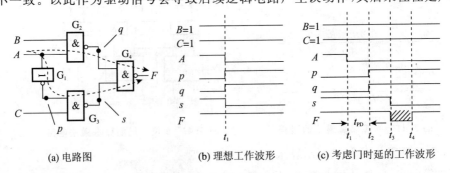

图 3.43 具有险象的逻辑电路及工作波形分析

这种现象产生的原因是:A 经过两条不同的途径传向输出端,在到达的时间上出现竞争。因两条途径的时延不同,结果输出短暂的错误脉冲,通常称为"毛刺",如图 3.43(c)中带有阴影的脉冲。这种现象称为组合逻辑的竞争—冒险现象,简称险象。

按险象脉冲的极性,可将险象分为"0"型险象与"1"型险象。若险象脉冲为负极性脉冲,则称为"0"型险象;反之,若险象脉冲为正极性脉冲,则称为"1"型险象。图 3.43(c)中的险象为"0"型险象。

按输入变化前后,"正常的输出"是否应该变化,可将险象分为静态险象和动态险象。若输出本应静止不变,但险象使输出发生了不应有的短暂变化,则称为静态险象;反之,在输出应该变化的情况下出现了险象,则称为动态险象。图 3.43(c)中的险象为静态险象。

由以上分类和类型,可组合成 4 种险象,如图 3.44 所示。

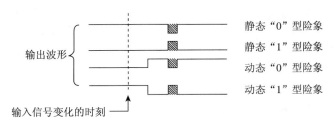

图 3.44 4 种组合险象示意图

3.5.2 险象的判断与消除

为了消除险象,首先希望从逻辑功能的描述形式上判断险象是否存在。描述逻辑功能的形式有代数表达式、真值表和卡诺图,下面研究如何由代数表达式和卡诺图来判断险象并讨论其消除方法。

1. 用代数法判断及消除险象

研究式(3-25),仍然令 $B=1$、$C=1$ 保持不变,考察由于 A 变化产生的险象在式(3-25)上的表现形式。将 $B=1$、$C=1$ 代入式(3-25),有

$$F = A \cdot 1 + \overline{A} \cdot 1 = A + \overline{A} \tag{3-26}$$

式(3-26)表明,当不考虑门的时延时,$F=1$,与理想的结果一致。但若考虑非门的时延,则 A 及 $\overline{A}$ 在跳变点不能对齐,于是产生了险象。对式(3-26)作变换得:

$$F = \overline{\overline{A + \overline{A}}} = \overline{\overline{A}\overline{\overline{A}}} \tag{3-27}$$

式(3-26)及式(3-27)中出现的 $\times + \overline{\times}$ 或 $\times \cdot \overline{\times}$ 形式的项,这样的项会产生险象。这一结论具有一般性。由此可以得到判断险象的方法如下:

对于逻辑表达式 $F(x_n, \cdots x_i, \cdots x_1)$,考察 $x_i(i=n \cdots 1)$ 变化、其他量不变时是否产生险

象,则只需将其他量的固定值代入式 $F(x_n,\cdots x_i,\cdots x_1)$ 中。若得到的表达式含有形如 $x_i+\bar{x}_i$ 或 $x_i\bar{x}_i$ 形式的项,则该逻辑表达式可能产生险象。

例 3-8 判断函数 $F=AB+\bar{A}C+A\bar{C}$ 描述的逻辑电路是否可能产生险象。

解:该函数含有 3 个变量,其中 A 和 C 同时存在原变量及反变量,它们的原变量及反变量分别出现在不同的最小项中。即 A、C 将通过不同的时延途径,最终由或门汇集起来。故电路中存在竞争,但能否产生险象尚须进一步判断。

(1) 考察变量 A。让 B、C 取不同的值,求 F 的表达形式,如表 3.25 所列。当 $B=1$、$C=1$ 时,$F=A+\bar{A}$,电路产生险象。

(2) 考察变量 C。让 A、B 取不同的值,求 F 的表达形式,如表 3.26 所列。无论 A、B 取何值,电路均不产生险象。

表 3.25　考察变量 A

B	C	F	险象?
0	0	A	
0	1	$\bar{A}$	
1	0	$A+A$	
1	1	$A+\bar{A}$	√

表 3.26　考察变量 C

A	B	F	险象?
0	0	C	
0	1	C	
1	0	$\bar{C}$	
1	1	1	

此例说明,竞争并非一定产生险象。产生险象的竞争称为临界竞争,不产生险象的竞争称为非临界竞争。

如何消除险象? 当 $BC=11$ 时本应有 $F=1$,但此时却有 $F=A+\bar{A}$。因此若在函数中增加一个冗余项 BC,使函数表达式成为

$$F=AB+\bar{A}C+A\bar{C}+BC \tag{3-28}$$

则就不再产生险象了。因为当 $B=1$、$A=1$ 时,式(3-28)中的 BC 项恒为 1,结果无论其他项如何变化,恒有 $F=1$。

2. 用卡诺图法判断及消除险象

利用卡诺图可以更加直观地判断险象,并找出消除险象的方法。

仍以例 3-8 为例,作出卡诺图,如图 3.45 所示。在图 3.45 中,当 BC 不变时,能产生 A 及 $\bar{A}$ 的、值为 1 的最小项分别落在两个"相切"的卡诺圈①、②内;当 AB 不变时,能产生 C 及 $\bar{C}$ 的值为 1 的最小项落在同一个卡诺圈②中。这说明,相切的卡诺圈会产生险象,这一结论具有一般性。现增加卡诺圈④(见虚线圈),使①、②"连通"。即:增加一个冗余项 BC,于是险象得以消除。最终得到如图 3.46 所示的电路。

例 3-9 逻辑函数为 $F = DC\overline{B} + \overline{D}BA + DB\overline{A}$,试用卡诺图法消除电路中存在的险象。

解:做出给定函数的卡诺图图 3.47,见图 3.47 中的卡诺圈①、②、③。

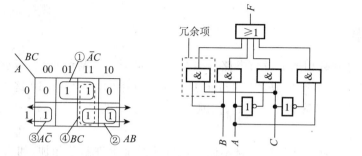
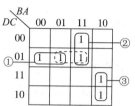

图 3.45 例 3-8 的卡诺图   图 3.46 例 3-8 的最终电路   图 3.47 例 3-9 的卡诺图

图 3.47 中卡诺圈①、②相切,因此增加一个卡诺圈(见虚线圈),使①、②连通。得到消除险象的函数表达式如下,式中最后一项为冗余项。

$$F = DC\overline{B} + \overline{D}BA + DB\overline{A} + \overline{D}CA \quad (3-29)$$

3. 用选通法避开险象

以上仅局限于讨论多个输入量中的某一个发生变化而产生的险象,在很多情况下,多个输入量会"同时"变化。这里的"同时"只是一种理想状态。若考虑导线的时延、元件参数的离散性等因素,希望"同时"变化的信号实际上总会有先有后;实际信号的变化率也不可能为无穷大。对于一个复杂的数字系统,要完全消除险象是非常困难的,或者要付出高昂的代价。

险象只是一种暂态过程,待电路进入稳态后,输出量即恢复成正确值。因此,使用一个选通脉冲,对稳态下的输出量取样,就能避开险象,获得正确的输出。例如,在图 3.43(a)中的输出端增加一个选通门,如图 3.48(a)所示。在取样脉冲有效($T=1$)时,选通门的输出与 F 一致,可作为电路的输出使用;当 $T=0$ 时,$G=0$,不予采用。只要取样脉冲有效期间发生在暂态期过后的稳态期 $t_5 \sim t_6$,就能保证在 $t_5 \sim t_6$ 期间得到正确的输出。

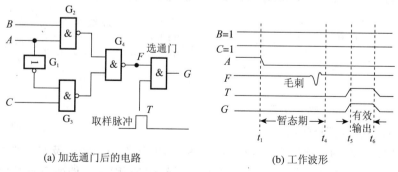

(a) 加选通门后的电路   (b) 工作波形

图 3.48 用选通法避开险象

3.6 计算机中常用的组合逻辑电路设计

3.6.1 8421 码加法器

8421 码加法器是实现十进制数相加的逻辑电路。8421 码用 4 个二进制位表示一位十进制数(0~9),4 个二进制位能表示 16 个编码,但 8421 码只利用了其中的 0000~1010 这 10 个编码,其余 6 个编码为非法编码。尽管利用率不高,但因人们习惯了十进制,所以 8421 码加法器也是一种常用的逻辑电路。

8421 码加法器与 4 位二进制数加法运算电路不同。这里的两个十进制数相加,和大于 9 时应产生进位。下面先研究 8421 码的加法运算规律,然后举例说明其设计方法。

设参与相加的量为:被加数 X、加数 Y 及来自低位 8412 码加法器的进位 C_{-1}。设 X、Y 及 C_{-1} 按十进制相加,产生的和为 Z,进位为 W。X、Y、Z 均为 8421 码。

先将 X、Y 及 C_{-1} 按二进制相加,得到的和记为 S。显然,若 $S \leqslant 9$,则 S 本身就是 8421 码,S 的值与期望的 Z 值一致,进位 W 应为 0;但是,当 $S > 9$ 时,S 不再是 8421 码。此时,须对 S 进行修正,取 S 的低 4 位按二进制加 6,丢弃进位,就能得到期望的 Z 值,而此时进位 W 应为 1。现举例演算如下:

(1) 设 $X=3$,$Y=5$,$C_{-1}=1$,则 $S=X+Y+C_{-1}=9$。因 $S \leqslant 9$,故 S 的值就是 Z 值,且 W 为 0。演算过程如下:

```
      0101  …… X
      0011  …… Y
    +    1  …… C₋₁        S≤9
    ──────              ─────→   结果 Z=S,W=0
      1001  …… S
```

(2) 设 $X=5$,$Y=9$,$C_{-1}=1$,则 $S=X+Y+C_{-1}=15$。因 $S>9$,故 S 的值不是 Z 值,须对 S 进行加 6 修正,而 W 应为 1,演算过程如下:

```
    0101 …… X                1111  …… S的低4位
    1001 …… Y              + 0110  …… 6
  +    1 …… C₋₁   S>9      ──────            结果  Z=0101
  ──────        ─────→      10101  …… Z    ─────→   W=1
    1111 …… S                 丢弃
```

例 3-10 设计 8412 码加法器。

解:步骤 1 规划电路框架。

按上述思路,电路的框架如图 3.49 所示。图 3.49 中,C_3 是 X、Y 及 C_{-1} 按二进制相加产生的进位。"4 位二进制加法器"已在前面进行了详细讨论,因此本例的重点是"加 6 修正"电路的设计。

现在分析"加6修正"电路的功能：① 应能判断 $C_3S_3S_2S_1S_0$ 是否大于9,以决定是"加6"还是"加0"。②要有一个二进制加法器,被加数为 $C_3S_3S_2S_1S_0$,加数为6或0。因为②所述及的仍然是二进制加法器,故完成设计的关键归结为实现①述及的功能,即">9判断逻辑",其电路框架如图3.50所示。该电路有5个输入端,有一个判断结果输出端 R。

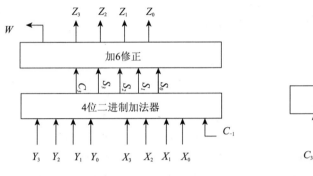

图 3.49　一位8421码加法器框图　　　图 3.50　>9 判断电路框图

步骤 2　建立逻辑函数。

现在建立图3.50电路的逻辑表达式。约定当输入量 $C_3S_3S_2S_1S_0>9$ 时,输出 R 为1。据此列出真值表,如表3.27所列。注意,表3.27中只列出了输入为0～19的情况,这是因为两个一位十进制数及进位 C_3 相加,其和不会超过19。

表 3.27　判断>9 逻辑的真值表

| 输入 | | | | | | 输出 | 输入 | | | | | | 输出 |
十进制数	C_3	S_3	S_2	S_1	S_0	R	十进制数	C_3	S_3	S_2	S_1	S_0	R
0	0	0	0	0	0	0	10	0	1	0	1	0	1
1	0	0	0	0	1	0	11	0	1	0	1	1	1
2	0	0	0	1	0	0	12	0	1	1	0	0	1
3	0	0	0	1	1	0	13	0	1	1	0	1	1
4	0	0	1	0	0	0	14	0	1	1	1	0	1
5	0	0	1	0	1	0	15	0	1	1	1	1	1
6	0	0	1	1	0	0	16	1	0	0	0	0	1
7	0	0	1	1	1	0	17	1	0	0	0	1	1
8	0	1	0	0	0	1	18	1	0	0	1	0	1
9	0	1	0	0	1	0	19	1	0	0	1	1	1

因有 5 个输入量,不便用卡诺图化简。这里结合分析法得出 R 的逻辑表达式。观察表 3.27,当输入大于 15 时,$C_3=1$,反之 $C_3=0$。因此有:

$$R = \underbrace{C_3}_{\text{保证输入大于15时}R=1} + \overline{C_3} \cdot \underbrace{\sum m(10,11,12,13,14,15)}_{\text{从}S_3S_2S_1S_0\text{中提取使}R=1\text{的项}} \quad (3-30)$$

步骤 3　化简逻辑函数。

由卡诺图化简式(3-30)中的 $\sum m(10,11,12,13,14,15)$ 项。作卡诺图,如图 3.51 所示。结合式(3-30),得到化简结果为:

$$\begin{aligned} R &= C_3 + \overline{C_3}(S_3 S_2 + S_3 S_1) \\ &= C_3 + S_3 S_2 + S_3 S_1 \\ &= \overline{\overline{C_3} \; \overline{S_3 S_2} \; \overline{S_3 S_1}} \end{aligned} \quad (3-31)$$

步骤 4　画出电路图。

现在的问题是如何根据 R 的值产生 W 及加数 6 或 0。由表 3.27 可知,R 与 W 一致。而加数 6 对应的二进制数为 0110,故只须将 0110 中为"1"的位用 R 代替、为"0"的位接为固定低电平即可解决问题。最终得到的电路如图 3.52 所示。

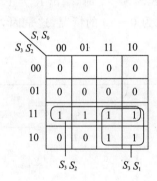

图 3.51　$\sum m(10,11,12,13,14,15)$ 的卡诺图

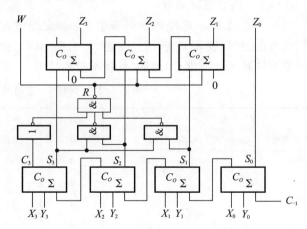

图 3.52　8421 码加法器的逻辑图

3.6.2　七段译码器

在一些电子设备中,需要将 8421 码代表的十进制数显示在数码管上,如图 3.53 所示。数码管内的各个笔划段由 LED(发光二极管)制成。每一个 LED 均有一个阳极和一个阴极,当某 LED 的阳极接高电平、阴极接地时,该 LED 就会发光。对于共阴数码管,各个 LED 的阴极全部连在一起,接地;阳极由外部驱动,故驱动信号为高电平有效。共阳数码管则相反,使用时必须注意。图 3-53 中所使用的数码管是共阴数码管。

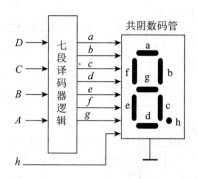

图 3.53 七段译码电路框图

七段译码器逻辑电路的功能是：将一位 8421 码译为驱动数码管各电极的 7 个输出量 $a \sim g$。输入量 $DCBA$ 是 8421 码，$a \sim g$ 是 7 个输出端，分别与数码管上的对应笔划段相连。在 $a \sim g$ 中，输出为 1 的能使对应的笔划段发光，否则对应的笔划段熄灭。例如，要使数码管显示"0"字形，则 g 段不亮，其他段都亮，即要求 $abcdefg = 1111110$。h 是小数点，另用一条专线驱动，不参加译码。由此可作出七段译码器逻辑的真值表，见表 3.28。

表 3.28 七段译码器逻辑的真值表

十进制数	输入				输出						
	8421 码										
	D	C	B	A	a	b	c	d	e	f	g
0	0	0	0	0	1	1	1	1	1	1	0
1	0	0	0	1	0	1	1	0	0	0	0
2	0	0	1	0	1	1	0	1	1	0	1
3	0	0	1	1	1	1	1	1	0	0	1
4	0	1	0	0	0	1	1	0	0	1	1
5	0	1	0	1	1	0	1	1	0	1	1
6	0	1	1	0	1	0	1	1	1	1	1
7	0	1	1	1	1	1	1	0	0	0	0
8	1	0	0	0	1	1	1	1	1	1	1
9	1	0	0	1	1	1	1	1	0	1	1

对 7 个输出分别作出卡诺图，如图 3.54 所示。为简化设计，这里用卡诺圈圈定为 0 的最小项，并充分利用了无关项。注意图 3.54(e)中出现的相切卡诺圈已被另一个卡诺圈连通，险象被消除。

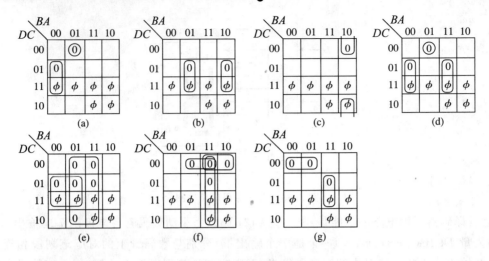

图 3.54 译码逻辑的卡诺图

化简结果如式(3-32)：

$$\left.\begin{aligned}
a &= \overline{\overline{D}\,\overline{C}\overline{B}A + C\overline{B}\,\overline{A}} = \overline{\overline{D}\,\overline{C}\overline{B}A} \cdot \overline{C\overline{B}\,\overline{A}} \\
b &= \overline{C\overline{B}A + CB\overline{A}} = \overline{C\overline{B}A} \cdot \overline{CB\overline{A}} \\
c &= \overline{\overline{C}B\overline{A}} \\
d &= \overline{\overline{D}\,\overline{C}\overline{B}A + C\overline{B}\,\overline{A} + CBA} = \overline{\overline{D}\,\overline{C}\overline{B}A} \cdot \overline{C\overline{B}\,\overline{A}} \cdot \overline{CBA} \\
e &= \overline{\overline{C}B + A} = \overline{\overline{C}\overline{B}\overline{A}} \\
f &= \overline{BA + \overline{D}\,\overline{C}A + \overline{D}\,\overline{C}B} = \overline{BA} \cdot \overline{\overline{D}\,\overline{C}A} \cdot \overline{\overline{D}\,\overline{C}B} \\
g &= \overline{\overline{D}\,\overline{C}B + CBA} = \overline{\overline{D}\,\overline{C}B} \cdot \overline{CBA}
\end{aligned}\right\} \quad (3-32)$$

电路实现见图 3.55。注意，图 3.55 中共用了式(3-32)中重复出现的最小项，节省了门。如果输入能提供反变量，则 4 个非门也可以省去。

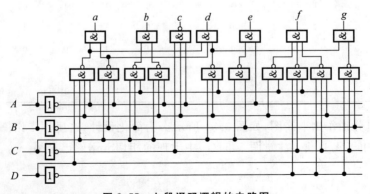

图 3.55 七段译码逻辑的电路图

由于利用了无关项，当输入不是 8421 码时，显示结果或不是正常的数字形状，或是不希望出现的数字。例如，输入 $DCBA=1111$ 时，由式（3-32）算出：$abcdefg=1110000$，结果显示数字"7"。

七段译码器有成品出售，如 7447（共阳极七段译码器）、7448（共阴极七段译码器）等。如果想用中小规模数字集成电路实现数字系统，则可选用这些器件。

3.6.3 多路选择器与多路分配器

多路选择器的功能是：对输入的几路数据进行选择，让其中的某一路数据输出。图 3.56 是 4 路数据选择器的示意图，$D_3 \sim D_0$ 是 4 路输入，F 为输出，$S_1 S_0$ 是选择控制信号。输出与输入之间的关系如表 3.29 所列。例如，当 $S_1 S_0 = 00$ 时，D_0 从 F 端输出。

4 路选择器的输出逻辑表达式为：

$$F = D_3 S_1 S_0 + D_2 S_1 \bar{S_0} + D_1 \bar{S_1} S_0 + D_0 \bar{S_1} \bar{S_0} \tag{3-33}$$

式（3-33）中的 m_k 为由 $S_1 S_0$ 组成的 4 个最小项。由式（3-33）的结构可以看出，输出量 F 由 4 项组成，每一项均为一个数据位 D_k 及 m_k 作"与"运算。无论 S_1、S_0 取何值，m_k 中仅有一个为 1，故对应 m_k 为 1 的数据位被输出，达到了"4 选 1"的目的。由式（3-33）可画出逻辑电路图，如图 3.56 所示，其功能表如表 3.29 所列。

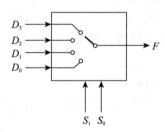

图 3.56　4 路一位二进制数选择示意图

表 3.29　4 路选择器的功能表

输入		输出
S_1	S_0	F
0	0	D_0
0	1	D_1
1	0	D_2
1	1	D_3

一般地，N 个选择控制端可以对 2^N 路数据进行选择，其逻辑表达式为：

$$F = \sum_{k=0}^{2^N - 1} D_k m_k \tag{3-34}$$

多路选择器的基本功能是选择数据。但是，在组合逻辑设计中常用来实现各种逻辑函数。下面举例说明。

例 3-11　用 4 路选择器分别实现逻辑函数：$F_1 = A \oplus B$、$F_2 = \overline{A+B}$

（1）$F_1 = A \oplus B = A\bar{B} + \bar{A}B$，对照式（3-33），将 A、B 分别与 S_0、S_1 对应，并令 $D_3 D_2 D_1 D_0 = 0110$，有：

$$F_1 = 0 \cdot AB + 1 \cdot A\bar{B} + 1 \cdot \bar{A}B + 0 \cdot \bar{A}\bar{B}$$
$$= A\bar{B} + \bar{A}B$$

电路实现如图 3.57 所示,电路框图如图 3.58 所示。

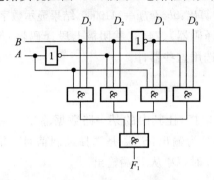
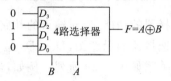

图 3.57 4 路一位二进制数选择器逻辑图   图 3.58 4 路选择器实现函数 $F=A\oplus B$

(2) 与(1)类似地,令 $D_3D_2D_1D_0 = 0001$,有:
$$F_2 = 0 \cdot AB + 0 \cdot A\bar{B} + 0 \cdot \bar{A}B + 1 \cdot \bar{A}\bar{B}$$
$$= \overline{AB} = \overline{A+B}$$

将图 3.58 中的 $D_3D_2D_1D_0$ 改为 0001,即可实现函数 $F_2 = \overline{A+B}$。

由此可知,用多路选择器实现逻辑函数的方法是:将选择信号视为逻辑输入变量,将多路输入数据视为控制信息。不同的控制信息将产生不同的逻辑函数,4 路选择器可实现任意 2 变量的逻辑函数。但是,只要对控制信息适当调整,4 路选择器也可实现任意 3 变量的逻辑函数。现举例说明。

例 3-12 用 4 路选择器实现逻辑函数:$F = \bar{A}B + B\bar{C} + A\bar{B}C$

将 B、C 分别视为式(3-33)中的 S_1、S_0,再对 F 作变换,使之具有与式(3-33)类似的形式:

$$F = \bar{A}B + B\bar{C} + A\bar{B}C$$
$$= \bar{A}B\bar{C} + \bar{A}BC + AB\bar{C} + A\bar{B}C$$
$$= \bar{A}BC + (\bar{A}+A)B\bar{C} + A\bar{B}C$$
$$= \bar{A} \cdot BC + 1 \cdot B\bar{C} + A \cdot \bar{B}C + 0 \cdot \bar{B}\bar{C}$$

对比式(3-33),只要令 $D_3 = \bar{A}$,$D_2 = 1$,$D_1 = A$,$D_0 = 0$,即可达到目的。电路如图 3.59 所示。图 3.59 中为了得到反变量,使用了一个非门。

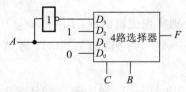

图 3.59 4 路选择器实现函数 $F=\bar{A}B+B\bar{C}+A\bar{B}C$

通过以上两例可以看出,多路选择器可以方便地实现逻辑函数。一般地,2^n 路选择器可以实现具有 n 个变量的逻辑函数,且不需要任何辅助门。并且,通过设置输入数据的值,可以很方便地改变逻辑运算关系。多路选择器已有多种型号和规格的中、小规模集成电路产品供应,如 74153(双 4 路选择器)、74151(8 路选择器)、74150(16 路选择器)等。

但是,为此付出的代价是:多路选择器内部的逻辑门数一般比专门实现同样逻辑功能的电路所需的逻辑门多;当逻辑变量较多时,所需多路选择器的路数将急剧增多,尽管可采用多片多路选择器级联、并联、加辅助逻辑等措施来实现所需的逻辑功能,但这将导致电路复杂化。因此,在实际中应根据具体情况而定。

与多路选择器相反,多路分配器的功能是:将输入的一位数据,有选择性地从多个输出端中的某一个输出。图 3.60 是 4 路分配器的功能示意图,功能表见表 3.30。

由表 3.30 可知,4 路分配器的输出表达式为:

$$\left.\begin{array}{l} F_3 = D \cdot \bar{S}_1 \bar{S}_0 = D \cdot m_3 \\ F_2 = D \cdot \bar{S}_1 S_0 = D \cdot m_2 \\ F_1 = D \cdot S_1 \bar{S}_0 = D \cdot m_1 \\ F_0 = D \cdot S_1 S_0 = D \cdot m_0 \end{array}\right\} \quad (3-35)$$

式(3-35)中的 $m_i (i = 0, 1, 2, 3)$ 为控制变量 $S_1 S_0$ 对应的 4 个最小项。由式(3-35)可以画出 4 路分配器的逻辑电路图,如图 3.61 所示。

多路分配器的基本功能是用于数据分路传送。但运用多路分配器也可以实现逻辑函数,举例如下。

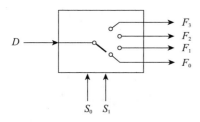

图 3.60 多路分配器功能示意图

表 3.30 4 路分配器的功能表

输入		输出			
S_1	S_0	F_3	F_3	F_3	F_3
0	0	D	0	0	0
0	1	0	D	0	0
1	0	0	0	D	0
1	1	0	0	0	D

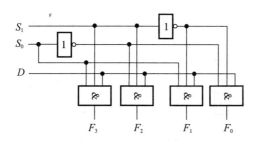

图 3.61 4 路分配器的电路图

例 3-13 用 4 路分配器实现函数 $F = A \odot B$

先将 F 化为标准形式：

$$F = AB + \overline{AB} = m_3 + m_0 \qquad (3-36)$$

对比式(3-34)，令 $D = 1$，并增加一个辅助或门，即可达到目的，电路如图 3.62 所示。

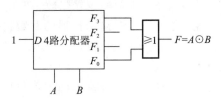

图 3.62 用 4 路分配器实现 $F = A \odot B$

多路分配器已有多种型号、规格的中、小规模集成电路产品供应，如 74139（双 4 路分配器）、74138（8 路分配器）、74154（16 路分配器）等。

3.7 习 题

3-1 二输入端与非门中的一个输入为什么值时，输出与另一个输入值无关？

3-2 有人想用两个 CMOS 非门组成为一个与非门，其接法如图 3.63 所示。理由是：

$$F = \overline{A} + \overline{B} = \overline{AB}$$

你认为这种接法在逻辑关系和安全性上有无问题？

3-3 先将逻辑表达式 $F = BC + D + \overline{D}(\overline{B} + \overline{C})(AC + B)$ 化简，再用与非门实现。

3-4 在输入不提供反变量的情况下，用与非门实现逻辑函数：

$$F = A\overline{B} + \overline{A}C + B\overline{C}$$

3-5 采用正逻辑时的三人多数表决逻辑电路如图 3.64 所示。若采用负逻辑，即用 0 表示同意，1 表示不同意；用 0 表示表决结果为通过，1 表示不通过。则电路实现的逻辑功能是什么？

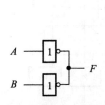

图 3.63 题 3-2 图

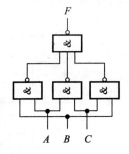

图 3.64 题 3-3 图

3-6 图 3.65 为实现两个一位二进制数 A、B 相减的逻辑电路,A 是被减数。写出 F_1 和 F_2 的逻辑表达式,列出真值表,说明哪一个为借位输出位。

3-7 图 3.66 所示的逻辑电路能判断一个 4 位二进制数 $DCBA$ 是否大于某数。若大于,则电路的输出 $F=1$,否则 $F=0$。写出电路的输出表达式,列出真值表,并说明"某数"为多少。

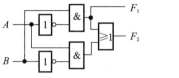

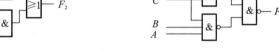

图 3.65 题 3-6 图   图 3.66 题 3-7 图

3-8 图 3.67 中 $DCBA$ 为 4 位二进制数,该电路能判断输入的数的某种性质。试写出输出 F 的逻辑表达式,列出真值表,说明"某种性质"是什么性质。

3-9 图 3.68 为一种全加器逻辑电路,试分析之。

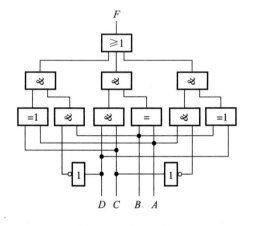
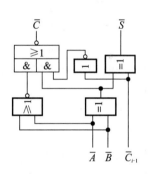

图 3.67 题 3-8 图   图 3.68 题 3-9 图

3-10 分析图 3.69 所示的电路,说明逻辑功能。

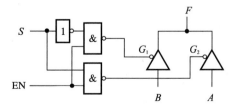

图 3.69 题 3-10 图

3-11 用3个开关控制一盏电灯L,其中K_1为主开关,K_2和K_3为副开关。只有主开关打开,且至少有一个副开关打开时,灯才能亮。设计实现该逻辑功能的电路。

3-12 D、C、B、A的优先级编号分别为3、2、1、0。设计一个优先级排队逻辑电路,以$DCBA$作为输入量,输出量Z_1Z_0为二进制数。Z_1Z_0总是等于$DCBA$中为1的、且优先级最高的编号。而当$DCBA$全为0时,$Z_1Z_0=00$。

3-13 设计一个数值判断逻辑,当输入的4位二进制数大于0100且小于1001时,输出为1,否则输出为0。

3-14 x_1x_0和y_1y_0均为两个二位二进制数。设计一个比较器,当$x_1x_0 > y_1y_0$时,输出$z=1$,否则$z=0$。

3-15 化简下列函数,判断是否存在险象,并消除可能出现的险象。

(1) $F = (C \oplus B) + B\overline{A}$

(2) $F = (A+B)(\overline{A}+\overline{C})$

(3) $F(D,C,B,A) = \sum m(1,3,4,5,10,11,12,13,14,15)$

3-16 设计一全减器,A为被减数,B为减数,C_i为前一级产生的借位,要作为减数参加本级运算;D为本级产生的差,C_0为本级产生的借位。

3-17 设计逻辑电路,将8421码译为余3码。

3-18 设计逻辑电路,将4位二进制码调整为二位8421码。例如:

$(1000)_2 = (0000\ 1000)_{8421码}$ $(1011)_2 = (0001\ 0001)_{8421码}$

提示:电路至少应有5个输出端。

3-19 设x是3位二进制数,设计一个求x^2的逻辑电路。

3-20 一个加法电路有3个输入端C、B、A,输出的和为:$S = A \times 1 + B \times 3 + C \times 10$,例如:当$CBA = (101)_2$时,输出$S = (11)_{10} = (1011)_2$,设计此加法器。

3-21 用3.2.3节中介绍的3-8译码器及必要的与非门,设计一个三人表决逻辑电路。

3-22 设计一个7段LED数码管显示译码电路,输入为余3码,要求显示出余3码对应的十进制数。

3-23 集成电路74151是8路选择器。试用74151实现逻辑函数$F = ABD + A\overline{B}C + \overline{A}\,\overline{C}$。

3-24 某逻辑运算部件在运算类型选择控制端S_1、S_0的控制下,能对两个逻辑变量A、B进行4种逻辑运算:$F=AB$、$F=A+B$、$F=A \oplus B$、$F=\overline{AB}$,试设计此逻辑电路。

3-25 设计一个一位算术运算部件,当运算类型选择控制端$S=0$时执行全加器功能;当$S=1$时则执行全减器功能(提示:可利用集成加法器74283加基本门电路实现)。

3-26 选择题

(1) 下列表达式中不存在竞争冒险的有_____。

A. $Y = \overline{B} + \overline{A}B$ B. $Y = AB + \overline{B}C$

C. $Y = AB\overline{C} + AB$ D. $Y = (A+\overline{B})A\overline{D}$

(2) 若在编码器中有 50 个编码对象,则要求输出二进制代码的位数为_____位。
A. 5 B. 6 C. 10 D. 50

(3) 一个十六选一的数据选择器,其地址输入(选择控制输入)端有_____个。
A. 1 B. 2 C. 4 D. 16

(4) 函数 $F = \overline{A}C + AB + \overline{B}\,\overline{C}$,当变量的取值为_____时,将出现冒险现象。
A. $B=C=1$ B. $B=C=0$ C. $A=1,C=0$ D. $A=0,B=0$

(5) 四选一数据选择器的数据输出 Y 与数据输入 X_i 和地址码 A_i 之间的逻辑表达式为 $Y=$ _____。
A. $\overline{A_1}\,\overline{A_0}X_0 + \overline{A_1}A_0X_1 + A_1\overline{A_0}X_2 + A_1A_0X_3$
B. $\overline{A_1}\,\overline{A_0}X_0$
C. $\overline{A_1}A_0X_1$
D. $A_1A_0X_3$

(6) 一个八选一数据选择器的数据输入端有_____个。
A. 1 B. 2 C. 3 D. 4 E. 8

(7) 在下列逻辑电路中,不是组合逻辑电路的有_____。
A. 译码器 B. 编码器 C. 全加器 D. 寄存器

(8) 8 路数据分配器,其地址输入端有_____个。
A. 1 B. 2 C. 3 D. 4 E. 8

(9) 组合逻辑电路消除竞争冒险的方法有_____。
A. 修改逻辑设计 B. 在输出端接入滤波电容
C. 后级加缓冲电路 D. 屏蔽输入信号的尖峰干扰

(10) 101 键盘的编码器输出_____位二进制代码。
A. 2 B. 6 C. 7 D. 8

(11) 以下电路中,加以适当辅助门电路,_____适于实现单输出组合逻辑电路。
A. 二进制译码器 B. 数据选择器
C. 数值比较器 D. 七段显示译码器

(12) 用 3-8 译码器 74LS138 实现原码输出的 8 路数据分配器,应_____。
A. $ST_A=1, \overline{ST_B}=D, \overline{ST_C}=0$ B. $ST_A=1, \overline{ST_B}=D, \overline{ST_C}=D$
C. $ST_A=1, \overline{ST_B}=0, \overline{ST_C}=D$ D. $ST_A=D, \overline{ST_B}=0, \overline{ST_C}=0$

(13) 用四选一数据选择器实现函数 $Y = A_1A_0 + \overline{A_1}A_0$,应使_____。
A. $D_0=D_2=0, D_1=D_3=1$ B. $D_0=D_2=1, D_1=D_3=0$
C. $D_0=D_1=0, D_2=D_3=1$ D. $D_0=D_1=1, D_2=D_3=0$

(14) 用 3-8 译码器 74LS138 和辅助门电路实现逻辑函数 $Y = A_2 + \overline{A_2} \overline{A_1}$，应_____。

    A. 用与非门，$Y = \overline{\overline{Y_0}\, \overline{Y_1}\, \overline{Y_4}\, \overline{Y_5}\, \overline{Y_6}\, \overline{Y_7}}$ B. 用与门，$Y = \overline{Y_2}\, \overline{Y_3}$

    C. 用或门，$Y = \overline{Y_2} + \overline{Y_3}$ D. 用或门，$Y = \overline{Y_0} + \overline{Y_1} + \overline{Y_4} + \overline{Y_5} + \overline{Y_6} + \overline{Y_7}$

3-27 判断题

(1) 优先编码器的编码信号是相互排斥的，不允许多个编码信号同时有效。(　　)

(2) 编码与译码是互逆的过程。(　　)

(3) 二进制译码器相当于是一个最小项发生器，便于实现组合逻辑电路。(　　)

(4) 数据选择器和数据分配器的功能正好相反，互为逆过程。(　　)

(5) 用数据选择器可实现时序逻辑电路。(　　)

(6) 组合逻辑电路中产生竞争冒险的主要原因是输入信号受到尖峰干扰。(　　)

第 4 章

时序逻辑电路分析

4.1 时序逻辑电路模型

第 3 章介绍的各种组合逻辑电路都是由门电路组成的,其特点是电路任何时刻的输出值 $F(t)$ 仅与该时刻 t 的输入有关,而与 t 时刻以前的输入信号无关。这就是说,组合逻辑执行的是一种实时控制,若输入信号发生了变化,输出信号总是输入信号的单向函数。因此,组合逻辑没有"记忆"能力,输入信号单向传输,不存在任何反馈支路。

在很多实际问题中,我们要求电路的输出不仅与当前时刻的输入有关,而且也与过去的输入历史有关。例如,要设计一个逻辑电路,用一个按钮作为电路的输入装置,输出用来控制一盏电灯。按钮压下期间输入为高电平,松开后输入为低电平。要求在压下按钮前,如果灯是亮的,则压下按钮的时间不小于 3s,灯才会灭;反之,如果在压下按钮前灯是灭的,则压下按钮的时间不小于 3s,灯才会亮。显然,用组合逻辑电路实现这一功能是不可能的。要实现这一功能,必须记住压下按钮前灯的状态以及压下按钮后经历的时间,才能确定操作后灯应该达到的状态。也就是说,应该记忆以前的操作历史。这种功能可以用时序逻辑电路实现。

所谓时序逻辑电路就是电路的输出不仅与当前的输入有关,而且与过去的输入历史有关。这就要求电路能记住以前的输入历史,以便由以前的输入和当前的输入共同决定当前应该输出什么,即时序逻辑电路是一种与时序有关的电路。

时序逻辑电路由组合逻辑电路和存储电路两部分组成,如图 4.1 所示。

图 4.1 中,组合逻辑电路的全部输入包括两部分:外部输入 x 和内部输入 y(设共有 v 个);这些输入经组合逻辑电路的运算后,产生的输出也包括两部分:外部输出 z 和内部输出 w(设共有 u 个)。

存储电路是一种具有记忆功能的电子电路,它接收内部输出 w,并予以记忆。存储电路的输出 y 就是它记忆的内容。显然,y 与过去的外部输入有关。即存储电路能记忆以前的输入。由于外部输出 z 与 y 有关,故电路对外的输出 z 与过去的输入有关。

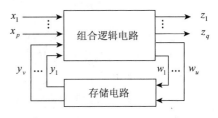

图 4.1 时序逻辑电路框图

y 称为时序逻辑电路的**状态**。一般地,电路的状态在输入 x 发生改变前后是不一样的。记 x 发生改变前的时间段为 t_n,发生改变后的时间段为 t_{n+1},相应地,电路的状态分别记为 $y^{(n)}$ 和 $y^{(n+1)}$。其中 y^n 称为为电路的**现态**,$y^{(n+1)}$ 称为电路的**次态**。为方便其起见,通常将现态简记为 y,次态简记为 y^{n+1}。

对于时序逻辑电路,我们感兴趣的仍然是外部输出与外部输入之间的逻辑关系,因为它体现了电路的逻辑功能。与组合逻辑不同的是,时序逻辑电路的功能应该用两组逻辑表达式共同描述:

$$\left. \begin{aligned} z_i &= f_i(x_1,\cdots x_p, y_1,\cdots y_v), i=1,\cdots q \\ y_j^{n+1} &= g_j(w_1,\cdots w_u, y_1,\cdots y_v), j=1,\cdots v \end{aligned} \right\} \quad (4-1)$$

式(4-1)中的 y^{n+1} 是电路的次态。它由存储电路的输入和现态确定。由组合逻辑电路可知,w 是 x 和 y 的函数,故式(4-1)可写为:

$$\left. \begin{aligned} z_i &= f_i(x_1,\cdots x_p, y_1,\cdots y_v), i=1,\cdots q \\ y_j^{n+1} &= g_j(x_1,\cdots x_p, y_1,\cdots y_v), j=1,\cdots v \end{aligned} \right\} \quad (4-2)$$

式(4-2)中的第一个函数称为**输出函数**,第二个函数称为**次态函数**。式(4-2)表明:时序逻辑电路的外部输出和次态都是外部输入和现态的函数。

必须注意,式(4-2)中的次态函数决不是多余的,因为目前的次态将成为下一个状态时的现态。如果不计算出目前的次态,就无法确定下一个状态时的输出。这是一种前因后果的关系。

存储电路所存储的内容由 w 控制,即 w 激励着电路状态的更新,故称 w 为激励函数。

由于有了存储电路,时序逻辑电路的功能与组合逻辑电路相比发生了本质上的飞跃。这使得时序逻辑电路能描述复杂多变的动态逻辑关系,因而产生了智能化的数字系统。在分析方法上,两者之间有很大的不同。但是,组合逻辑电路在时序逻辑电路中扮演着十分重要的角色,其分析和设计方法仍然极为重要。

通常,存储电路是由若干触发器组成。因此,触发器是组成时序逻辑电路的基本逻辑单元,学习时序电路必须从触发器开始。下面先介绍触发器,再介绍时序电路。

4.2 触发器

触发器是一种具有记忆功能的电子器件,它具有两个稳定状态,分别称为"0"状态和"1"状态;有两个互补的输出端 Q 和 $\bar{Q}$,用于指示当前所处的状态。"1"态时 Q 端输出高电平,"0"态时 Q 端输出低电平。

触发器的输入通常为 1~3 个。在某种有效组合的输入信号作用下,可以令触发器从一个稳定状态转移到另一个稳定状态;当输入信号无效时,触发器的状态稳定不变。一般把输入信号作用之前的状态称为现态,记作 Q^n 和 $\bar{Q}^n$;而把输入信号作用后的状态称为触发器的次态,记作 Q^{n+1} 和 $\bar{Q}^{n+1}$。为简单起见,一般将现态的上标 n 省略掉,用 Q 和 $\bar{Q}$ 表示现态。触发器的次态不仅与输入有关,而且与现态有关。即次态是现态和输入的函数。

根据逻辑功能的不同,触发器可分为 R-S 触发器、D 触发器、J-K 触发器和 T 触发器,下面分别讨论。

4.2.1 基本 R-S 触发器

基本 R-S 触发器是各种性能完善的触发器的基本组成部分。从名称上看,R(Reset)是复位的意思,S(Set)是置位的意思,故基本 R-S 触发器又称为直接复位-置位触发器。

基本 R-S 触发器可以由逻辑门构成。

1. 用与非门构成的基本 R-S 触发器

如图 4.2(a)所示,将两个与非门的输出端分别连接到对方的一个输入端,剩下的两个输入端分别记作 R 和 S。正是这种相互作用与制约关系,使得电路的工作模式与组合逻辑有本质上的区别。

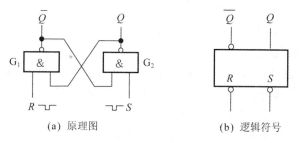

(a) 原理图　　　　　　　(b) 逻辑符号

图 4.2　由"与非"门构成基本 R-S 触发器

(1) 工作原理

首先说明,电路具有两个稳定的状态。设 $R=1$、$S=1$,则:

假设 $Q=1$,则 Q 传到 G_1 的输入端,经过 G_1 与非逻辑运算后必有 $\overline{Q}=0$;$\overline{Q}$ 又反馈到 G_2 的输入端,经过 G_2 与非逻辑运算后继续维持 $Q=1$。只要保持 $R=1$、$S=1$ 不变,这种 $Q=1$、$\overline{Q}=0$ 的"1"态将一直保持下去。

假设 $Q=0$,由结构上的对称性可知,电路将稳定在 $Q=0$、$\overline{Q}=1$ 的状态,即"0"状态。

以上讨论说明,当 $R=1$、$S=1$ 时,电路保持现态不变。

如果要使电路从一种稳定状态"翻转"到另一种稳定状态,可以通过 R 或 S 输入端施加一个低电平来实现。

假设现态为"0"态,要翻转到"1"态。在 S 端施加一个 0 电平,R 端保持为 1。于是 G_2 门被强制输出 1,即 $Q=1$;Q 立即反馈到 G_1 门的输入端,G_1 门被强制输出 0,即 $\overline{Q}=0$;$\overline{Q}=0$ 又立即反馈到 G_2 门,继续维持 G_2 门输出 1。于是实现了由"0"态翻转到"1"态。此后,即使 S 端变回 1,电路的状态也不再改变。

假设现态为"1"态,要翻转到"0"态。由结构上的对称性可知,在 R 端施加一个 0 电平,S

端保持为 1。就能实现由"1"态翻转到"0"态。此后,即使 R 端变回 1,电路的状态也不再改变。

显然,如果现态为"1"态,在 S 端施加一个 0 电平后次态仍为"1"态;如果现态为"0"态,在 R 端施加一个 0 电平后次态仍为"0"态。

以上讨论说明,不论现态是什么,在 R 端施加 0 电平能将现态强制性地转换到"0"态;在 S 端施加 0 电平能将现态强制性地转换到"1"态。因此,R、S 的有效电平为低电平。图 4.2(b) 为低电平有效的基本 R-S 触发器的逻辑符号图,在输入端添加的小圆圈表示低电平有效。

必须说明,当输入端 R 和 S 同时为 0 时,G_1 和 G_2 的输出都为高电平,一旦 R 和 S 同时变回 1,则以后触发器处于哪种状态难以预测。如果 G_1 的时延大于 G_2 的时延,则 Q 端先变为 0,使触发器处于 0 状态;反之,如果 G_2 的时延大于 G_1 的时延,则 $\overline{Q}$ 端先变为 0,使触发器处于 1 状态。而门的时延大小不仅与制作工艺有关,而且与电路的布线尺寸等因素有关。况且,理论上同时变为 0 的两个信号在实际中总是有先有后,很难人为控制。因此,规定 R 和 S 不能同时为 **0**。这是保证 R-S 触发器正常工作必须满足的条件,称为约束条件。

(2) 逻辑功能

根据上述工作原理,可得"与非"门构成的基本 R-S 触发器的逻辑功能表,如表 4.1 所列。表中"ϕ"表示触发器次态不确定。

为了将次态 Q^{n+1} 表示成现态 Q 和输入 R、S 的函数,先列出与功能表 4.1 对应的状态表,如表 4.2 所列。状态表详尽地列出了次态、现态和输入之间的关系,便于利用卡诺图化简。

将表 4.2 中的 Q、R、S 作为输入量,Q^{n+1} 作为 Q、R、S 的函数,画出 Q^{n+1} 卡诺图,如图 4.3 所示。化简后可得到基本 R-S 触发器的次态方程。同时,由约束条件可写出基本 R-S 触发器的约束方程。次态方程和约束方程反映了触发器的逻辑功能,统称为特征方程。

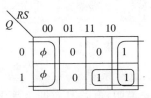

图 4.3 由与非门构成的基本 R-S 触发器的次态卡诺图

次态方程: $Q^{n+1} = \overline{S} + RQ$ (4-3)

约束方程: $R + S = 1$ (4-4)

表 4.1 "与非"门构成的基本 R-S 触发器功能表

R	S	Q^{n+1}	功能说明
0	0	ϕ	不定
0	1	0	置 0
1	0	1	置 1
1	1	Q	不变

表 4.2 "与非"门构成的基本 R-S 触发器状态表

现态 Q	次态 Q^{n+1}			
	RS=00	RS=01	RS=11	RS=10
0	ϕ	0	0	1
1	ϕ	0	1	1

2. 用或非门构成的基本 R-S 触发器

用两个"或非门"也可以构成基本 R-S 触发器，其逻辑电路图如图 4.4(a)所示。对于或非门，只要有一个输入端为高电平，输出就为低电平。因此 S、R 的有效电平为高电平。其逻辑符号如图 4.4(b)所示，输入端不加小圆圈表示高电平有效。

或非门构成的 R-S 触发器的功能表如表 4.3 所列，特征方程如下：

次态方程： $$Q^{n+1} = S + \bar{R}Q \qquad (4-5)$$

约束方程： $$RS = 0 \qquad (4-6)$$

基本 R-S 触发器的结构简单，可用于锁存数据。但由于存在约束关系，使用范围受到限制。

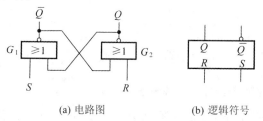

(a) 电路图　　　(b) 逻辑符号

图 4.4 "或非"门构成基本 R-S 触发器

表 4.3 "或非"门构成的基本 R-S 触发器功能表

R	S	Q^{n+1}	功能说明
0	0	Q	不变
0	1	1	置 1
1	0	0	置 0
1	1	ϕ	不定

3. 时钟控制 R-S 触发器

基本 R-S 触发器的翻转直接受控于 R、S。这意味着不仅要求 R、S 在逻辑关系上要相互配合，而且要准确实时。这对提供 R、S 信号的电路提出了较高要求。人们设想，能不能事先施加好 R、S 信号，但并不立即驱动触发器的翻转，再用另一个统一、标准的信号实施触发？"时钟控制 R-S 触发器"解决了这一问题。这种统一、标准的触发信号称为时钟信号，简称时钟，记为 CP 或 CLK。这种具有时钟脉冲控制的触发器称为时钟控制触发器，简称为钟控触发器。

钟控 R-S 触发器的逻辑电路如图 4.5(a)所示。图 4.5(a)中 G_1、G_2 组成基本 R-S 触发器；G_3、G_4 组成时钟控制电路，通常称为控制门。

钟控 R-S 触发器的工作原理如下：

当 CP = 0 时，G_3、G_4 门被封锁，不管 R、S 如何变化，G_3、G_4 门都输出 1。因此触发器的状态不会改变。

当 CP = 1 时，G_3、G_4 开放，R、S 经过 G_3、G_4 门反相后，分别施加到 G_1、G_2 门。由于 R、S 经过反相，其有效电平变为高电平。

图 4.5(b)是钟控 R-S 触发器的逻辑符号，其中 C 为时钟信号输入端，C、R、S 输入端上都没有加小圆圈，表示高电平有效。

钟控 R-S 触发器的功能表如表 4.4 所列。这里，没有将时钟 CP 作为输入反映在表 4.4

中。在钟控型触发器中,时钟是一种默认的输入,时钟的特点是具有固定的时间规律,起作用的时刻具有必然性。为使功能表更加简洁、直观,没有必要列出 CP。但是,必须注意到时钟的存在及其重要作用。表 4.4 只是在时钟有效的期间成立,相应地,现态 Q 是指 CP 作用前的状态,次态 Q^{n+1} 是指 CP 作用期间的状态。

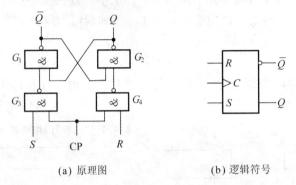

(a) 原理图　　　　　　　　(b) 逻辑符号

图 4.5　钟控 R-S 触发器的逻辑电路图和逻辑符号

根据表 4.4,可以列出钟控 R-S 触发器的状态表,如表 4.5 所列。由表 4.5 画出次态 Q^{n+1} 的卡诺图,如图 4.6 所示。这些图、表中均把时钟 CP 作为一种默认的输入,在以后的讨论中,涉及钟控型触发器时均默认如此,不再特别说明。由卡诺图化简,得钟控 R-S 触发器的特征方程:

次态方程:
$$Q^{n+1} = S + \bar{R}Q \tag{4-7}$$

约束方程:
$$RS = 0 \tag{4-8}$$

表 4.4　钟控 R-S 触发器功能表

R S	Q^{n+1}	功能说明
0 0	Q	不变
0 1	1	置 1
1 0	0	置 0
1 1	φ	不定

表 4.5　钟控 R-S 触发器的状态表

现态 Q	次态 Q^{n+1}			
	RS=00	RS=01	RS=11	RS=10
0	0	1	φ	0
1	1	1	φ	0

图 4.7 是钟控 R-S 触发器的**状态转换图**,简称为**状态图**。状态图是描述时序逻辑中状态转换行为的一种直观形式。用圆圈表示状态,圆圈中标上状态名称或状态值。带箭头的线表示状态的转移,箭头线旁的值为发生状态转移的条件,即各输入的具体组合值。在图旁还标明了各输入变量的名称及组合次序,如图中的"RS"。例如,若现态为"0"(见左边的状态圈),如果输入 $RS=01$,当时钟有效时将立即转移到次态"1",见上方指向右边状态的转移线。一条转移线可能对应多个转移条件,例如现态为"0"时,如果 $RS=00$ 或 $RS=10$,都转移到次态

"0"。状态图完整地描述了时序逻辑电路的全部行为,是分析和设计时序逻辑的重要工具。

钟控 R-S 触发器利用规范的时钟信号实施触发器的翻转,降低了对 R、S 信号变化的实时性要求。当时钟处于无效电平时,封锁了电路的输入,使得我们可以在时钟作用之前,有足够的时间准备好 R、S 信号;当时钟作用时,R、S 信号已稳定,触发器就能可靠地按要求翻转。换句话说,时钟作用期间是我们操作触发器的"窗口","窗口"关闭期间的干扰被拒之门外。通常,时钟信号就是同步时序逻辑的公共时钟,整个电路按时钟节拍有序工作。

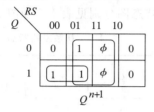
图 4.6 钟控 R-S 触发器的次态卡诺图

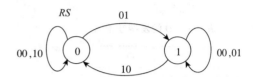
图 4.7 钟控 R-S 触发器的状态图

但是,在时钟 CP 作用期间,仍然存在约束条件 $RS=0$。此期间如果不遵守约束条件,触发器的状态仍然无法预料;在此期间,如果输入信号发生多次变化,将引起触发器发生多次翻转,其中只有某一次翻转是我们所希望的,其他翻转称为"**空翻**"。克服空翻不能仅仅依赖于"干净"的输入信号,而应进一步改进电路结构。

4.2.2 常用触发器

如 4.2.1 节所述,R-S 触发器是一种最基本的触发器,其功能过于简单、控制不便。在实际中常用的触发器主要为:D 触发器、J-K 触发器和 T 触发器。下面分别介绍这些触发器的基本原理、逻辑符号和外部特性。

1. D 触发器

钟控 R-S 触发器,在时钟信号作用期间,当输入 R、S 同时为 1 时,触发器会出现状态不确定现象。为了解决这个问题,对图 4.5(a)所示的钟控 R-S 触发器的控制电路进行修改,用 G_4 门的输出信号替换 G_3 门的 S 输入信号,将剩下的输入 R 记作 D,就形成了只有一个输入端的 D 触发器。其逻辑电路图和逻辑符号分别如图 4.8 所示。

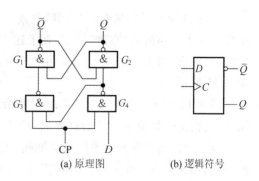

(a) 原理图   (b) 逻辑符号

图 4.8 D 触发器的电路图和逻辑符号

D 触发器的工作原理如下:

(1) 当 CP=0 时,G_3、G_4 门被封锁,无论输入 D 怎样变化,都不能传到 G_1、G_2 门,触发器都保持原来的状态不变。

(2) 当 CP=1 时，G_3、G_4 门开放，输入信号 D 经 G_3、G_4 门转换成一对互补信号送到 G_1、G_2 组成的基本 R-S 触发器的两个输入端。如果输入 $D=0$，则基本 R-S 触发器的输入端信号 RS 为 01，触发器输出 $Q=0$，即触发器置 0；如果输入 $D=1$，则基本 R-S 触发器的输入端信号 RS 为 10，触发器输出 $Q=1$，即触发器置 1。

由此可以看出，基本 R-S 触发器的输入端信号 RS 不可能为 11，从而消除了状态不确定现象，解决了输入约束问题。

D 触发器的逻辑功能如表 4.6 所列。其状态表和状态图分别见表 4.7 和图 4.9。

表 4.6 D 触发器功能表

D	Q^{n+1}
0	0
1	1

表 4.7 D 触发器状态表

Q	Q^{n+1}	
	$D=0$	$D=1$
0	0	1
1	0	1

根据状态表 4.7，可得到 D 触发器的次态卡诺图，如图 4.10 所示。

由图 4.10，可写出 D 触发器的特征方程：

$$Q^{n+1} = D \tag{4-9}$$

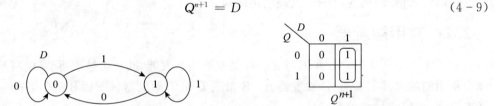

图 4.9 D 触发器的状态图   图 4.10 D 触发器的次态卡诺图

上述 D 触发器依然存在"空翻"现象。因此在时钟信号起作用的期间，要求输入信号 D 不能发生变化。为解决"空翻"问题，在上述 D 触发器的基础上增加"维持"、"阻塞"结构，从而形成"维持阻塞"型 D 触发器。这是目前广泛使用的集成 D 触发器，其逻辑电路图和逻辑符号如图 4.11 所示。

图 4.11 中 R_D 为**直接置"0"端**(也称为直接复位端)，S_D 为**直接置"1"端**(也称为直接置位端)。它们都是低**电平**有效的输入端，即当 R_D 端出现低电平的整个期间，无条件地将触发器置为 0；当 S_D 端出现低电平的整个期间，无条件将触发器置为 1。但与基本 R-S 触发器同样的原因，不允许 R_D 和 S_D 同时有效。直接置 0、置 1 操作不受时钟的限制，使触发器的使用更加灵活方便。在不需要进行直接置 0、置 1 操作时，R_D 和 S_D 应保持为高电平。

图 4.11(a)中 D 为控制输入端。维持阻塞线路的作用是仅当时钟脉冲 CP 的上升沿出现的一瞬间，D 端的数据才置入触发器。只要 CP 不出现上升沿，无论 D 端的电平怎样变化，

触发器都保持原有状态不变。这就有效地防止了"空翻"。这种由时钟脉冲的边沿起作用的触发方式,称为**边沿**触发。图 4.11(b)是其逻辑符号,其时钟输入端没有加小圆圈,表示上升沿触发。

维持阻塞 D 触发器的逻辑功能与前述 D 触发器的逻辑功能相同。由于只有在时钟脉冲的上升沿才可能发生状态改变,故抗干扰能力强。这种由时钟脉冲的上升沿触发的触发器,称为**边沿**触发型触发器。D 触发器也有下降沿触发型的,选择器件时应予注意。

D 触发器常用于构成寄存器、计数器、移位寄存器等。但它只有置入 0、1 的功能,某些情况下使用起来不太方便。

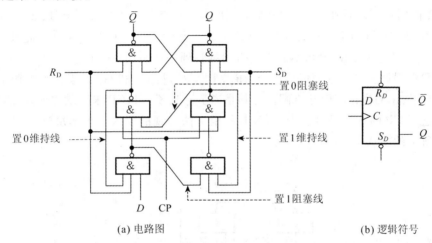

(a) 电路图　　　　　　　　　　(b) 逻辑符号

图 4.11　维持阻塞 D 触发器逻辑电路图和逻辑符号

2. J-K 触发器

除置入 0 或 1 的功能外,在实际应用中,还希望触发器具有这样的两个功能:当时钟脉冲有效时,自动翻转到与现态相反的状态;当时钟脉冲有效时,能保持现态不变。

为此,在图 4.5 所示的时钟控制 R-S 触发器电路中增加两条交叉反馈线,变成图 4.12 所示的电路。此时,将两个输入端分别记作 J、K,称为 J-K 触发器。这一改动虽小,但通过指定 J、K 的值,可在**时钟上跳的时刻**实现上述两个功能。

必须指出,图 4.12 所示的电路仅用于分析 J-K 触发器在时钟上跳时刻的行为,读者不可将其用于实际。下面简述其工作原理。

首先说明,当 CP=0 时,封锁了 G_3、G_4 上的其他输入,G_3、G_4 输出 1,由 G_1 和 G_2 组成的基本 R-S 触发器保持现态不变。因此,下面对图 4.12 的讨论仅需考虑 CP 由 0 上跳为 1 时的行为。

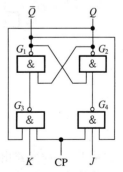

图 4.12　J-K 触发器在 CP 上跳时刻的等效电路

(1) 当 $J=0, K=0$ 时,同样封锁了 CP 的输入,触发器保持现态不变。

(2) 当 $J=0, K=1$ 时,G_4 被封锁。若现态 $Q=1$,CP 上跳将导致 G_3 的输出端下跳,触发器翻转为 $Q^{n+1}=0$;若现态 $Q=0$,G_3 和 G_4 都被封锁,CP 的上跳不起作用。总之,当 $J=0, K=1$ 时,无论现态为何,CP 的上跳一定会将触发器置为 0。

(3) 当 $J=1, K=0$ 时,由电路的对称形可知,无论现态为何,CP 的上跳一定会将触发器置为 1。

(4) 当 $J=1, K=1$ 时,若现态 $Q=0$,则 G_3 被封锁。$\overline{Q}=1$ 反馈到 G_4,CP 上跳将导致 G_4 的输出端下跳,触发器翻转为 $Q^{n+1}=1, \overline{Q}^{n+1}=0$。此时应令 CP 立即下跳,将 G_3 封锁。否则,待 $Q^{n+1}=1$ 传到 G_3 门、且使 G_3 输出 0 后,将使 $\overline{Q}^{n+1}$ 又变为 1,出现 $Q^{n+1}=1, \overline{Q}^{n+1}=1$ 的非法状态;若现态 $Q=1$,则与上述过程相反,触发器翻转为 $Q^{n+1}=0, \overline{Q}^{n+1}=1$。由此可知,当 $J=1, K=1$ 时,在 CP 上跳的时刻可令触发器自动翻转到与现态相反的状态。

这里,我们强调上述过程完成后应令 CP 立即下跳,将 G_3 和 G_4 封锁。否则接下来的 CP 高电平期内,J、K 的变化将引起空翻。尤其是当 $J=1, K=1$,CP 未下跳之前,电路很快进入非法状态,这对 CP 的宽度提出了十分苛刻、甚至无法实现的要求。为解决这一问题,可采用如图 4.13 所示的主从 J－K 触发器。

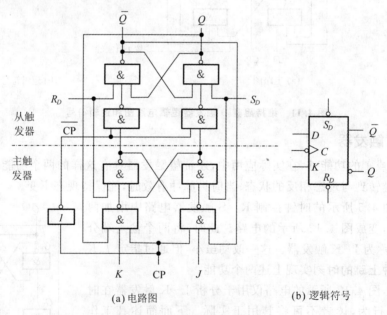

(a) 电路图   (b) 逻辑符号

图 4.13　主从 J－K 触发器逻辑电路图和逻辑符号

主从 J－K 触发器由两个时钟控制 R－S 触发器级联构成,将从触发器的输出交叉反馈到主触发器的输入。主触发器在时钟的上升沿按照上述(1)～(4)条工作,但从触发器却维持前一状态不变,因为此时从触发器的时钟$\overline{CP}$是无效的低电平。在 CP 上升沿过后的时钟高电平期间,由于反馈信号为从触发器输出的前一状态,这正好封锁了主触发器的输入,空翻不会发生。当 CP 下跳时,从触发器的时钟$\overline{CP}$是上跳,从而将主触发器的状态置入从触发器,最终完成新状态的输出。

表 4.8 为 J-K 触发器的逻辑功能表,对应的状态表如表 4.9 所列。根据表 4.9 可画出 J-K 触发器的状态图和次态卡诺图,分别如图 4.14 和图 4.15 所示。

表 4.8 J-K 触发器功能表

J	K	Q^{n+1}	功能说明
0	0	Q	保持
0	1	0	置 0
1	0	1	置 1
1	1	$\overline{Q}$	翻转

表 4.9 J-K 触发器状态表

Q	Q^{n+1}			
	$JK=00$	$JK=01$	$JK=11$	$JK=10$
0	0	0	1	1
1	1	0	0	1

由次态卡诺图图 4.15 化简,可求得 J-K 触发器的特征方程:

$$Q^{n+1} = J\overline{Q} + \overline{K}Q \qquad (4-10)$$

J-K 触发器也有非主从结构、上升沿触发等类型的,应注意区分,不能一概而论。

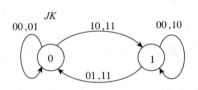

图 4.14 J-K 触发器状态图

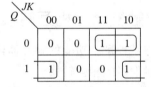

图 4.15 J-K 触发器的次态卡诺图

3. T 触发器

J-K 触发器虽然功能多,但它有两个控制端,增加了控制量。在某些场合,仅需要 J-K 触发器的部分功能,以减少控制量。已知 D 触发器仅具有 J-K 触发器的置 0 和置 1 功能,控制简单。这里介绍的 T 触发器则仅具有 J-K 触发器的"保持"和"翻转"两种功能。

由 J-K 触发器的真值表容易看出,当 J、K 同时为 0 或同时为 1 时,就得到 T 触发器。因此,只需把 J-K 触发器的输入端 J 和 K 连接起来,就可构成 T 触发器,如图 4.16 所示。为了克服空翻,T 触发器也采用主从结构或维持阻塞结构。T 触发器的功能见表 4.10,状态表见表 4.11。

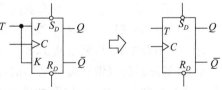

图 4.16 T 触发器的演变及其符号

表 4.10 T 触发器功能表

T	Q^{n+1}	功能说明
0	Q	不变
1	$\bar{Q}$	翻转

表 4.11 T 触发器状态表

Q	Q^{n+1}	
	$T=0$	$T=1$
0	0	1
1	1	0

根据状态表，可画出状态图，如图 4.17 所示。次态卡诺图，如图 4.18 所示。由卡诺图得到 T 触发器的特征方程式如下。T 触发器常用于计数型逻辑电路中，故又称为计数触发器。

$$Q^{n+1} = T\bar{Q} + \bar{T}Q \qquad (4-11)$$

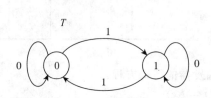

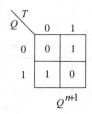

图 4.17 T 触发器状态图 　　　图 4.18 T 触发器次态卡诺图

4.2.3 各类触发器的相互转换

根据需要，将某种逻辑功能的触发器经过改接或附加一些门电路后，转换成另一种功能的触发器，这就是触发器的相互转换。

不同逻辑功能的触发器可以相互转换。掌握了各类触发器相互转换的方法，就能运用现有的器件组成各种功能的逻辑电路。下面举例说明触发器相互转换的两种方法。

例 4-1 用 D 触发器及与非门组成一个 J-K 触发器。

解：第一步，画出 J-K 触发器的逻辑框图。

依题意，必须把 D 输入转换为 J、K 输入。这就需要设计一个组合电路，以实现从 J、K 到 D 的变换，如图 4.19 所示，D 触发器的逻辑功能是已知的，组合逻辑电路的逻辑功能是未知的。因此，问题的关键是求组合逻辑的逻辑表达式：$D = f(J, K, Q)$。

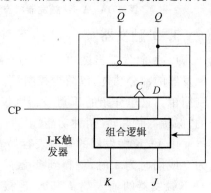

图 4.19 由 D 触发器组成 J-K 触发器的逻辑框图

第二步，确定 D 的逻辑表达式。

已知 D 触发器和 J-K 触发器的特征方程分别为：

$$Q_D^{n+1} = D$$
$$Q_{JK}^{n+1} = J\bar{Q} + \bar{K}Q$$

图 4.19 中 D 触发器的输出,也是希望组成的 J-K 触发器的输出。因此有:
$$Q_{JK}^{n+1} = Q_D^{n+1}$$

即:
$$D = J\bar{Q} + \bar{K}Q \tag{4-12}$$

第三步,画由 D 触发器组成 J-K 触发器的电路图。

题目要求用与非门实现组合电路,故将式(4-12)转化为"与非-与非"表达式:
$$D = \overline{\overline{J\bar{Q} + \bar{K}Q}} = \overline{\overline{J\bar{Q}} \cdot \overline{\bar{K}Q}} \tag{4-13}$$

根据式(4-13)和图 4.19,可得由 D 触发器组成的 J-K 触发器的逻辑电路,如图 4.20 所示。注意,新得到的 J-K 触发器不是主从结构,次态的建立和输出都是在 CP 脉冲信号的上跳沿时刻进行的。

例 4-2 用 R-S 触发器及与非门组成一个 J-K 触发器。

解:第一步,画出 J-K 触发器的组成框图。

R-S 触发器要转变成 J-K 触发器,则要设计如图 4.21 所示的组合电路,以实现 J、K 到 R、S 的变换。

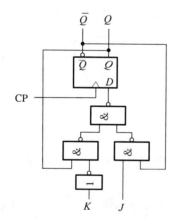

图 4.20 由 D 触发器组成 J-K 触发器的逻辑电路

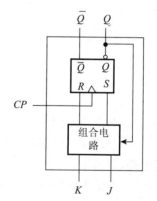

图 4.21 由 R-S 触发器组成 J-K 触发器的示意图

由图 4.21 可知,问题的关键是如何确定 R 和 S 的逻辑表达式:
$$R = f_1(J, K, Q)$$
$$S = f_2(J, K, Q)$$

第二步,确定 R 和 S 的逻辑表达式。

已知 R-S 触发器的特征方程为:

$$Q_{RS}^{n+1} = S + \bar{R}Q, \quad RS = 0 \tag{4-14}$$

J-K 触发器的特征方程为:

$$Q_{JK}^{n+1} = J\bar{Q} + \bar{K}Q \tag{4-15}$$

很难直接从式(4-14)和式(4-15)求出 R 和 S 表达式。为此,综合列出两种触发器的特征方程表达的真值表,如表 4.12 所列。列表时,先将 Q、J、K 作为 J-K 触发器的现态和激励,导出中间量 Q^{n+1};再将 Q 和 Q^{n+1} 又作为 R-S 触发器的现态和次态,确定所需的输入 R 和 S。然后将 Q、J、K 作为组合逻辑的输入,R 和 S 作为组合逻辑的输出,求出 R 和 S 的表达式。由表 4.12 可得:

$$R = \sum m(5,7), \quad \sum \Phi(0,1) = 0$$
$$S = \sum m(2,3), \quad \sum \Phi(4,6) = 0$$

用卡诺图化简,则得

$$\left.\begin{array}{l} R = QK \\ S = \bar{Q}J \end{array}\right\} \tag{4-16}$$

表 4.12 J-K 触发器特征函数表和 R-S 触发器的激励表

输入			共同次态	输出	
Q	J	K	Q^{n+1}	R	S
0	0	0	0	φ	0
0	0	1	0	φ	0
0	1	0	1	0	1
0	1	1	1	0	1
1	0	0	1	0	φ
1	0	1	0	1	0
1	1	0	1	0	φ
1	1	1	0	1	0

第三步,画出组合电路并构成 J-K 触发器。

根据式(4-16)和图 4.21,画出由 R-S 触发器组成 J-K 触发器的逻辑电路,如图 4.22 所示。

由以上两例,可总结出触发器类型转换的一般方法:原触发器转换成新触发器就是在原触发器的输入端加入一个组合逻辑电路。这样,新触发器的输入就是组合逻辑电路的输入,组合逻辑电路的输出作为原触发器的输入,原触发器的输出就是新触发器的输出。只要求出该组合逻辑电路,就能得到原触发器转换成新触发器的逻辑电路。也就是说,实现各类触发器相互转换的关键在于建立组合电路的逻辑表达式。这可以通过新、原触发器的特征方程得到。

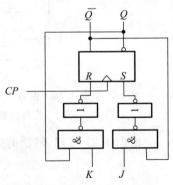

图 4.22 由 R-S 触发器组成 J-K 触发器的逻辑电路图

4.2.4 集成触发器的主要特性参数

各种类型的触发器都有相应的集成电路产品,在使用时应了解其性能和参数。这里仅对一些主要特性参数作一简要介绍。目前常用的中速集成触发器产品系列有74LS系列、CD4000系列、74HC系列。74HC系列集成电路同时具有74LS系列的高速度、CD4000系列的低功耗性能,是优选对象。

1. 直流参数

(1) 电源电流 I_E

触发器的所有输入端接无效电平,输出端悬空时,电源向触发器提供的电流为电源电流 I_E。电源电流 I_E 越大,说明触发器电路的空载功耗越大。I_E 的大小与集成规模有关,如双J-K触发器74HC73的 I_E 约为几十 μA。

(2) 低电平输入电流 I_{IL} 和高电平输入电流 I_{IH}

让触发器的输出端悬空,当某输入端接地时,从该输入端流出的电流为低电平输入电流 I_{IL};当触发器的某输入端接电源时,流进该输入端的电流就是其高电平输入电流 I_{IH}。它说明对驱动电路的负载要求。74HC73 的 I_{IL} 和 I_{IH} 为 1 μA 以下。

(3) 输出高电平 V_{OH} 和输出低电平 V_{OL}

触发器输出端 Q 或 $\bar{Q}$ 输出高电平时的对地电压为 V_{OH},输出低电平时的对地电压为 V_{OL}。它表明了触发器的抗干扰能力。74HC73 的 V_{OH} 和 V_{OL} 接近电源电压和 0 V。

2. 开关参数

(1) 最高时钟频率 f_{max}

最高时钟频率 f_{max} 是指触发器在计数状态下能正常工作的最高工作频率,它是标志触发器工作速度高低的一个重要指标。74HC73 的 f_{max} 约为几十 MHz。

(2) 对时钟信号的延迟时间(t_{CPLH} 和 t_{CPHL})

从时钟脉冲的触发沿到触发器输出端由 0 状态变到 1 状态的延迟时间为 t_{CPLH};从时钟脉冲的触发沿到触发器输出端由 1 状态变到 0 状态的延迟时间为 t_{CPHL}。一般 t_{CPLH} 比 t_{CPHL} 约大一级门的延迟时间。74HC73 约为十纳秒级。

(3) 对置 0 端(R_D)或置 1 端(S_D)端的延迟时间 t_{RLH}、t_{RHL} 或 t_{SLH}、t_{SHL}

从置 0 脉冲触发沿到输出端由 0 变为 1 的延迟时间为 t_{RLH},到输出端由 1 变为 0 的延迟时间为 t_{RHL};从置 1 脉冲触发沿到输出端由 0 变为 1 的延迟时间为 t_{SLH},到输出端由 1 变为 0 的延迟时间为 t_{SHL}。74HC73 约为十纳秒级。

4.3 同步时序逻辑分析

所谓时序逻辑分析就是要找出给定时序逻辑电路的逻辑功能。具体地说,就是找出电路状态和输出在输入变量和时钟信号作用下的变化规律。通过分析,可以了解给定时序逻辑电路的功能,评价设计方案,改进逻辑电路设计。

按照电路的工作方式,时序逻辑电路可分为**同步时序逻辑电路**和**异步时序逻辑电路**两种类型,异步时序逻辑电路将在下一节中介绍。

同步时序逻辑电路又称为时钟同步时序逻辑电路,是以触发器状态为标志的,所以有时又称为时钟同步状态机,**简称状态机**。它的状态存储电路是触发器,时钟输入信号连接到所有触发器的时钟控制端。这种状态机仅在时钟信号的有效触发边沿才改变状态,即同步改变状态。

在同步时序逻辑电路中,存储电路由钟控型触发器组成,各触发器的时钟端都与统一的时钟脉冲信号 CP 相连接,$w_1,\cdots,w_u$ 是各触发器的激励信号,$y_1,\cdots,y_v$ 是各触发器的输出,也即电路的状态。因此,只有有效时钟脉冲到来时,各触发器的状态才会改变。如果时钟脉冲没有到来,则输入信号的变化都不可能引起电路状态的改变。因此,时钟脉冲对电路状态的变化起着同步的作用。

通常,时钟脉冲信号 CP 是一种具有固定周期和宽窄的脉冲信号。为了保证时序逻辑电路稳定、可靠地工作,对 CP 的参数有一定的要求。CP 的宽度必须足够,以保证触发器能可靠翻转;CP 的频率不能太高,以保证前一个脉冲引起的状态转换过程完全结束后,后一个脉冲才能到来。否则,电路状态的变化将发生混乱。CP 的参数应由电路的实际用途及触发器的工作速度选定。

上述讨论说明,电路的状态转换是与时钟同步的。由于时钟起作用的时刻是已知的,因此,在同步时序逻辑的分析过程中,把时钟作为一种默认的输入。

根据电路的输出是否与输入直接相关,时序逻辑电路又可分为 **Mealy** 型和 **Moore** 型两种,分别如图 4.23(a) 和图 4.23(b) 所示。Mealy 型电路的输出是电路输入和电路状态的函数,其表达式如下:

$$z_i = f_i(x_1,\cdots,x_p,y_1,\cdots,y_v),\ i=1,\cdots,q$$

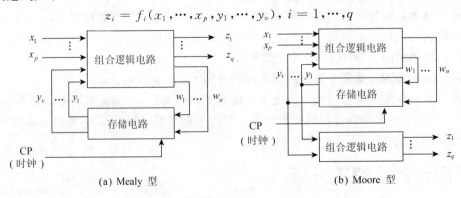

图 4.23 两种时序逻辑电路的组成框图

Moore 型电路的输出仅仅是电路状态的函数,其表达式为:
$$z_i = f_i(y_1,\cdots,y_v), i = 1,\cdots,q$$

4.3.1 同步时序逻辑电路描述

时序逻辑电路的功能常用逻辑函数表达式、状态转换表、状态转换图和时序图 4 种方法来描述。这 4 种方法在描述同一时序逻辑电路的功能时可以相互转换。

1. 逻辑函数表达式

逻辑函数表达式是描述逻辑电路功能的最基本方法。要完整地描述同步时序逻辑电路的结构和功能,要用到 3 个逻辑函数表达式。在本章开始,我们已经做了初步介绍,下面再做系统的说明。3 个逻辑函数表达式如下:

输出函数:$z_i = f_i(x_1,\cdots,x_p,y_1,\cdots,y_v)\ i = 1,2,\cdots,q$ (Mealy 型)
$\qquad\qquad z_i = f_i(y_1,\cdots,y_v),\ i = 1,\cdots,q$ (Moore 型)

激励函数:$w_k = h_k(x_1,\cdots,x_p,y_1,\cdots,y_v)\ k = 1,2,\cdots,u$

次态函数:$y_j^{n+1} = g_j(w_1,\cdots,w_u,y_1,\cdots,y_v),\ j = 1,\cdots,v$

激励函数反映了存储电路的输入 w 与电路输入 x 和现态 y 之间的关系,是确定电路的次态 y^{n+1} 必不可少的中间量。任何同步时序逻辑电路只要确定了这 3 个函数表达式,就确定了其逻辑功能。

例 4 - 3 用逻辑函数表达式描述图 4.24 所示的时序逻辑电路。

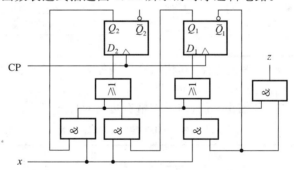

图 4.24　例 4 - 3 的时序逻辑电路

图 4.24 中两个 D 触发器构成存储电路,其输入端为两个触发器的激励端 D_2、D_1,内部输出即电路的状态 Q_2Q_1。电路的输出为 z。由图 4.24 写出电路的逻辑表达式:

输出函数:$\qquad\qquad\qquad z = xQ_2\bar{Q}_1$ \hfill (4 - 17)

激励函数:$\qquad\qquad \left.\begin{array}{l} D_2 = xQ_2 + xQ_1 \\ D_1 = xQ_2 + x\bar{Q}_1 \end{array}\right\}$ \hfill (4 - 18)

次态函数:次态函数就是 D 触发器的特征方程,即:

$$Q_2^{n+1} = D_2 \brace Q_1^{n+1} = D_1} \tag{4-19}$$

将式(4-18)代入式(4-19),得:

$$Q_2^{n+1} = xQ_2 + xQ_1 \brace Q_1^{n+1} = xQ_2 + x\bar{Q_1}} \tag{4-20}$$

式(4-17)~式(4-20)就是描述图 4.24 电路的方程组。由式(4-17)可以看出,该电路的输出函数中含有变量 x,为 Mealy 型电路。

逻辑表达式虽然全面地描述了时序逻辑电路,具有简洁、抽象的特点,但不能直观地看出电路的逻辑功能。尽管如此,它却是进一步分析的重要步骤。

2. 状态转换表与状态表

用真值表的形式列出电路在输入和现态的各种组合值下的次态和输出,称为时序逻辑电路的**状态转换表**。状态转换表是描述时序逻辑电路的重要方式,表的行数=电路的状态数,列数=输入信号组合(输入状态)数,单元格中填写相应于现态及输入的次态。对于时序电路的两种类型,状态表的格式稍有差别,如表 4.13 和表 4.14 所列。

表 4.13 Mealy 型电路状态表格式

现态	次态/输出			
	输入 X			
Q	Q^{n+1}/Z			

表 4.14 Moore 型电路状态表格式

现态	次态				输出
	输入 X				
Q	Q^{n+1}				Z

现在我们继续讨论例 4-3 的电路,其状态转换表如表 4.15 所列。列表时,先将输入和现态 x、Q_2、Q_1 的各种组合值列于表格左边的对应栏目内,再根据式(4-20)和式(4-17)一一算出对应的次态值 Q_2^{n+1}、Q_1^{n+1} 和输出 z 值,列于表格右边的对应栏目内。

表 4.15 例 4-3 的电路状态转换表

输入	现态		次态		输出
x	Q_2	Q_1	Q_2^{n+1}	Q_1^{n+1}	z
0	0	0	0	0	0
0	0	1	0	0	0
0	1	0	0	0	0
0	1	1	0	0	0
1	0	0	0	1	0
1	0	1	1	0	0
1	1	0	1	1	1
1	1	1	1	1	0

状态转换表比较直观地反映了输入、现态、次态和输出之间的关系,如果已知输入和现态,可以很方便地查出次态和输出。但还是不能直观地看出电路的逻辑功能,因此,还需要对状态转换表作进一步的综合和归纳,突出发生状态转换的过程,这就是**状态表**,如表 4.16 所列。表 4.16 中我们对电路的各个状态进行了命名。电路有两个触发器,因此共有 4 个状态值,分别为 00、01、10、11,将其分别命名为 S_0、S_1、S_2、S_3。用英文符号的形式代表状态,可以更加方便地表达状态的含义,避免在分析过程中纠缠于容易出错的"0"、"1"值中。尤其是电路中的触发器较多、状态值的位数较多时,用英文单词(或开始字母)命名状态,其优点更加突出。

列状态表时,先将各个现态列于表左边的现态栏,表的右边栏分不同输入值列出对应的次态和输出。例如,当现态为 S_0(即 $Q_2Q_1=00$)时,查状态转换表 4.15 知,当 $x=0$ 时,次态/输出为 00/0,即 $S_0/0$;当 $x=1$ 时,次态/输出为 01/0,即 $S_1/0$;照此办理,完成状态表中全部 4 行的填写。

表 4.16 例 4-3 的状态表

现态 S	次态 S^{n+1}/输出 z	
	$x=0$	$x=1$
S_0	$S_0/0$	$S_1/0$
S_1	$S_0/0$	$S_2/0$
S_2	$S_0/0$	$S_3/1$
S_3	$S_0/0$	$S_3/0$

在考察电路的功能方面,状态表比电路状态转换表要直观一些,但离"一目了然"还有距离。然而,它为进一步画出状态转换图打下了直接基础。

3. 状态转换图

状态图又称为状态转移图,是描述时序电路状态转移规律及相应输入、输出关系的有向图。图中用圆圈表示电路的状态,连接圆圈的有向线段表示电路状态的转移关系。有向线段的起点表示现态,终点表示次态。Mealy 型电路状态图的有向线段旁边标注发生该转换的输入条件及在该输入和现态条件下的输出,如图 4.25 所示。Moore 型电路状态图则将输出标注在圆圈内,如图 4.26 所示。

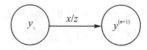

图 4.25 Mealy 型电路状态图

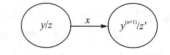

图 4.26 Moore 型电路状态图

若有向线段起止于同一状态,表示在该输入下,电路状态保持不变。

用状态图描述时序电路的逻辑功能具有形象、直观等优点,是时序电路分析和设计的主要工具。例 4-3 电路的状态图如图 4.27 所示。

与前面讨论的触发器状态图类似,但这里为 Mealy 型电路,输出不仅与状态有关,而且与输入 x 有关。因此在状态图中,箭头旁注明了输入值和现态下的输出值,用"/"分隔。与此对应地,图上方的"x/z"表明了输入为 x,输出为 z。

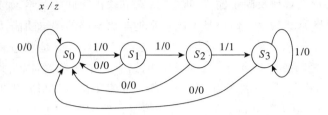

图 4.27 例 4-3 的状态图

图 4.27 的画法也与触发器的状态图画法类似。先将 4 个状态圈画出，对于每一状态圈，将其视为现态，查状态表 4.16，看其在两种输入值 $x=0$ 和 $x=1$ 下，分别应转移到什么次态，画出对应的状态转移线。例如，将 S_0 视为现态，查表 4.16 可知，在 $x=0$ 时转移到 S_0 态并输出 0，在 $x=1$ 时转移到 S_1 态并输出 0，因此画出 0/0 和 1/0 状态转移线；再将 S_1 视为现态，查表 4.16 得，在 $x=0$ 时转移到 S_0 态并输出 0，在 $x=1$ 时转移到 S_2 态并输出 0，故此画出对应的状态转移线，以此类推，画出 S_1、S_2、S_3 的状态转移线。

由图 4.27 可知，在任何状态下，只要输入为 0，将立即转移到 S_0 态。当现态为 S_0 时，如果连续输入 3 个或以上的 1，则逐步转移到 S_3 态，并在第 3 个 $x=1$ 时输出 1；如果在连续输入 3 个 1 的中途输入了 0，则不会输出 1，并返回 S_0。由此可知，电路能判断连续输入 1 的个数是否小于 3。如果小于 3，则不会输出 1，否则，在第 3 个 1 处给出一个定位标志 1。该电路可用于判断某一事件发生后延续的时间是否超过规定的限时。

状态图很直观地描述了电路状态转换的完整过程，便于分析电路的功能。对于任意一个输入系列，总可以在状态图中逐步跟踪，找到对应的输出系列。状态图是分析和设计时序逻辑的有力工具。

4. 工作波形图

通常，我们希望根据一个特定的输入系列，得出对应的输出系列，并且要求准确地定位状态和输出发生变化的时刻。然而，状态图在这一方面并没有给出满意的答案。为此，需要画出在特定的输入系列作用下，电路的响应随时间变化的波形图——工作波形图。

首先确定采用什么样的输入系列具有代表性。对于例 4-3，可采用如下输入系列：
$$x: 0,1,0,1,1,0,1,1,1,0,1,1,1,1,0,\cdots$$

此系列描述了连续输入 1 个 1、2 个 1、3 个 1、4 个 1 时的情形。必须说明，输入系列是人为指定的、用于测试电路响应的典型数据。要完备地测试出在任何情况下电路的响应，是无法办到的。因此，只能选择具有代表性的系列进行。所以，工作波形图只是对电路功能的一种局部描述。然而，它却很重要。将上述系列及其响应以表格的形式列出，如表 4.17 所列。

表 4.17 例 4-3 电路对一个特定系列输入的响应

CP	⋯	1	2	3	4	5	6	7	8	9	10	11	12	13	14	15	⋯
x		0	1	0	1	1	0	1	1	1	0	1	1	1	1	0	
Q_2		0	0	0	0	0	1	0	0	1	1	0	0	1	1	1	
Q_1		0	0	1	0	1	0	0	1	0	1	0	1	0	1	1	
Q_2^{n+1}		0	0	0	0	1	0	0	1	1	0	0	1	1	1	1	
Q_1^{n+1}		0	1	0	1	0	0	1	0	1	0	1	0	1	1	0	
z		0	0	0	0	0	0	0	0	1	0	0	0	1	0	0	

列表时,对时钟 CP 依到来的先后顺序编号,将选定的输入系列依次填入表中。再选定 CP 作用前电路的初始状态,这里选为 00。于是,由 CP 作用时的输入 $x=0$ 及现态 $Q_2 Q_1 = 00$,查电路状态转换表 4.15,可得次态 $Q_2^{n+1} Q_1^{n+1} = 00$、输出 $z=0$,填入表中。将 CP_1 栏的次态作为 CP_2 栏的现态,结合 CP_2 栏的输入 $x=1$,再查表 4.15,得 CP_2 栏的次态 $Q_2^{n+1} Q_1^{n+1} = 01$、输出 $z=0$,⋯,如此重复,直到 CP_{15}。

由表 4.17,容易画出工作波形图图 4.28。注意,电路中选用的是上升沿触发型的触发器,现态与次态的转换是在时钟的上升沿时刻发生的。输出则由表达式 $z = x Q_2 \bar{Q}_1$ 算出。

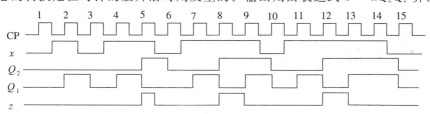

图 4.28 例 4-3 的工作波形

图 4.28 中,为确保各 CP 的上升沿时刻 x 的值稳定,特将 x 发生改变的时刻安排在 CP 的下降沿处,以策安全。

必须特别指出,无论是状态转换表还是状态图,只给出了时钟有效时刻发生的现象,在时钟无效期间的输出波形如何呢?状态转换表和状态图并未回答这一问题。但工作波形图却能反映任何时刻的输出。图 4.28 清楚地表明,在 CP_5 的上升沿作用后,电路进入 S_2 态。此后,在 x 未下跳为 0 之前,输出 z 出现为 1 的现象。这是 Mealy 型电路特有的现象,在状态转换表和状态图中不会反映出来。

要消除这一现象,是否可以让 CP_5 作用后,立即让 x 下跳为 0 来达到目的呢?这种要求实际上是苛刻的。一方面要确保 CP_5 作用的时刻 x 为 1,另一方面 CP_5 作用完成后 x 应立即下跳,下跳太早会影响 CP_5 对 x 的正确采样,下跳稍迟会使输出 z 出现毛刺。解决问题的办法是:提供 x 的信号源与本电路的 CP 时钟同步,并严格确定 x 的下跳时刻;如果 x 为自由信号,则必须改进电路结构,例如:采用 Moore 型电路、利用 CP 信号(如:令 $z = \overline{CP} \cdot x Q_2 \overline{Q_1}$)等。

4.3.2 同步时序逻辑分析

时序逻辑电路的分析是根据逻辑电路图,得到反映时序逻辑电路工作特性的状态表及状态图,有了状态表及状态图就可得到电路在某个输入序列下所产生的输出序列,进而理解电路的逻辑功能。同步时序电路是由组合电路和存储电路构成的,它的存储电路是触发器,触发器的特性是已知的,如果能分析出组合电路的功能,则时序电路的功能就可得到。因此分析工作首先从组合逻辑的分析着手。

下面通过实例,引入同步时序逻辑电路分析的流程。

例 4-4 给定图 4.29 所示的同步时序电路,试分析该电路的逻辑功能。

步骤 1 写出输出函数、次态函数及激励函数。

由图 4.29 可以看出,电路没有外部输入。输出仅为状态的函数,故为 Moore 型电路。电路的输出函数为:

$$Y = Q_2 Q_3 \tag{4-21}$$

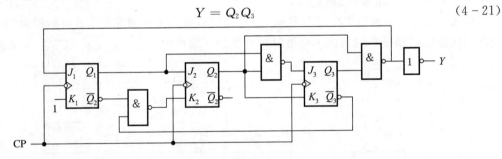

图 4.29 例 4-4 的同步时序逻辑电路

激励函数为:

$$\left. \begin{array}{ll} J_1 = \overline{Q_2 Q_3} & K_1 = 1 \\ J_2 = Q_1 & K_2 = \overline{\overline{Q_1} \overline{Q_3}} \\ J_3 = \overline{Q_1 Q_2} & K_3 = Q_2 \end{array} \right\} \tag{4-22}$$

将式(4-22)代入 J-K 触发器特征方程式(4-10),得到电路的次态函数表达式为:

$$\left. \begin{array}{l} Q_1^{n+1} = \overline{Q_2 Q_3} \, \overline{Q_1} \\ Q_2^{n+1} = Q_1 \overline{Q_2} + \overline{Q_1} \overline{Q_3} Q_2 \\ Q_3^{n+1} = \overline{Q_1 Q_2} \overline{Q_3} + \overline{Q_2} Q_3 \end{array} \right\} \tag{4-23}$$

步骤 2 列出状态转换表。

电路中共有 3 个触发器,故状态的各种组合值共有 8 种。将 8 种状态值列于表 4.18 的左栏,由式(4-21)和式(4-23)分别求出对应的次态和输出值,填入表中,结果如表 4.18 所列。

表 4.18 例 4-4 电路的状态转换表

Q_3^n	Q_2^n	Q_1^n	Q_3^{n+1}	Q_2^{n+1}	Q_1^{n+1}	Y
0	0	0	0	0	1	0
0	0	1	0	1	0	0
0	1	0	0	1	1	0
0	1	1	1	0	0	0
1	0	0	1	0	1	0
1	0	1	1	1	0	0
1	1	0	0	0	0	1
1	1	1	0	0	0	1

步骤 3 画出状态转换图。

本例的状态转换过程比较简单，规律性强，故省去列状态表的步骤。由于 Moore 型电路的输出仅由状态确定，故将输出量 Y 的值写在状态圈中。由于电路没有输入量，故状态转移线旁不用标注输入值。按状态转换表 4.18，将各现态及 CP 作用时要转移到的次态、现态下的输出，一一画出，得状态图，如图 4.30 所示。

由图 4.30 可知，当电路不是处于"111"状态时，每经过 7 个时钟信号后，电路的状态循环变化一次。因此，该电路具有对时钟信号计数的功能。同时发现，每经过 7 个时钟信号作用后，输出端 Y 输出一个脉冲（由 0 变 1，再由 1 变 0）。所以，该电路是一个 7 进制计数器，Y 端的输出就是进位脉冲。当电路处于"111"状态时，只要收到一个时钟脉冲就立即转入正常计数状态"000"。"111"状态称为无关状态，一旦因某种异常原因陷入这种状态，电路能在下一时钟脉冲的作用下转入正常计数状态，即电路具有自恢复功能。

步骤 4 画出工作波形图。

根据状态图，可画出电路的工作波形图如图 4.31 所示。注意，由于采用下降沿触发型触发器，所以状态的转换发生于 CP 的下降沿时刻。

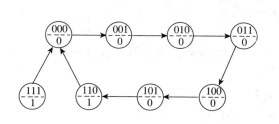

图 4.30 例 4-4 电路的状态图

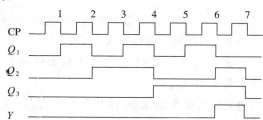

图 4.31 例 4-4 电路的工作波形图

例 4-5 分析图 4.32 所示同步时序电路的逻辑功能。

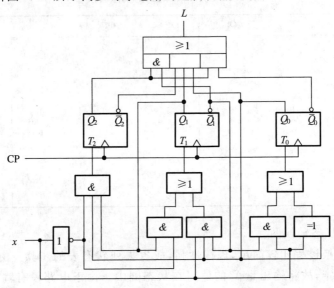

图 4.32 例 4-5 的同步时序逻辑电路

步骤 1 写出输出函数、次态函数及激励函数。

由图 4.32 得：

$$L = Q_2\bar{Q}_1 + Q_2\bar{Q}_0 + \bar{Q}_2 Q_1 Q_0 \tag{4-24}$$

$$T_2 = \bar{x}Q_1 Q_0, \ T_1 = x\bar{Q}_1 Q_0 + \bar{x}Q_1, \ T_0 = x\bar{Q}_1 + (x \oplus Q_0) \tag{4-25}$$

将式(4-24)代入 T 触发器的特征方程 $Q^{n+1} = T\bar{Q} + \bar{T}Q$，得各触发器次态函数：

$$\left.\begin{array}{l} Q_2^{n+1} = T_2\bar{Q}_2 + \bar{T}_2 Q_2 = \bar{x}Q_1 Q_0 \bar{Q}_2 + \overline{\bar{x}Q_1 Q_0} Q_2 \\ Q_1^{n+1} = T_1\bar{Q}_1 + \bar{T}_1 Q_1 = (x\bar{Q}_1 Q_0 + \bar{x}Q_1)\bar{Q}_1 + \overline{x\bar{Q}_1 Q_0 + \bar{x}Q_1} Q_1 = xQ_1 + xQ_0 \\ Q_0^{n+1} = T_0\bar{Q}_0 + \bar{T}_0 Q_0 = [x\bar{Q}_1 + (x \oplus Q_0)]\bar{Q}_0 + \overline{x\bar{Q}_1 + (x \oplus Q_0)} Q_0 = xQ_1 + x\bar{Q}_0 \end{array}\right\} \tag{4-26}$$

式(4-24)中不含有输入变量，故电路为 Moore 型。

步骤 2 列出状态转换表与状态表。

由式(4-25)及式(4-26)列出状态转换表，如表 4.19 所列。次态是 4 变量函数，故状态转换表共有 16 行。

电路中有 3 个触发器，故共有 8 个状态。将其分别记为：

$S_7 = 111, S_6 = 110, S_5 = 101, S_4 = 100$

$S_3 = 011, S_2 = 010, S_1 = 001, S_0 = 000$

表 4.19 例 4-5 电路的状态转换表

输入 x	现态 Q_2	Q_1	Q_0	次态 Q_2^{n+1}	Q_1^{n+1}	Q_0^{n+1}	输出 L
0	0	0	0	0	0	0	0
0	0	0	1	0	0	0	0
0	0	1	0	0	0	0	0
0	0	1	1	1	0	0	1
0	1	0	0	1	0	0	1
0	1	0	1	1	0	0	1
0	1	1	0	1	0	0	1
0	1	1	1	0	0	0	0
1	0	0	0	0	0	1	0
1	0	0	1	0	1	0	0
1	0	1	0	0	1	1	0
1	0	1	1	1	1	1	1
1	1	0	0	1	0	1	1
1	1	0	1	1	1	0	1
1	1	1	0	1	1	1	1
1	1	1	1	1	1	1	0

由此,列出状态表,如表 4.20 所列。

步骤 3 画出状态图,分析逻辑功能。

由表 4.20 可画出状态图,如图 4.33 所示。电路的逻辑功能分析如下:

在 S_0 态,输出为 0,如果连续输入 3 个或以上的 1,则电路转移到 S_3 态并输出 1。此后,如果连续输入 0,则转移到 S_4 态并保持输出 1。接下来,如果再次连续输入 3 个或以上的 1,则电路转移到 S_7 态并输出 0。此后,如果连续输入 0,则转移到 S_0 态并保持输出 0。假设时钟的周期为 1 s,则电路正好实现了本章开始时提到的"用一个按钮控制一盏电灯"所需的逻辑功能。请读者对照状态图分析,当输入连续为 1 经历的时钟周期不足 3 s 时,输出将如何。

表 4.20 例 4-5 电路的状态表

现态	次态 $Q_2^{n+1} Q_1^{n+1} Q_0^{n+1}$ /输出 L	
	$x=0$	$x=1$
S_0	$S_0/0$	$S_1/0$
S_1	$S_0/0$	$S_2/0$
S_2	$S_0/0$	$S_3/1$
S_3	$S_4/1$	$S_3/1$
S_4	$S_4/1$	$S_5/1$
S_5	$S_4/1$	$S_6/1$
S_6	$S_4/1$	$S_7/0$
S_7	$S_0/0$	$S_7/0$

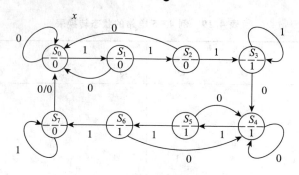

图 4.33 例 4-5 的状态图

4.4 异步时序逻辑电路分析

前面曾提到,时序逻辑电路分为同步时序逻辑电路与异步时序逻辑电路。从电路的构成来看,异步时序逻辑电路没有统一的工作时钟,各触发器的时钟信号源或直接来自于外部的输入,或来自于电路内部的其他节点。这一特点导致了异步时序逻辑电路的分析方法与同步时序逻辑电路不同。图 4.34 是一个典型的异步时序逻辑电路,触发器 D_1 的时钟直接取自外部输入信号,而触发器 D_2 的时钟则取自 D_1 的输出信号。

异步时序逻辑电路分为电平异步时序逻辑电路和脉冲异步时序逻辑电路。

电平异步时序逻辑电路采用的触发器为电平触发型,其状态的翻转受控于整个有效电平期。例如,直接使用触发器的 R_D、S_D 来控制触发器翻转,或直接用门电路来构造触发器。这种控制方式可能导致:输入信号的一次触发将引起电路的状态发生多次过度性的变化。引起这种现象的原因是门的时延及电路中存在的反馈环路。信号在环路中动态传播,从而引发触发器不停地翻转,最终稳定在所需的状态上。通常,电平异步时序逻辑主要用于触发器的强制性置位或复位,例如,在上电时使触发器处于希望的初始状态。鉴于此,本节不打算详细讨论电平异步时序逻辑电路。

脉冲异步时序逻辑电路中采用的触发器为边沿触发型,其状态的翻转仅受控于输入信号的有效变化沿。这与同步时序逻辑电路的分析有共同之处,但各触发器的时钟触发源不同,必须考虑触发信号到来的顺序及因果关系。因此,时钟应作为一种特殊的输入来考虑,其特殊之处在于时钟的作用方式与其他信号不同。

下面以一个简单的实例,引入脉冲异步时序逻辑电路的分析方法和步骤。

例 4-6 分析图 4.34 所示的电路,说明逻辑功能。

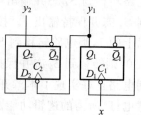

图 4.34 例 4-6 的逻辑电路

由图看出，触发器 D_1 的时钟为外部输入信号 x，D_2 的时钟为 D_1 的输出 Q_1，这是一个典型的 Moore 型脉冲异步时序逻辑电路。分析步骤如下：

步骤 1 写出输出函数和激励函数。

$$\begin{aligned} D_1 &= \bar{Q}_1, & C_1 &= x \\ D_2 &= \bar{Q}_2, & C_2 &= Q_1 \\ y_1 &= Q_1, & y_2 &= Q_2 \end{aligned} \qquad (4-27)$$

步骤 2 列出次态真值表。

根据式(4-27)，列出电路的状态真值表，如表 4.21 所列。

表 4.21 例 4-6 的状态真值表

输入	现态		激励与时钟				次态	
x	y_2	y_1	D_2	C_2	D_1	C_1	y_2^{n+1}	y_1^{n+1}
↓	0	0	1		1	↓	0	1
↓	0	1	1	↓	0	↓	1	0
↓	1	0	0		1	↓	1	1
↓	1	1	0	↓	0	↓	0	0
推导步骤：	①	①	②	④	②	②	⑤	③

该真值表是如何列出的呢？下面按照列表时应采用的步骤进行讨论。

(1) 列出 x、y_2、y_1。首先，注意到此触发器为下降沿触发型。x 作为 D_1 的时钟信号，其下跳沿才起作用。因此，在表中用"↓"表示 x 的值；接着，在现态栏列出 $y_2 y_1$ 的各种组合值。有了现态和输入，就为下一步推导次态作好了准备。

(2) 推导 C_1、D_2、D_1。要推导次态，必须知道激励与时钟。由式(4-27)可知，C_1、D_2、D_1 仅与 x、y_2、y_1 有关，完全可按照式(4-27)直接列出 C_1、D_2、D_1 的值。而 C_2 则应等到 y_1^{n+1} 出来后才能定下来，这是因为 C_2 是时钟信号，需要考察 Q_1 向 Q_1^{n+1} 变化时产生的跳变沿是什么。

(3) 推导 y_1^{n+1}。由触发器 D_1 的现态 y_1、时钟和激励 C_1、D_1，根据 D 触发器的功能表，可推导出 y_1^{n+1}。

(4) 推导 C_2。由式(4-27)中的 $C_2 = Q_1$，注意到 C_2 是时钟，仅需列出有效的跳变值"↓"。由 Q_1 向 Q_1^{n+1} 的变化情况，可列出 C_2。

(5) 推导 y_2^{n+1}。由触发器 D_2 的现态 y_2、时钟和激励 C_2、D_2，根据 D 触发器的功能表，可推导出 y_2^{n+1}。

步骤 3 列出状态表和状态图。

由表 4.21，可列出状态表 4.22 和状态图 4.35。

由状态图可知，这是一个两位二进制计数器，电路的输出就是电路的状态值，也是计数值。由表 4.22 可以看出，当 CP 有下跳时，各触发器都发生状态翻转，这正好是 J-K 触发器在

$J=1$、$K=1$ 时的功能,也时 T 触发器在 $T=1$ 时的功能。因此,将图中的 D 触发器都改为 T 触发器,可简化电路。

表 4.22 例 4-6 的状态表

现态		次态 $y_2^{n+1}\ y_1^{n+1}$	
y_2	y_1	\multicolumn{2}{c}{$x=↓$}
0	0	0	1
0	1	1	0
1	0	1	1
1	1	0	0

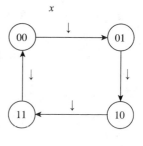

图 4.35 例 4-6 的状态图

步骤 4 说明逻辑功能。

根据表 4.22 所列,当 x 有下跳时,该电路进行加 1 计数。整个电路为 4 分频计数器。实际上,如果触发器为上升沿触发,该电路则进行减 1 计数。请同学们自己利用波形分析验证该电路。一般地,脉冲异步多位二进制计数器的结构如图 4.36 所示。图 4.36 中采用 T 触发器作为存储元件,将全部 T 输入端连接在一起,接固定的高电平"1",构成加 1 计数。

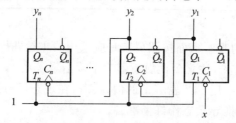

图 4.36 n 位脉冲异步二进制计数器的一般结构

由以上分析可知,在一些情况下,采用异步时序逻辑能使电路得到简化。但问题都是一分为二的。在图 4.36 中,高位触发器的翻转依赖于相邻低位触发器的翻转。设每级触发器对时钟信号的平均延迟时间为 t_{CP},在极端情况下,从 x 下跳到最高位翻转经历的时间为 $n \times t_{CP}$。在高速系统中,这一时延往往不能被接受,此时应采用同步计数器。

4.5 计算机中常用的时序逻辑电路

常用的时序电路主要有寄存器、计数器等。目前均有中规模集成电路(MSI)产品。集成寄存器、计数器同样是由触发器构成的,只不过是将它们集成在一块芯片中。

4.5.1 寄存器

寄存器是由具有存储功能的触发器组合起来构成的。一个触发器可以存储一位二进制代码,存放 n 位二进制代码的寄存器需用 n 个触发器来构成。

按照功能的不同,可将寄存器分为基本寄存器和移位寄存器两大类。基本寄存器只能并行送入数据,需要时也只能并行输出。移位寄存器中的数据可以在移位脉冲作用下依次逐位右移或左移,数据既可以并行输入、并行输出,也可以串行输入、串行输出,还可以并行输入、串行输出,串行输入、并行输出,十分灵活,用途也很广。

1. 基本寄存器

基本寄存器是微处理器中的重要部件,用于存放数据处理的中间结果。图 4.37 是一个 8 位寄存器,具有数据"写"入、"读"出、初始化"清零"功能。该寄存器通过 $DB_7 \sim DB_0$ 与外界交换数据,工作原理如下:

(1) 上电初始化

在接通电源时,各触发器的初始状态事先不能确定。如果要求各触发器处于希望的状态,例如全部为 0,则可以利用直接置 0 端 R_D。将所有触发器的 R_D 端接在一起,作为清零输入端 $\overline{CLR}$。上电时,在 $\overline{CLR}$ 端施加一个低电平脉冲,即可将全部触发器置为 0。

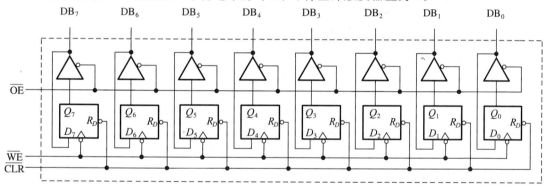

图 4.37　8 位寄存器电路图

(2) 数据写入

令 $\overline{OE}=1$、$\overline{CLR}=1$,先让 $\overline{WE}=1$,将要写入的数据施加到 $DB_7 \sim DB_0$,再在 $\overline{WE}$ 端施加一个写入脉冲(低电平有效),即可将 $DB_7 \sim DB_0$ 上的数据写入对应的 D 触发器。

(3) 数据读出

令 $\overline{CLR}=1$、$\overline{WE}=1$,在 $\overline{OE}$ 端施加一个读脉冲(低电平有效),于是各三态门开通,各触发器中的数据由 $DB_7 \sim DB_0$ 输出。

2. 移位寄存器

移位寄存器是用来寄存二进制代码,并能对该代码进行移位的逻辑部件。例如,设存入寄存器中的 4 位二进制代码为 1001,每来一个 CP 脉冲,各代码位向右移动一位,最高位移入 0,则有:

$$\underline{1001} \xrightarrow{CP(1)} 0\underline{100} \xrightarrow{CP(2)} 00\underline{10} \xrightarrow{CP(3)} 000\underline{1} \xrightarrow{CP(4)} 0000$$

其中带下划线的为原代码位。第四个 CP 脉冲作用后,原代码位全部移出,寄存器中为每次移入的 0。图 4.38 是一个 4 位移位寄存器,它能寄存 4 位二进制代码,并进行右移。

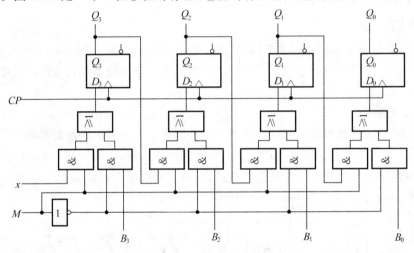

图 4.38 4 位右移位寄存器

从电路的结构可以得出各触发器的激励函数:

$$D_i = M Q_{i+1} + \overline{M} B_i, \quad i = 0, 1, 2$$
$$D_3 = M x + \overline{M} B_3$$

(4-28)

(1) 数据的写入

式(4-28)中,当 $M=0$ 时有:$D_i = B_i, i = 0, 1, 2, 3$。这表明输入数据 $B_3 \sim B_0$ 分别传送到触发器的激励端 $D_3 \sim D_0$。此时,CP 的上升沿将 $B_3 \sim B_0$ 置入对应的触发器中,从而实现了数据的写入。

(2) 数据的右移

式(4-28)中,当 $M=1$ 时有:

$$D_0 = Q_1, \; D_1 = Q_2, \; D_2 = Q_3, \; D_3 = x$$

这表明输入数据 $B_3 \sim B_0$ 分别来自相邻高位触发器输出端。此时,每来一个 CP 的上升沿,就能实现一次右移,移入最高位的数据为外部输入 x。

移位寄存器可用于将并行数据转换为串行数据。操作时,先将待转换的数据写入寄存器中,接着由 CP 脉冲进行移位。于是在最低位逐位输出串行数据。

移位寄存器也可用于节拍脉冲分配。在微处理器中,一个操作周期通常划分为几个节拍,每一节拍对应一个节拍脉冲。节拍脉冲的产生将在第 7 章中具体讨论。

3. 典型芯片-74194

中规模集成电路寄存器的种类很多,例如,74194 是一种常用的 4 位双向移位寄存器。如图 4.39(a)所示,SRSI 是右移串行输入端;SLSI 是左移串行输入端;A、B、C、D 是并行输入端;QD 是右移串行输出端;QA 是左移串行输出端;Q_A、Q_B、Q_C、Q_D 是并行输出端;/CLR 是异步的寄存器清"0"信号;S_1、S_0 是工作方式控制(其功能表如图 4.39(b)所示)。

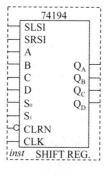

(a) 逻辑符号

功能	$S_1 S_0$	Q^{n+1A}	Q^{n+1B}	Q^{n+1C}	Q^{n+1D}
保持	0 0	Q_A	Q_B	Q_C	Q_D
右移	0 1	R_{IN}	Q_A	Q_B	Q_C
左移	1 0	Q_B	Q_C	Q_D	L_{IN}
置数	1 1	A	B	C	D

(b) 工作方式控制功能表

图 4.39 双向移位寄存器 74194

例 4-7 用一片 74194 和适当的逻辑门构成产生序列 10011001 的序列发生器。

解:序列信号发生器可由移位寄存器和反馈逻辑电路构成,其结构框图如图 4.40 所示,假定序列发生器产生的序列周期为 T_P,移位寄存器的级数(触发器个数)为 n,应满足关系 $2^n \geqslant T_P$。本例的 $T_P = 8$,故 $n \geqslant 3$,可选择 $n = 3$。设输出序列 $Z = a_7 a_6 a_5 a_4 a_3 a_2 a_1 a_0$,图 4.41 列出了所要产生的序列(以 $T_P = 8$ 周期重复,最右边信号先输出)与寄存器状态之间的关系。

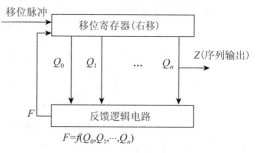

图 4.40 序列信号发生器结构框图

图 4.41(a)中,数码下面的水平线段表示移位寄存器的状态。将 $a_7 a_6 a_5 = 100$ 作为寄存器的初始状态,即 $Q_C Q_B Q_A = 100$,从 Q_C 产生输出,由反馈电路依次形成 $a_4 a_3 a_2 a_1 a_0 a_7 a_6 a_5$ 作为右移串行输入端的输入,这样便可在时钟脉冲作用下,产生规定的输出序列,电路在时钟脉冲作用下的状态及右移输入值如图 4.41(b)所示。

由图 4.41(b)可得到反馈函数 F 的逻辑表达式为式(4-29),据式(4-29)可得 10011001

序列发生器的逻辑原理图，如图4.42所示。

$$F = \overline{Q_A} \cdot \overline{Q_B} \cdot Q_C + \overline{Q_A} \cdot \overline{Q_B} \cdot \overline{Q_C} \tag{4-29}$$

图 4.41 所示的电路工作过程为：在 $S_1 S_0$ 的控制下，先置寄存器 74194 的初始状态为 $Q_C Q_B Q_A = 100, S_1(K)S_0 = 11$，然后令其工作在右移串行输入方式($S_1 S_0 = 01$)，从 $Q_C(Z)$ 端产生所需要的脉冲序列。

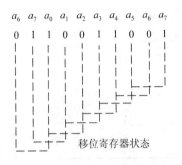

(a) 序列与状态转移的关系

CP	F(SRSI)	Q_A	Q_B	Q_C
0	1	0	0	1
1	1	1	0	0
2	0	1	1	0
3	0	0	1	1
4	1	0	0	1
5	1	1	0	0
6	0	1	1	0
7	0	0	1	1

(b) 电路反馈信号F与状态的关系表

图 4.41 序列信号与寄存器状态之间的关系

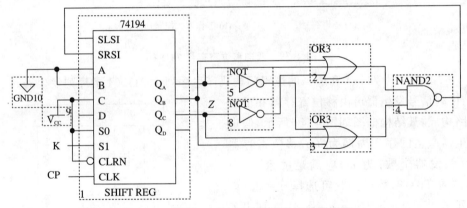

图 4.42 序列 10011001 的序列发生器原理图

4.5.2 计数器

计数器是一种对输入脉冲进行计数的时序逻辑电路，被计数的脉冲信号称作"计数脉冲"。计数器中的"数"是用触发器的状态组合来表示的。计数器在运行时，所经历的状态是周期性的，总是在有限个状态中循环，一次循环所包含的状态总数称为计数器的"**模**"。

1. 同步计数器

所谓同步计数器是指每次加1计数时，各触发器的翻转在公共时钟脉冲(也是计数脉冲)的控制下同时进行。

例 4-8 分析图 4.43 所示的 4 位二进制计数器电路。

(1) 写出激励函数与次态函数

$$\left.\begin{aligned} T_3 &= Q_2 Q_1 Q_0 \\ T_2 &= Q_1 Q_0 \\ T_1 &= Q_0 \\ T_0 &= 1 \end{aligned}\right\} \quad (4-30)$$

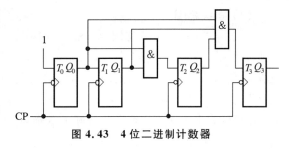

图 4.43 4 位二进制计数器

将式 (4-30) 代入 T 触发器的特征方程 $Q^{n+1} = T\overline{Q} + \overline{T}Q$，有：

$$\left.\begin{aligned} Q_3^{n+1} &= \overline{Q}_3 Q_2 Q_1 Q_0 + Q_3 \overline{Q_2 Q_1 Q_0} \\ Q_2^{n+1} &= \overline{Q}_2 Q_1 Q_0 + Q_2 \overline{Q_1 Q_0} \\ Q_1^{n+1} &= \overline{Q}_1 Q_0 + Q_1 \overline{Q_0} \\ Q_0^{n+1} &= \overline{Q}_0 \end{aligned}\right\} \quad (4-31)$$

(2) 列出状态真值表

由式 (4-31)，列出状态真值表，如表 4.23 所列。

表 4.23 同步 4 位二进制计数器电路的状态真值表

现态				次态			
Q_3	Q_2	Q_1	Q_0	Q_3^{n+1}	Q_2^{n+1}	Q_1^{n+1}	Q_0^{n+1}
0	0	0	0	0	0	0	1
0	0	0	1	0	0	1	0
0	0	1	0	0	0	1	1
0	0	1	1	0	1	0	0
0	1	0	0	0	1	0	1
0	1	0	1	0	1	1	0
0	1	1	0	0	1	1	1
0	1	1	1	1	0	0	0
1	0	0	0	1	0	0	1
1	0	0	1	1	0	1	0
1	0	1	0	1	0	1	1
1	0	1	1	1	1	0	0
1	1	0	0	1	1	0	1
1	1	0	1	1	1	1	0
1	1	1	0	1	1	1	1
1	1	1	1	0	0	0	0

(3) 画状态图

由表 4.23 可画出状态图，如图 4.44 所示。显然，图 4.44 中的状态值按二进制加 1 变化，因此，图 4.44 所示的电路是 4 位二进制加 1 计数器。该计数器为并行进位结构，即低位产生的进位信号仅经过一级门的时延，就能送到任何需要它的激励端。例如，从 0111 态到 1000 态，T_0 翻转产生的输出变化，以不大于一个门的时延传到了 T_1、T_2 和 T_3。这意味着以尽可能快的速率，为下一个 CP 到来准备好了激励量。换言之，允许 CP 快速变化，即电路能在很高的计数频率下工作。

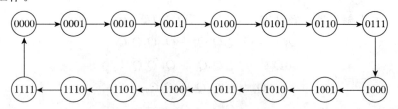

图 4.44 同步 4 位二进制计数器电路的状态图

显然，图 4.44 中的状态值按二进制加 1 变化，因此，图 4.43 所示的电路是 4 位二进制加 1 计数器。该计数器为并行进位结构，即低位产生的进位信号仅经过一级门的时延，就能送到任何需要它的激励端。例如，从 0111 态到 1000 态，T_0 翻转产生的输出变化，以不大于一个门的时延传到了 T_1、T_2 和 T_3。这意味着以尽可能快的速率，为下一个 CP 到来准备好了激励量。换言之，允许 CP 快速变化，即电路能在很高的计数频率下工作。

2. 异步计数器

异步计数器中各级触发器的时钟不是都来源于计数脉冲，在计数脉冲作用下电路的状态转换时，各状态方程的表达式有的具备时钟条件，有的不具备时钟条件，只有具备了时钟条件的表达式才是有效的，可以按状态方程计算次态，否则保持原状态不变。

例 4-9 分析图 4.45 的异步时序电路

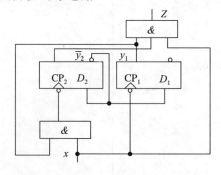

图 4.45 例 4-9 异步时序电路图

解：(1) 写出输出函数和激励函数表达式(注意各触发器的跳变时刻)。

$$Z = x y_2 y_1; D_2 = \overline{y_2}; CP_2 = xy_1; D_1 = \overline{y_2}; CP_1 = x; \qquad (4-32)$$

(2) 根据式(4-30)可作状态转移真值表,如表 4.24 所列。

表 4.24 例 4-9 态转移真值表

输入 x	现态 $y_2 y_1$	激励函数 $CP_2 D_2 CP_1 D_1$	次态 y_2^{n+1} y_1^{n+1}	输出 Z
1	00	0111	01	0
1	01	1111	11	0
1	10	0010	10	0
1	11	1010	00	1

(3) 作状态表和状态图。

本例的状态转换过程比较简单,规律性强,表 4.24 中省去了 $x=0$ 时的状态转换表的步骤,根据式(4-30)可知该电路将维持原状态不变,据此可得状态表 4.25。该电路为 Mealy 型电路,按状态表 4.25,将各现态及 CP 作用时要转移到的次态、现态下的输出,一一画出,得状态图 4.46。由图 4.46 可知,当电路 $x=1$ 时,每经过 3 个时钟信号后,电路的状态循环变化一次。因此,该电路具有对时钟信号计数的功能,是一个三进制计数器。

表 4.25 例 4-9 的状态表

现态	次态 y_2^{n+1} y_1^{n+1}/输出 Z	
	$x=0$	$x=1$
00	00/0	01/0
01	01/0	11/0
10	10/0	10/0
11	11/0	00/1

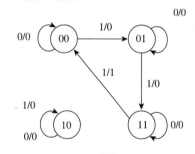

图 4.46 例 4-9 的状态图

3. 典型 MSI 计数器芯片

常见 MSI 计数器芯片有：

(1) 可编程 4 位二进制同步计数器

同步计数器内各触发器的时钟信号是来自于同一外接输入时钟信号,因而各触发器同时翻转,速度快。可编程计数器的编程方法有两种：一种是由计数器的不同输出组合来控制计数器的模；另一种是通过改变计数器的预置输入数据来改变计数器的模。74163 是 4 位二进制加 1 计数器,可同步置数清零；74161 是 4 位二进制加 1 计数器,可同步置数,异步清零；74160 是十进制加 1 计数器,可同步置数,异步清零；74162 是十进制加 1 计数器,可同步置数清零。

(2) 可逆同步计数器

74190/92 是 BCD 码十进制可逆计数器,可异步置数、异步清零;74191/93 是 4 位二进制可逆计数器,可异步置数异步清零。

(3) 异步计数器

7490 是二-五-十进制异步计数器,7492/93 分别是二-六-十二进制异步计数器、二-八-十六进制异步计数器。

限于篇幅本节只介绍 4 位集成二进制同步加法计数器 74LS161/163,其逻辑符号如图 4.47 所示,该芯片各引脚的功能为:

① CLRN = 0 时同步清零,即 CLK 上升沿作用时,输出 $Q_DQ_CQ_BQ_A = 0$。

② CLRN = 1、LDN = 0 时同步置数,即 CLK 上升沿作用时,输出 $Q_DQ_CQ_BQ_A =$ DCBA。

③ CLRN = LDN = 1 且 ENT = ENP = 1 时,按照 4 位自然二进制码进行同步二进制计数。

④ CLRN = LDN = 1 且 ENT · ENP = 0 时,计数器状态保持不变。

⑤ RCC = ENT · Q_D · Q_C · Q_B · Q_A,ENP = 0,ENT = 1,进位输出 RCC 保持不变。

⑥ 74LS163 的引脚排列和 74LS161 相同,不同之处是 74LS161 采用异步清零方式。

例 4-10 分析图 4.48 由 MSI 芯片 74163 构成的计数电路功能。

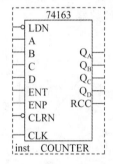

图 4.47 74163 逻辑符号

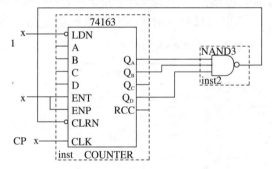

图 4.48 例 4-10 电路图

解:(1) 写出输出函数和激励函数表达式。

LDN = 1;ENT = ENP = 1;CLK = CP;$\overline{CLRN} = Q_D \cdot Q_B \cdot Q_A$

(2) 作状态转移真值表。

根据 74163 的功能特性,CLRN=LDN=1 且 ENT=ENP=1 时,74161 按照 4 位自然二进制码进行同步二进制计数。可得例 4-10 的状态转移真值表,如表 4.26 所列。

(3) 分析表 4.26 可知,74163 从 0000 状态开始计数,当输入第 11 个 CP(上升沿)时,输出 $Q_DQ_CQ_BQ_A = 1011$,并使 CLRN = 0,根据同步清零的特性,在第 12 个 CP 作用后,输出 $Q_DQ_CQ_BQ_A = 0000$,新的计数将从 0 开始,从而实现模 12 计数。

表 4.26 状态转移真值表

时钟	现态				次态				控制端
CP	Q_D	Q_C	Q_B	Q_A	Q_D^{n+1}	Q_C^{n+1}	Q_B^{n+1}	Q_A^{n+1}	CLRN
0	0	0	0	0	0	0	0	1	1
1	0	0	0	1	0	0	1	0	1
2	0	0	1	0	0	0	1	1	1
3	0	0	1	1	0	1	0	0	1
4	0	1	0	0	0	1	0	1	1
5	0	1	0	1	0	1	1	0	1
6	0	1	1	0	0	1	1	1	1
7	0	1	1	1	1	0	0	0	1
8	1	0	0	0	1	0	0	1	1
9	1	0	0	1	1	0	1	0	1
10	1	0	1	0	1	0	1	1	1
11	1	0	1	1	1	1	0	0	0
12	1	1	0	0	0	0	0	0	0
13	0	0	0	0	0	0	0	1	1
14	0	0	1	0	0	0	1	1	1
15	0	0	1	1	0	1	0	0	1

4.5.3 节拍发生器

在系列事件处理时序逻辑中,经常要用到节拍脉冲发生器。如 CPU 执行一条指令,要经历若干个节拍,每一节拍完成一个基本操作。节拍脉冲是一种多路输出的时钟脉冲。图 4.49 为 4 路节拍脉冲的时序波形。图 4.49 中 clk 是系统工作时钟,$P_0 \sim P_3$ 是 4 路节拍脉冲。各路脉冲在时间上按顺序相邻错开。下面介绍产生节拍脉冲的两种方法。

(1) 用计数器和译码器产生节拍脉冲

如图 4.50 所示,两个 T 触发器构成两位二进制计数器。用 4 个与门译出 4 个状态,当计数值递增时,$P_0 \sim P_3$ 依次输出高电平。

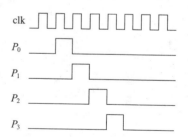

图 4.49 4 节拍脉冲时序图

(2) 用环形计数器产生节拍脉冲

在实际应用中,环形计数器实际上就是一个最简单的移位寄存器,它把最后一个触发器的输出值移位到第一个触发器中。对于 n 位二进制代码的移位寄存器,为构成环形计数器可将寄存器 FF_{n-1} 的输出 Q_{n-1} 接到寄存器 FF_0 的输入端 D_0,把各个寄存器相连使信号由左向右移位,并由 Q_0 返回到 Q_{n-1},在多数情况下,寄存器中只有一个信号 1,只要有时钟脉冲作用,1 就在移位寄存器中循环,环形计数器中各个触发器的 Q 端,将轮流地出现矩形脉冲如图 4.51 所示,4 个 D 触发器构成环形 4 位移位寄存器。在移位之前,发送一个 start 负脉冲,将 $D_0 \sim D_3$ 置为 1000。以后,每当 clk 上升沿到达时,D_3 位移到 D_0 位,其他位向右移动一位。$P_0 \sim P_3$ 分别取自各触发器的输出端。于是,随着 clk 的依次到来,$P_0 \sim P_3$ 轮流输出高电平,其产生的节拍脉冲如图 4.49 所示。

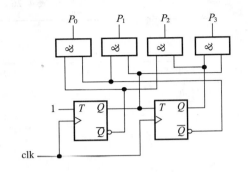

图 4.50 用计数器和译码器组成节拍脉冲发生器

环形计数器能够设计成任意期望的模数,模 N 环形计数器可以用 N 个触发器按图 4.51 连接而成。该计数器不需要用译码电路就能在相应的输出端获得每个状态的译码信号,因此该计数器常用于控制顺序操作。

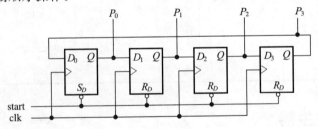

图 4.51 移位寄存器器组成节拍脉冲发生器

4.6 习 题

4-1 时序逻辑电路与组合逻辑电路的主要区别是什么?

4-2 解释下列有关时序逻辑电路的名词:
状态、现态、次态、输出函数、次态函数、特征方程、激励函数。

4-3 说明电平触发型与边沿触发型触发器的主要区别。钟控 R-S 触发器是电平触发型还是边沿触发型?

4-4 在图 4.12 中,保持 $J=1$、$K=1$。设在 CP=0 时 $Q=1$、$\overline{Q}=0$。当 CP 上跳时,Q 和

$\overline{Q}$ 如何变化？继续保持 CP=1，Q 和 $\overline{Q}$ 又如何？说明原因。

4-5 主从 J-K 触发器在 CP=1 期间有空翻现象吗？为什么？

4-6 已知主从 J-K 触发器及 CP 和 J、K 上的波形如图 4.52 所示，画出 Q 端的波形。

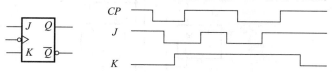

图 4.52 题 4-6

4-7 试将 T 触发器转换为 D 触发器，写出激励方程，画出逻辑图。

4-8 举例说明 Moore 型和 Mealy 型电路的区别是什么？

4-9 按如下步骤分析图 4.53 所示电路：
(1) 写出输出与激励方程；
(2) 列出次态真值表；
(3) 求状态表和状态图；
(4) 分析电路的逻辑功能。

4-10 按步骤分析图 4.54 所示电路的逻辑功能，画出工作波形。

4-11 分析图 4.55 所示的同步时序逻辑电路，并作出对输入序列 0110001011111010010 的响应波形图。

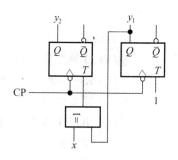

图 4.53 题 4-9

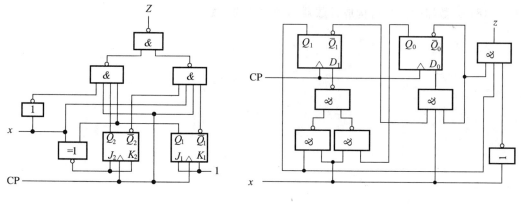

图 4.54 题 4-10　　　　图 4.55 题 4-11

4-12 与同步时序逻辑电路比较，异步时序逻辑电路在电路结构上有什么不同？在分析方法上要注意什么问题？

4-13 按步骤分析图题 4.56 所示的异步时序逻辑电路，说明逻辑功能。

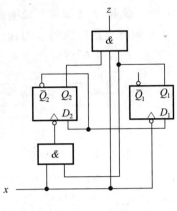

图 4.56 题 4-13

4-14 判断题

(1) D 触发器的特性方程为 $Q^{n+1} = D$,与 Q^n 无关,所以它没有记忆功能。

(2) R-S 触发器的约束条件 $RS = 0$ 表示不允许出现 $R = S = 1$ 的输入。

(3) 同步触发器存在空翻现象,而边沿触发器和主从触发器克服了空翻。

(4) 由两个或非门构成的基本 R-S 触发器,当 $R = S = 0$ 时,触发器的状态为不定。

(5) 对边沿 J-K 触发器,在 CP 为高电平期间,当 $J = K = 1$ 时,状态会翻转一次。

(6) 同步时序电路由组合电路和存储器两部分组成。

(7) 环形计数器在每个时钟脉冲 CP 作用时,仅有一位触发器发生状态更新。

(8) 计数器的模是指构成计数器的触发器的个数。

第5章 时序逻辑电路设计

时序逻辑电路设计就是针对给定的时序逻辑命题,设计出能实现其要求的电路。时序逻辑设计也称为时序逻辑综合,是时序逻辑分析的逆过程。

一般情况下,时序逻辑命题只给出要求实现的功能及要达到的技术指标。设计者应根据实际条件,决定采用什么样的工作方式、电路结构及元器件。目标是在达到设计要求的前提下,确保稳定性和可靠性,尽可能使电路简化。

5.1 同步时序逻辑设计的基本方法

在进行同步时序电路设计时,首先应根据文字描述的功能要求,建立时序电路的原始状态图和状态表,然后对原始的状态表加以化简,最后选择合适的集成电路器件或给定的集成电路器件来实现状态表,从而达到电路设计的目的。需要强调指出的是,同步时序逻辑电路设计中,所有触发器的时钟输入均由一个公共的时钟脉冲所驱动(即同步时序)。

时序电路的设计是一个比较复杂的问题。虽然同步时序电路的设计在许多方面已有较为完善的方法可以遵循,但在某些方面(如状态化简、状态分配等)还没有完全成熟的方法,需要靠设计者的经验或从大量方法中进行比较选择。本章尽可能系统化地介绍同步时序电路设计的主要步骤和方法,并通过一些例子作进一步说明。

值得一提的是,目前中、大规模集成电路种类很多。设计时序逻辑电路时通过对文字描述的逻辑功能要求做一定的分析,有时不必按照本章介绍的步骤一一套用,而是灵活地应用其中的一些思想与方法,就可以设计出简单、实用、可靠性高的电路。

从设计系统化的角度出发,同步时序电路的设计可归结为建立原始状态表、状态化简、状态分配(或称状态编码)、选择触发器类型、确定激励函数和输出函数、画出逻辑图、检查逻辑电路的功能等步骤。

本节以一个实例引出同步时序逻辑设计的基本步骤及方法。

例 5-1 设计一个调宽码译码器。

调宽码是一种串行码。因抗噪声干扰能力较强,常用于无线或红外数据通信中。例如,很多家用电器的红外遥控数据就是调宽码。图5.1表示调宽码的编码格式,其中同步时钟的周

期为 T,用于对调宽码进行定位。图中假定待传送的原始数据为 10010100。

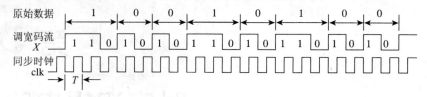

图 5.1 调宽码的格式

由图 5.1 可看出,调宽码用不同的宽度和占空比代表原始数据的 1 和 0,见表 5.1。

表 5.1 调宽码的特征

原始数据位	调宽码		
	宽度	占空比	说明
0	$3T$	1/3	前两个 T 为高电平,后一个 T 为低电平
1	$2T$	1/2	前一个 T 为高电平,后一个 T 为低电平

步骤 1 分析命题,规划电路框架。

记调宽码流为 X,译出的数据为 Z,同步时钟为 clk。要将 X 译为 Z,可在 clk 脉冲的上升沿对 X 取样。如果连续取样得到的系列为 110,则 $Z=1$;如果为 10,则 $Z=0$;否则就是误码。显然,待设计的逻辑电路应该记忆 X 中 0 以前的取样,才能决定当前的 Z 是 1 还是 0。因此,待设计的电路是时序逻辑电路。

电路需要一个调宽码流输入端 X,一个公共时钟输入端 clk,电路中的所有触发器都要使用 clk。需要两个输出端 Z 及 E,Z 用于输出译码值,E 用于指示当前的 Z 是否有效,约定 $E=1$ 时表示 Z 值有效。电路框架见图 5.2。

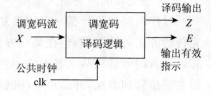

图 5.2 译码逻辑电路的框架

步骤 2 根据设计功能要求,建立原始状态图与状态表。

由图 5.1 看出,一个原始数据位对应的码流以 $X=0$ 为结束标志,且由 E 在此时的值指明是否被译出。因此,E 的表达式中最好含有变量 X,即采用 Mealy 型电路有利于产生输出量 E。

下面逐步分析需要建立哪些状态,这些状态各代表什么含义。我们先给出原始状态图(图 5.3),各状态及相互关系说明如下:

S_0:连续 0 误码状态。本状态表示已连续收到 $X=0$ 的次数大于 1。在此状态下,若再收到 $X=0$,则应维持本状态;若再收到 $X=1$,则说明误码结束,可能下一个原始数据位正在到来,应转入 S_2 处理。

S_1：等待状态。此时已译出一位原始数据，等待下一位原始数据的到来。在此状态下，若收到 $X=0$，则是误码，应转入 S_0 状态；若收到 $X=1$，则说明下一个原始数据位正在到来，应转入下一状态 S_2，进一步判断正在到来的原始数据位是 0 还是 1，或是误码。

S_2：已收到待译出数据的第一次 $X=1$ 的取样。在此状态下，若再收到 $X=0$，则译出一个为 0 的原始数据位，应转入 S_1，同时输出 $ZE=01$；若再收到 $X=1$，则说明正在到来的原始数据位可能为 1 或误码，须转入 S_3 进一步判断。

S_3：已收到待译出数据到的第二次 $X=1$ 的取样。在此状态下，若再收到 $X=0$，则译出一个为 1 的原始数据位，应转入 S_1，同时输出 $ZE=11$；若再收到 $X=1$，则说明是误码，须转入 S_4 处理。

S_4：连续 1 误码状态。此时已连续收到 $X=1$ 的次数大于 2。在此状态下，若再收到 $X=1$，则应维持本状态，等待误码结束；若再收到 $X=0$，则说明误码结束，转入 S_1。

除上面指定的 ZE 输出值外，其余情况下必须令 $E=0$，表示 Z 无效。现将 Z 无效时的值记为 ϕ，以简化 Z 的生成逻辑。

原始状态图如图 5.3 所示。由原始状态图可作出原始状态表，如表 5.2 所列。

表 5.2　例 5-1 的原始状态表

现态	次态/输出(S_i/ZE)	
	$X=0$	$X=1$
S_0	S_0/00	S_2/10
S_1	S_0/00	S_2/10
S_2	S_1/01	S_3/10
S_3	S_1/11	S_4/10
S_4	S_1/00	S_4/10

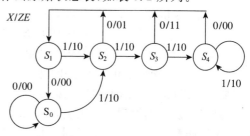

图 5.3　例 5-1 的原始状态图

步骤 3　原始状态化简。

在步骤 2 时，按事件的自然发展规律指定了 5 个状态。状态越多，记忆状态所需的触发器也就越多。状态化简就是把某些多余的或重复的状态加以合并，使状态的数目减少最少。观察表 5.2 中的两个现态 S_0 及 S_1，不难发现：

(1) 当输入为 $X=0$ 时，它们都转到次态 S_0，且都输出 $ZE=00$。

(2) 当输入为 $X=1$ 时，它们都转到次态 S_2，且都输出 $ZE=10$。

这说明 S_0 和 S_1 可以合并为一个状态，记为 S_1，于是得到化简后的状态图，如图 5.4 所示。对应的状态表如表 5.3 所列。通过化简使原来的 5 个状态减少了 1 个。

必须指出，仅凭一般观察很难全面、合理地完成状态化简，尤其是对于复杂的时序逻辑设计。这一问题将在后续章节中详细讨论。

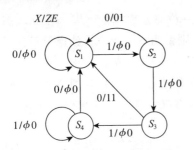

图 5.4 化简后的状态图

表 5.3 化简后的状态表

现态	次态/输出(S_i/ZE)	
	$X=0$	$X=1$
S_1	$S_1/\phi0$	$S_2/\phi0$
S_2	S_1/ 01	$S_3/\phi0$
S_3	S_1/ 11	$S_4/\phi0$
S_4	$S_1/\phi0$	$S_4/\phi0$

步骤 4 状态编码。

以上对各状态用符号进行了命名。状态是用触发器记忆的,因此应该用二进制代码表示各状态,以便能在触发器中存储。已知 n 个触发器能表示的状态数为 2^n 个,则用两个触发器恰好能表示 4 个状态。如果不化简,则存储原来的 5 个状态至少需要 3 个触发器。

两个触发器能存储 4 种代码:00,01,10,11,究竟哪个代码分配给哪个状态?这就是编码。编码方案不同,所设计电路的复杂程度也不同。这是一个值得研究的问题,将在后续章节中详细讨论,这里姑且采用如下方案:

$$S_1:00,\ S_2:01,\ S_3:10,\ S_4:11。$$

用编码代替状态名,得到编码后的状态表,如表 5.4 所列。

步骤 5 确定激励函数及输出方程。

要使状态按照既定的意图转移,必须为各触发器的激励端配置合适的激励逻辑电路。首先,要选择触发器的类型。原则上,选用任何类型的触发器都可达到设计目的,但触发器类型不同,激励函数的复杂程度也不同。究竟选用什么类型的触发器为好,目前尚无行之有效的理论方法。实际操作时一般基于经验进行。这里选用 J-K 触发器,时钟控制端为上升沿触发。

将状态代码记为 $y_2 y_1$,两个触发器的激励记为 J_2、K_2 和 J_1、K_1。激励函数要根据当前的输入 X 及现态 $y_2 y_1$,来驱动触发器转移到指定的次态。所以,J_2、K_2 及 J_1、K_1 均为 X、y_2、y_1 的函数。当然,X、Z 也是 X、y_2、y_1 的函数。这是一个多输入、多输出组合逻辑电路的设计问题,如图 5.5 所示。为了设计此组合逻辑,须列出其真值表,如表 5.5 所列。

表 5.4 编码后的状态表

现态	次态/输出 $y_2^{n+1} y_1^{n+1}$/ZE	
$y_2\ y_1$	$X=0$	$X=1$
0 0	00/$\phi0$	01/$\phi0$
0 1	00/ 01	10/$\phi0$
1 0	00/ 11	11/$\phi0$
1 1	00/$\phi0$	11/$\phi0$

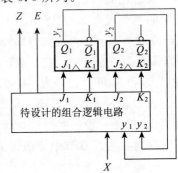

图 5.5 例 5-1 的逻辑结构

表 5.5 待设计的组合逻辑真值表

输入			y_2^{n+1}	y_1^{n+1}	输出					
X	y_2	y_1			J_2	K_2	J_1	K_1	Z	E
0	0	0	0	0	0	ϕ	0	ϕ	ϕ	0
0	0	1	0	0	0	ϕ	ϕ	1	0	1
0	1	0	0	0	ϕ	1	0	ϕ	1	1
0	1	1	0	0	ϕ	1	ϕ	1	ϕ	0
1	0	0	0	1	0	ϕ	1	ϕ	0	1
1	0	1	1	0	1	ϕ	ϕ	1	ϕ	0
1	1	0	1	1	ϕ	0	1	ϕ	ϕ	0
1	1	1	1	1	ϕ	0	ϕ	0	ϕ	0

表 5.6 J-K 触发器激励表

$Q \rightarrow Q^{n+1}$		J K	
0	0	0	ϕ
0	1	1	ϕ
1	0	ϕ	1
1	1	ϕ	0

下面讨论表 5.5 中的数据是如何推导出来的。对图 5.5 中的组合逻辑电路而言,X、y_2、y_1 是输入量,J_2、K_2、J_1、K_1 及 Z、E 是输出量。我们的目的是对 X、y_2、y_1 的各种组合值,按状态图的要求确定 J_2、K_2、J_1、K_1 的值;要想确定 J_2、K_2、J_1、K_1 的值,又须知道次态是什么,故在表 5.5 中列出了次态 $y_2^{n+1} y_1^{n+1}$ 一栏。此栏完全是为推导方便而列出的,在后面作卡诺时不会涉及此栏的值。下面以第一行为例,说明推导过程。为推导时方便起见,将 J-K 触发器的激励表列于表 5.6 中。

(1) 已知 $X = 0$,$y_2 y_1 = 00$,查状态表 5.4 知:$y_2^{n+1} y_1^{n+1} = 00$,$ZE = \phi 0$。将查表结果填入表中,见表 5.5 中的单波浪下划线。

(2) 对于触发器 2,已知现态 $y_2 = 0$,次态 $y_2^{n+1} = 0$,查 J-K 触发器的激励表(表 5.6)知,实现 $y_2 \rightarrow y_2^{n+1}$ 转移所需的 $J_2 K_2 = 0\phi$,将其填入表 5.5 中,见双波浪下划线。

(3) 对于触发器 1,已知现态 $y_1 = 0$,次态 $y_1^{n+1} = 0$,查 J-K 触发器的激励表(表 5.6)知,实现 $y_1 \rightarrow y_1^{n+1}$ 转移所需的 $J_1 K_1 = 0\phi$,将其填入表 5.5 中,见虚下划线。

其余各行照此办理。由表 5.5,分别作出各输出量的卡诺图,如图 5.6 所示。

由卡诺图化简得到激励函数和输出函数如下:

$J_2 = X y_1$ $K_2 = \overline{X}$

$J_1 = X$ $K_1 = \overline{y_2} + \overline{X} = \overline{y_2 X}$

$Z = y_2$ $E = \overline{X} \overline{y_2} y_1 + \overline{X} y_2 \overline{y_1} = \overline{X}(y_2 \oplus y_1)$

由此可画出调宽码的逻辑电路,如图 5.7 所示。

本节用一个简单的例子,介绍了时序逻辑设计的基本步骤和方法,同时也引出了许多需要进一步讨论的问题。如:采用 Moore 型还是 Mealy 型电路?如何化简状态?怎样合理分配状态编码?选择什么类型的触发器为好?由此看出,时序逻辑设计具有极大的灵活性。在

5.2~5.5节中,将围绕一个实例,就这些问题展开专门讨论。

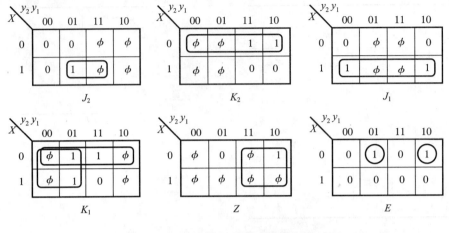

图 5.6　例 5-1 的卡诺图

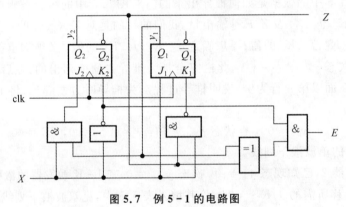

图 5.7　例 5-1 的电路图

5.2　建立原始状态图

原始状态图是根据问题的文字描述作出的状态图,是对设计要求的第一次抽象,是后续设计的重要依据。因此,把解决问题的整体部署和具体细节,无遗漏地反映在原始状态图中,是成功地实现设计的关键一步。

在建立原始状态图时主要考虑如下几点:

(1) 确定采用 Moore 型还是 Mealy 型电路。Moore 型电路的输出由状态量决定,记忆历史输入需要状态量,产生输出也需要状态量参与,故一般情况下,Moore 型电路需要的状态数比 Mealy 型的多。但 Moore 型电路的设计较简单,如果输出可由状态编码完全确定、或状态编码本身就是希望的输出(如计数器),则可采用 Moore 型电路;如果求输出量时,有输入量参与运算较简便,则可采用 Mealy 型电路。必须指出,很多时序逻辑既可采用 Moore 型、又可采用 Mealy 型电路设计,但设计结果的复杂程度不同。

(2) 找准第一个状态。一般地,解决问题的步骤具有局部循环或重复性。找到循环的入口,此时的状态可作为第一个状态。

(3) 将第一个状态作为切入点,逐步扩充新状态。注意,所扩充的状态是现有状态不能表示的状态。如果一时不能肯定,宁愿扩充也不要造成遗漏。这是因为即使该状态是重复的,在状态化简时也会得以合并。

(4) 边扩充新状态边确定状态的转移及输入、输出。注意,如果输入有 n 个,则从任一状态出发、指向其他状态的转移线一般有 2^n 条。当然,可能存在几个不同的输入组合值共用一条转移线到达另一状态,但必须明确标明,否则原始状态表中将会缺少数据项。

例 5-2 设计一个 4 位串行二进制码奇偶检测器。

解:数据的传输方式有并行传输与串行传输。并行传输即通过一组导线同时传输数据的各个二进制位,速度快,但线路成本高,适用于近距离传输。串行传输则是逐位传输数据,速度较慢,但因传输导线少而成本低,适用于远距离传输。

本例传输的数据为 4 位二进制码,即每 4 个二进制位为一组,以串行方式输入检测电路。图 5.8 所示为输入数据的格式,同步时钟 clk 的上升沿与每一位数据 x 的中点对齐,检测电路在 clk 的上升沿采集 x。每当一组数据的最后一位到达后,即判断组中含有多少个 1。含有偶数个 1 时电路的输出 $z=1$,否则 $z=0$。图 5.9 为电路的框架。

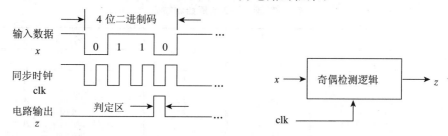

图 5.8　串行数据格式　　　　图 5.9　奇偶检测电路的框架

由上述关于电路选型的依据知本例应采用 Mealy 型电路。原始状态图的建立过程如下:

以等待一组数据的首位到来为第一个状态 A。当收到首位数据为 0 时,转到状态 B 并输出 0;若首位数据为 1,则转到状态 C 并输出 0,于是扩充了两个新状态 B 和 C。在 B 和 C 状态下,输入数据均可能是 0 或 1,故由 B 状态可扩充 D 和 E 状态,由 C 状态可扩充 F 和 G 状态。照此,一共得到 16 个状态。其中 $H \sim O$ 状态在收到第四位数据输入后,就能判断应输出 $z=0$ 还是 $z=1$,并且都转到 A 状态,等待检测下一组数据。原始状态图如图 5.10 所示。

如果采用 Moore 型电路,则原始状态图将如图 5.11 所示。因为输出仅由状态量决定,所以图 5.11 中缺少一个输出 $z=1$ 的状态,而需要增加一个状态 P,用于输出 $z=1$。由此可见,本例若采用 Moore 型电路,则需要的状态数比 Mealy 型的多。

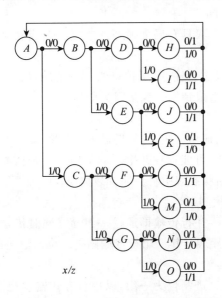

图 5.10　例 5-2 的 Mealy 型原始状态图

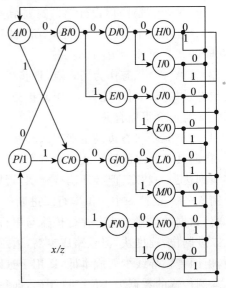

图 5.11　例 5-2 的 Moore 型原始状态图

由 Mealy 型原始状态图作出原始状态表,如表 5.7 所列。

表 5.7　例 5-2 的原始状态表

现 态	次态/输出		现 态	次态/输出	
	$x=0$	$x=1$		$x=0$	$x=1$
A	B/0	C/0	I	A/0	A/1
B	D/0	E/0	J	A/0	A/1
C	F/0	G/0	K	A/1	A/0
D	H/0	I/0	L	A/0	A/1
E	J/0	K/0	M	A/1	A/0
F	L/0	M/0	N	A/1	A/0
G	N/0	O/0	O	A/0	A/1
H	A/1	A/0			

5.3　状态化简

原始状态图往往带有主观性,与设计者的经验有很大的关系。状态化简是设计的重要步骤。现有多种化简方法,在介绍之前先讨论化简的基本原理。

5.3.1 状态化简的基本原理

情形 1 次态相同。

若有状态 S_i 和 S_j,在相同的输入下,都转到同一个次态,并且产生相同的输出,则 S_i 和 S_j 可以合并,称 S_i 和 S_j 为等效对,记为 (S_i, S_j)。这一情形如图 5.12 所示,将合并后的状态记为 S_i。图 5.12(a) 中 S_m、S_n 为次态;图 5.12(b) 中 S_m 为一个次态,另一个次态即 S_i。表 5.7 中存在着大量的等效对,例如 (H, K)、(I, J)、(J, L)、(K, M) 等,在后一小节中再详细讨论对它们的合并。

这里必须说明两点:次态可以是与现态相同的状态;欲考察两个状态是否为等效对,必须考察每个状态下的所有输入值,如果电路的输入量有 n 个,则输入值有 2^n 种。并且要考察各状态在相同的输入值下,是否都产生相同的输出并且都转到同一个次态。下面的讨论中,除特别说明外均默认如此。

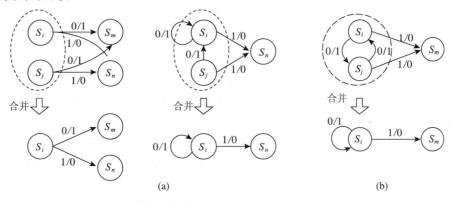

图 5.12 情形 1 举例

情形 2 次态交错。

若 S_i 和 S_j 在某些输入值下互为次态且输出相同,但在其他输入值下满足情形 1,则 S_i 和 S_j 为等效对,可以合并。

如图 5.13 所示,当输入为 0 时,S_i 和 S_j 互为次态且输出都为 1;当输入为 1 时,S_i 和 S_j 都转到 S_m 态且输出都为 0。因此,S_i 和 S_j 为等效对,可将其合并为一个状态,记为 S_i。

情形 3 状态对封闭链。

若有几对状态,对于每一对状态而言,在相同的输入下,能产生相同的输出但到达的次态不同。然而它们构成所谓"状态对封闭链",则这些状态对均为等效对。

如图 5.14 上部原始状态图,S_i 和 S_j、S_q 和 S_p、S_m 和 S_n 均为等效对。说明如下:

对于 S_i 和 S_j,在输入为 0 时都转到 S_i 状态且都输出 0;在输入为 1 时,尽管输出相同(都为 1),但分别转到不同的状态 S_q 和 S_p。如果 S_q 和 S_p 为可以合并,则 S_i 和 S_j 就为等效对。为此,须考察 S_q 和 S_p。

对于 S_q 和 S_p,在输入为 1 时次态交错且都输出 0;在输入为 0 时,尽管输出相同(都为 0),但分别转到不同的状态 S_m 和 S_n。如果 S_m 和 S_n 可以合并,则 S_q 和 S_p 就为等效对。

为此,又须考察 S_m 和 S_n。

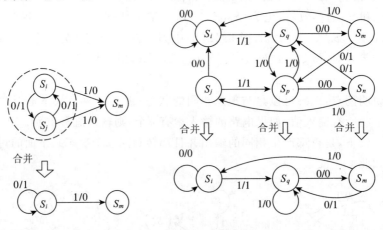

图 5.13　情形 2 举例　　　　图 5.14　情形 3 举例

对于 S_m 和 S_n,在输入为 0 时次态分别为上述需要考察的 S_q 和 S_p,且都输出 1;在输入为 1 时,次态也分别为上述需要考察的 S_i 和 S_j。

综上所述可知,如果 S_i 和 S_j 为可以合并,则 S_m 和 S_n 就能合并;如果 S_m 和 S_n 可以合并,则 S_q 和 S_p 就能合并;如果 S_q 和 S_p 可以合并,则 S_i 和 S_j 就能合并。这种相互依从的关系称为状态对封闭链。

状态对封闭链中的每一对状态都是可以合并的。这是因为:对于链中的任一对状态,例如 S_q 和 S_p,任给一个输入序列,分别从 S_q 和 S_p 出发,产生的输出系列必然相同。例如,给定输入系列 01101001,从 S_q 出发产生的输出系列为 00100001;从 S_p 出发产生的输出系列也为 00100001。图 5.14 中下部的状态图是化简结果。

5.3.2　完全定义状态化简方法

所谓完全定义状态图(或状态表)是指对于所涉及的任一状态,都明确定义了对全部输入值的具体次态响应。以上的讨论仅限于完全定义的状态图(或状态表)。

实际中,存在不完全定义的状态图(或状态表)。所谓不完全定义是指所涉及的状态中,有些状态对于某些输入值的次态响应不需要给出定义或为任意,即次态为任意态 ϕ。

完全定义和不完全定义状态图(或状态表)的化简方法不同。本小节仅讨论完全定义的状态图(或状态表)的化简。

1. 有关定义

首先，给出几个涉及化简的定义：

等效对 若两个状态 S_i 和 S_j，对于所有可能的输入序列，分别从 S_i 和 S_j 出发，产生的输出系列相同，则称 S_i 与 S_j 等效；称 S_i 和 S_j 为等效状态对，简称等效对，记为 (S_i, S_j)。所谓"所有可能的输入序列"是指序列的长度及值的组合任意。这样的序列有无穷多个，要想以此检测等效对是不现实的，而应采用 5.3.1 小节所述的方法。

等效对的传递性 若状态 S_i 和 S_j 为等效对，状态 S_j 和 S_m 为等效对，则 S_i 和 S_m 也为等效对，称为等效对的传递性，记为 $(S_i, S_j), (S_j, S_m) \rightarrow (S_i, S_m)$。

等效类 若一个状态集合中的任何两个状态都互为等效，则称该状态集合为等效类。例如，若有 $(S_i, S_j), (S_j, S_m) \rightarrow (S_i, S_m)$，则 $\{S_i, S_j, S_m\}$ 为等效类。

注意，只含有一个状态的集合也是等效类。

最大等效类 将状态图（或状态表）中的全部状态划分为若干个等效类，若某个等效类中的状态不能与其他等效类中的状态构成等效对，则这个等效类称为最大等效类。最大等效类与其他等效类的交集为空集合。

由以上定义可知，最大等效类中的状态可以合并为一个状态。因此，状态化简的过程就是将全部状态划分为若干个最大等效类的过程。

2. 隐含表化简法

从原始状态表或状态图上直接寻找状态对，对于 5.3.1 小节中的情形 1 较容易，但对于情形 2 和情形 3 则较困难。用隐含表化简法则能全面找出状态对，进而确定全部最大等效类。现在回到例 5-2，继续完成状态的化简。以表 5.7 为例，具体介绍隐含表化简法。

隐含表是如图 5.15 所示的三角形框架表格。在各行的左边依上下次序标上状态名称，从第二个状态开始直到最后一个状态；各列的下边依左右次序标上状态名称，从第一个状态开始直到倒数第二个状态。每一格代表其所在行、列的状态。这种格式能使所有状态彼此配对而又不重复，因而不会遗漏可能存在的等效对。

化简步骤分以下 3 步进行：

(1) 判断各格代表的状态是否为等效对。例如：

① 状态 A 与 O，当 $x=0$ 时都输出 0，但当 $x=1$ 时输出不同，因此断定 A 与 O 不是等效对，在对应格中填入"×"。

② 状态 I 与 O，当 $x=0$ 时都输出 0 且都转倒 A 状态，当 $x=1$ 时都输出 1 且都转到 A 状态，因此断定 I 与 O 是等效对，在对应格中填入"√"。

③ 状态 A 与 B，当 $x=0$ 都输出 0，但分别转到 B、D，当 $x=1$ 都输出 0，但分别转到 C、E。由此可见，A 与 B 能否等效，要看 B 与 D 能否等效且 C 与 E 能否等效。因此在代表 BA 的格中同时填入"BD"和"CE"，表示暂时未决。

	A	B	C	D	E	F	G	H	I	J	K	L	M	N
B	BD/CE													
C	BE/CG	DE/EG												
D	BH/CI	DH/EI	FH/GI											
E	BJ/CK	DJ/EK	FJ/GK	HJ/IK										
F	BL/CM	DL/EM	FL/GM	HL/IM	JL/KM									
G	BN/CO	DN/EO	FN/GO	HN/IO	JN/KO	LN/MO								
H	×	×	×	×	×	×	×							
I	×	×	×	×	×	×	×	×						
J	×	×	×	×	×	×	×	×	√					
K	×	×	×	×	×	×	√	×	×					
L	×	×	×	×	×	×	√	√	×					
M	×	×	×	×	×	×	√	√	√	×				
N	×	×	×	×	×	×	×	×	×	×	√			
O	×	×	×	×	×	×	√	√	√	×	×			

图 5.15　例 5-2 的隐含表

以此类推，完成全部格的填写。

(2) 审查未决格中记录的状态对，只要有一对可断定为非等效对，则该格代表的状态就不是等效对，将其划上"／"线以示否定。例如：

① 代表 GF 的格，该格中记录了 LN、MO 两个状态对。先看 LN，代表 LN 的格中为"×"，因此立即判定 GF 不是等效对，将对应格划上"／"线。判断流程示意如下：

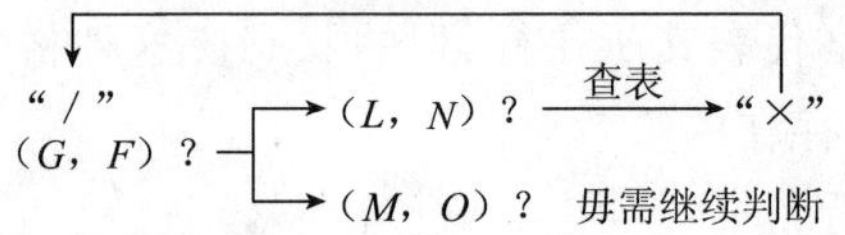

$$\text{"／"}(G,F)? \to \begin{cases} (L,N)? \xrightarrow{\text{查表}} \text{"×"} \\ (M,O)? \quad \text{毋需继续判断} \end{cases}$$

② 代表 BA 的格，该格中记录了 BD、CE 两个状态对。先看 BD，代表 BD 的格中又记录了 DH、EI 两个状态。先看 DH，代表 DH 的格中为"×"。因此判定 BD 不是等效对，由此又判定 BA 不是等效对。判断流程示意如下：

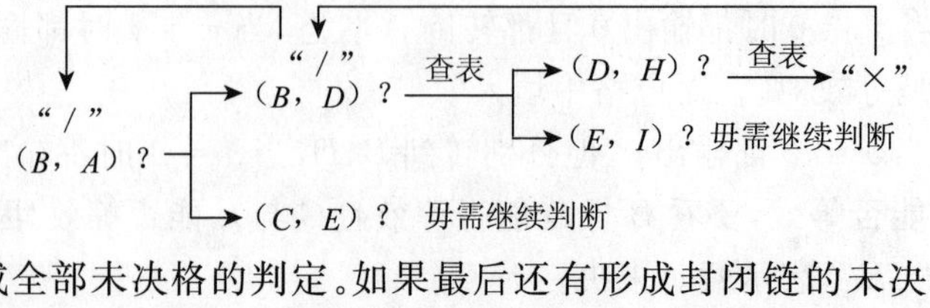

$$\text{"／"}(B,A)? \to \begin{cases} \text{"／"}(B,D)? \to \begin{cases}(D,H)? \xrightarrow{\text{查表}} \text{"×"} \\ (E,I)? \quad \text{毋需继续判断}\end{cases} \\ (C,E)? \quad \text{毋需继续判断} \end{cases}$$

以此类推，完成全部未决格的判定。如果最后还有形成封闭链的未决格，则这些格代表的状态都是等效对，在这些格中标上"√"。

（3）求最大等效类。用等效对的传递性容易证明：在同一列上的"√"格及这些"√"格所在的行上的"√"格涉及的状态构成一个最大等效类。观察图 5.15，可以看出：

① H 列、M 行及 N 行上的所有"√"格涉及的状态构成最大等效类：
$$Q_1 = \{H, M, N, K\};$$

② I 列、O 行、L 行及 J 行上的"√"格涉及的所有状态构成最大等效类：
$$Q_2 = \{I, O, L, J\};$$

③ (D, G)、(E, F) 分别构成最大等效类：
$$Q_3 = \{D, G\};\ Q_4 = \{E, F\};$$

Q_1、Q_2 中未涉及的状态与其他状态不能构成等效对，它们各自构成最大等效类。

将 Q_1 中的状态合并为一个状态，记为 H；将 Q_2 中的状态合并为一个状态，记为 I。Q_3 合并记为 D，Q_4 合并记为 E，于是得到最小化状态表，如表 5.8 所列。所需状态数由原来的 15 个减少到 7 个。对应的最小化状态图如图 5.16 所示。

表 5.8　例 5-2 的最小化状态表

现态	次态/输出	
	$x=0$	$x=1$
A	B/0	C/0
B	D/0	E/0
C	E/0	D/0
D	H/0	I/0
E	I/0	H/0
H	A/1	A/0
I	A/0	A/1

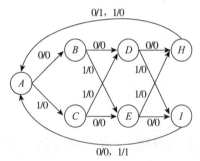

图 5.16　最小化状态图

5.4　状态编码

状态编码就是用二进制代码表示各状态，从而实现用一组触发器来存储状态。为此需要研究：编码的长度（即二进制代码的位数）取多少合适，以确定要使用多少个触发器；把哪一个代码指派给哪一个状态，能使输出函数最简单。后者是一个十分复杂的问题，尤其是当状态数目较多时，可用的分配方案数量极大。企图将每种方案一一实现，再从中选择最佳结果，是不现实的。而且，分配方案的好坏还与触发器类型的选择相关。在理论上，状态分配问题至今尚未很好解决，下面将介绍一种基于经验的状态分配方法——相邻编码法。

5.4.1 确定存储状态所需的触发器个数

设简化后的状态表共含有 n 个状态,希望能用尽可能短的编码长度代表这些状态,使所需触发器的个数 m 最少。则 n 与 m 应满足:

$$2^m \geqslant n \geqslant 2^{m-1}, \text{或} \ m = \lceil \log_2 n \rceil \tag{5-1}$$

式中,$\lceil \log_2 n \rceil$ 表示求不小于 $\log_2 n$ 的最小整数。

继续求解例 5-2。表 5.9 中共有 7 个状态,由式(5-1)求得所需触发器的个数 $m=3$。故状态代码为 3 位,将其记为 $y_3 y_2 y_1$。

表 5.9 例 5-2 的最小化状态表

现态	次态/输出	
	$x=0$	$x=1$
A	B/0	C/0
B	D/0	E/0
C	E/0	D/0
D	H/0	I/0
E	I/0	H/0
H	A/1	A/0
I	A/0	A/1

5.4.2 用相邻编码法实现状态编码

时序电路的输出是输入变量和状态变量的函数,对于例 5-2 有:$z = f(x, y_3, y_2, y_1)$。这说明,选择合适的状态分配方案是简化输出函数的一条途径。

一个状态,给予的代码不同,在卡诺图中对应的位置也不同。如图 5.17 所示,如果将代码 001 指派给状态 A,则对应的位置为 A';如果将代码 101 指派给状态 A,则对应的位置为 A''。这说明,通过指派代码使得各状态在卡诺图中形成合理的分布,获得尽可能大的卡诺圈,就能达到简化输出函数的目的。这就是相邻编码法的依据。

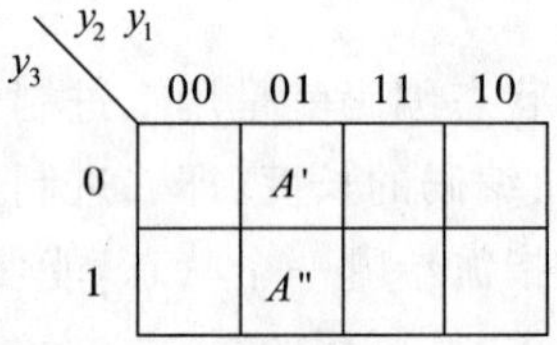

所谓相邻编码就是为两个状态指派的二进制代码只有一位不同。在卡诺图上表现为两个状态左右或上下相邻。例如,上述代码 001 与 101 仅最高位不同,在图 5.17 中的位置 A' 与 A'' 即为上下相邻。相邻编码法的规则如下:

规则 1 输入相同且次态相同的现态应为相邻编码。

观察表 5.9,H 和 I 符合规则 1,应取相邻编码。

规则 2 同一现态的次态应为相邻编码。

图 5.17 代码指派与位置示意

观察表 5.9,状态 B 和 C,D 和 E,H 和 I,应分别取相邻编码。

规则 3 输入不同但输出相同的现态应为相邻编码。

观察表 5.9,状态 $A \sim E$ 应分别取相邻编码。

综合上述可以发现,有些状态同时满足几条规则。此时应按"规则 1→规则 2→规则 3"的优先顺序处理。图 5.18 是对表 5.8 按上述规则进行操作的结果。其中状态 A 作为初始态,配以代码 000。在系统上电时(即开始接通电源的时刻)一般都将所有的触发器清零,故系统上电后电路即处于 A 态,等待输入。编码后的状态表如表 5.10 所列。

表 5.10 表 5.9 编码后的状态表

现态	次态/输出	
$y_3 y_2 y_1$	$x=0$	$x=1$
000	001 /0	011 /0
001	100 /0	101 /0
011	101 /0	100 /0
100	010 /0	110 /0
101	110 /0	010 /0
010	000 /1	000 /0
110	000 /0	000 /1

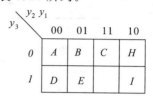

图 5.18 表 5.8 的状态分配

5.5 确定激励函数及输出方程

5.5.1 选定触发器类型

激励函数的任务是根据电路的现态和当前输入,驱动触发器转移到指定的次态。触发器类型不同,所需激励函数也不同。因此,在确定激励函数之前,应选定触发器的类型。

在触发器的选型上,常基于经验进行。对于数据锁存、移位类时序逻辑电路,宜选用 D 触发器;对于计数类时序逻辑电路,宜选用 T 触发器;当无明显规律时,则可选用 J-K 触发器。也可以同时选用几种类型的触发器。但情况并非总是如此,设计者应以激励函数最简单为目标。D 触发器只有一个激励端,这意味着只需要一个激励函数便可驱动翻转,可作为优选对象。J-K 触发器虽有两个激励端,但其功能丰富,不失为一种可取的选择。

现在为例 5-2 选择触发器。电路需要存储 4 位串行数据,最终作出判断,在性质上属数据锁存、移位类逻辑,不妨选用 D 触发器。对应于 $y_3 y_2 y_1$,各触发器的激励端记为 $D_3 D_2 D_1$。

5.5.2 求激励函数及输出函数

各激励函数和输出函数都是组合逻辑问题,其输入为串行数据 x 和电路的现态 $y_3 y_2 y_1$,

输出为各激励量 $D_3D_2D_1$ 和判断结果 z。因需要根据现态和次态来确定激励量,故在列真值表时将次态作为索引的中间量列入表中,如表 5.11 所列。由 D 触发器的激励方程 $D=Q^{n+1}$ 可知,$D_3D_2D_1 = y_3^{n+1}y_2^{n+1}y_1^{n+1}$,因此很容易列出各输出量。

在编码时,多余的代码"111"未指派具体状态。如果电路能按照状态转换图工作,就不会进入这一状态。即"111"代表的状态为无关状态,故表 5.11 中将其对应的输出以任意项 ϕ 列出,已期达到简化激励函数的目的。

表 5.11 例 5-2 的真值表

输入				中间量			输出			
x	y_3	y_2	y_1	y_3^{n+1}	y_2^{n+1}	y_1^{n+1}	z	D_3	D_2	D_1
0	0	0	0	0	0	1	0	0	0	1
0	0	0	1	1	0	0	0	1	0	0
0	0	1	1	1	0	1	0	1	0	1
0	1	0	0	0	1	0	0	0	1	0
0	1	0	1	1	1	0	0	1	1	0
0	0	1	0	0	0	0	1	0	0	0
0	1	1	0	0	0	0	0	0	0	0
1	0	0	0	0	1	1	0	0	1	1
1	0	0	1	1	0	1	0	1	0	1
1	0	1	1	1	0	0	0	1	0	0
1	1	0	0	1	1	0	0	1	1	0
1	1	0	1	1	0	0	0	1	0	0
1	0	1	0	0	0	0	1	0	0	0
1	1	1	0	0	0	0	1	0	0	0
0	1	1	1	—	—	—	ϕ	ϕ	ϕ	ϕ
1	1	1	1	—	—	—	ϕ	ϕ	ϕ	ϕ

由表 5.11 可以看出,输出量 z 的最小项很少,故直接求出其函数较简单:

$$z = \bar{x}\,\bar{y}_3 y_2 \bar{y}_1 + x\,y_3 y_2 \bar{y}_1 = \overline{\overline{\bar{x}\,\bar{y}_3 y_2 \bar{y}_1}\,\overline{x y_3 y_2 \bar{y}_1}} \tag{5-2}$$

作出各激励量的卡诺图并化简,如图 5.19 所示。显然,图 5.19 中不存在相切的卡诺圈,即无产生险象的因素。由此得到:

$$\left.\begin{array}{l} D_3 = x\,y_3 \bar{y}_2 \bar{y}_1 + \bar{x} y_1 + \bar{y}_3 y_1 = \overline{\overline{x\,y_3 \bar{y}_2 \bar{y}_1}\,\overline{\bar{x}\,y_1}\,\overline{\bar{y}_3 y_1}} \\ D_2 = x\,\bar{y}_2 \bar{y}_1 + y_3 \bar{y}_2 = \overline{\overline{x\,\bar{y}_2 \bar{y}_1}\,\overline{y_3 \bar{y}_2}} \\ D_1 = \bar{y}_3 \bar{y}_2 \bar{y}_1 + x\,\bar{y}_3 \bar{y}_2 + \bar{x}\,y_2 y_1 = \overline{\overline{\bar{y}_3 \bar{y}_2 \bar{y}_1}\,\overline{x\,\bar{y}_3 \bar{y}_2}\,\overline{\bar{x}\,y_2 y_1}} \end{array}\right\} \tag{5-3}$$

由式(5-2)和式(5-3)画出电路图,如图 5.20 所示。

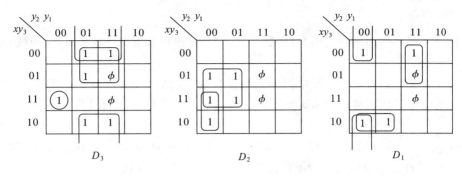

图 5.19　例 5-2 的卡诺图

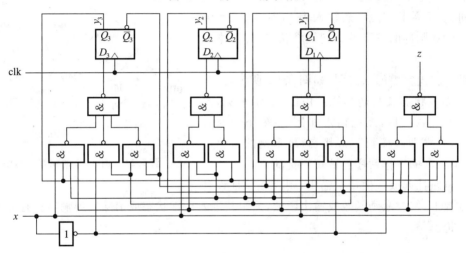

图 5.20　例 5-2 的电路图

5.5.3　电路的"挂起"及恢复问题

上面假设电路能按照状态转换图工作,不会进入无关状态"111",但这只是一种理想的情况。实际运行中,电路可能受到外界的强电磁干扰,使触发器产生误翻转而进入这种所谓的"无关状态"。未分配的编码越多,进入无关状态的可能性越大。由此产生的后果有如下几种情形:

(1) 进入无关状态后,无论什么输入都不能使电路回到正常状态,即在无效状态间形成无限循环,称这种情况为"挂起"。显然,电路挂起后将丧失全部功能。

(2) 进入无关状态后,再经过若干时钟周期能自动恢复到正常状态,但中途产生错误输出,进而使后续电路执行错误动作。

(3) 进入无关状态后,再经过若干时钟周期能自动恢复到正常状态,且不产生错误的输出。

上述 3 种情形中,前两种是不允许发生的。后一种情形虽危害性较小,但希望恢复速度越快越好。

要解决这一问题,首先要判断电路中是否存在这一问题。在例 5-2 的真值表(表 5.10)中,为 ϕ 值的输出量现在可以具体确定了。由式(5-2)及式(5-3)可计算出各输出量 ϕ 的具体值:

当 $xy_3y_2y_1=0111$ 时,计算得 $zD_3D_2D_1=0101$。即一旦进入"无关状态"后,若输入为 0,则输出 $z=0$,并在下一时钟脉冲的下降沿转到 101 状态(即正常状态 E)。

当 $xy_3y_2y_1=1111$ 时,计算得 $zD_3D_2D_1=0000$。即一旦进入"无关状态"后,若输入为 1,则输出 $z=0$,并在下一时钟脉冲的下降沿转到 000 状态(即正常状态 A)。

由此可作出完整的状态图,如图 5.21 所示,图中虚线表示无关状态及其转移线。由图 5.21 可见,当电路进入无关状态后,无论输入如何,只要下一时钟脉冲到达,就立即转移到正常状态,故本例的电路不会挂起,但正常的工作秩序已被短暂扰乱。

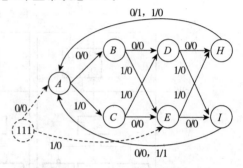

图 5.21 例 5-2 的完整状态图

如果电路挂起或产生错误输出,则应在保证设计功能的前提下,修改激励函数或输出函数,强制其进入正常状态或消除错误输出。有关方法将在后文讨论。

5.6 脉冲异步时序电路的设计方法

脉冲异步时序电路的设计步骤基本上与同步时序电路的设计步骤一样。虽然在电路结构上,两者均由存储元件和相应的组合逻辑组成,但工作方式上却存在较大的差异。因此,在设计方法上有所不同,设计时需作下列补充考虑:

(1) 输入信号及触发器的时钟信号取值为:0——无脉冲;1——有脉冲。

(2) 采用简化的状态表和状态图。

(3) 在确定控制函数时,不仅要确定各触发器的控制输入信号,而且还需确定各触发器的时钟信号。时钟信号应是现态及输入的函数。各触发器的输入控制信号应尽量使其仅为现态的函数,以使其具有能保证电路正常工作所需的建立和保持时间。为此,必须控制输入脉冲传至各触发器的数据端和时钟的时间差,避免出现"竞争"现象。

(4) 状态不变时(状态由 0→0,或 1→1),令 CP=0,这样,触发器的数据端变量就可认为是无关最小项,这有利于函数的化简。

下面以一个简单的示例,引入脉冲异步时序逻辑电路设计的基本步骤和方法。

例 5-3 采用 T 触发器,设计一个脉冲异步型模 5 计数器。

步骤 1　分析题意,构建电路框架。

计数器的任务是累计输入脉冲信号到来的个数。这里,规定脉冲的上升沿到来时有效。因此在选择触发器时,选用上升沿触发型的较为有利。输出就是计数值,故电路有 4 个输出端 $y_2 y_1 y_0$、z。其中 z 为进位输出脉冲,规定上升沿为有进位产生。仅有一个输入端 x,不需要时钟输入端。电路框架如图 5.22 所示。

步骤 2　作原始状态图。

模 5 计数器有 5 个状态。对于计数器类电路,顺其自然,电路的状态及编码直接引用计数值。状态图如图 5.23 所示,图中"↑"表示信号的上升沿。

步骤 3　列出激励函数、时钟函数和输出函数的参考真值表。

5 个状态需要 3 个触发器,对于计数类逻辑,选用 T 触发器较方便,这里选用上升沿触发型的。根据状态图,列出激励函数、时钟函数和输出函数的参考真值表,如表 5.12 所列。之所以称为参考真值表,是因为在实际求解时钟与激励函数时,可能会作必要修改。

图 5.22　例 5-3 的电路框架

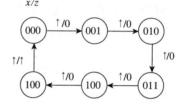

图 5.23　例 5-3 的状态图

表 5.12　例 5-3 的参考真值表

| 输入 | 现态 | | | 次态 | | | 时钟与激励 | | | | | | 输出 |
x	y_2	y_1	y_0	y_2^{n+1}	y_1^{n+1}	y_0^{n+1}	C_2	T_2	C_1	T_1	C_0	T_0	Z
↑	0	0	0	0	0	1	0	φ	0	φ	↑	1	0
↑	0	0	1	0	1	0	0	φ	↑	1	↑	1	0
↑	0	1	0	0	1	1	0	φ	0	φ	↑	1	0
↑	0	1	1	1	0	0	↑	1	↑	1	↑	1	0
↑	1	0	0	0	0	0	↑	1	0	φ	0	φ	↑

表 5.12 中,C_2、C_1、C_0 分别表示触发器 T_2、T_1、T_0 的时钟输入端。与同步时序逻辑不同的是,在异步时序逻辑中,各触发器的时钟信号也是**求解对象**,故需要将其列入状态表中,以便求出其表达式。显然,这使得要求解的信号个数增加。但同时也增加了求解电路的途径,使设计变得更加灵活。因为触发器的激励函数与现态和次态有关,故表中也列出了次态 $y_2^{n+1} y_1^{n+1} y_0^{n+1}$,以便通过现态和次态索引激励值。

下面考察表 5.12 中的时钟与激励值是如何推导出来的。观察表 5.12 中的第一行。现态为 000，当 $x=$ "↑" 时，要求转移到次态 001。要实现这种转移，就必须为各触发器配置相应的时钟信号与激励信号。其中，时钟信号为上升沿有效。现分别说明如下：

(1) C_2、T_2：根据 T 触发器的特性，要使 y_2^{n+1} 保持现态 $y_2 = 0$，有两种可行的途径，① 不让 C_2 出现 "↑"，T_2 可任意，即 $T_2 = \phi$。表中即为这种情况；② 让 C_2 出现 "↑"，但必须令 $T_2 = 0$。究竟选用①还是②呢？通常，选用①更符合异步时序逻辑的设计思想，因为异步时序逻辑就是希望通过控制各触发器的时钟有无来达到简化电路的目的。但在某些情况下，控制时钟有困难，因而不得不选用②。

(2) C_1、T_1 和(1)同理，可选途径有：① $C_1 = 0$，$T_1 = \phi$；② $C_1 = $ "↑"，$T_1 = 0$。

(3) C_0、T_0：要使现态 $y_0 = 0$ 翻转到 $y_0^{n+1} = 1$，只有一种途径，即 $C_0 = $ "↑"，$T_0 = 1$。

以此类推，完成其他各行的推导。

步骤 4 求激励函数、时钟函数和输出函数。

在脉冲异步时序逻辑中，找到各触发器所需的时钟驱动源是求解问题的关键。虽然表 5.12 中已列出了所需的时钟形式，但往往难以找到与之配套的信号源。困难的原因在于，时钟都是**脉冲型**的，在确定驱动源时必须遵守如下原则：

① 最好不要用几个信号源组合来形成时钟。理论上严格对齐的几个跳变沿，实际上是有时间差的，拼合产生的"毛刺"将导致触发器被误触发。因此，时钟应由单一信号源提供。

② 必须注意触发的因果关系。不能把某一时钟引发的跳变又误当作这一时钟源。例如，本触发器的输出跳变不能作为自己的时钟源。

当难以找到符合上述原则的时钟源时，我们可以修改有关时钟以适应现有信号源，再为修改后的时钟配置合适的激励值。因为前面已提及，时钟和激励的搭配方案不止一种。

提供时钟的信号源不一定是输入量 x，可以利用状态变量改变时产生的跳变形成。为此，有必要在真值表中增加"状态变化"栏，以便考察状态量变化时产生的跳变情况，如表 5.13 所列。

表 5.13 例 5-3 的状态表

输入	现态			次态			状态变化			时钟激励						输出
x	y_2	y_1	y_0	y_2^{n+1}	y_1^{n+1}	y_0^{n+1}	y_2	y_1	y_0	C_2	T_2	C_1	T_1	C_0	T_0	Z
↑	0	0	0	0	0	1	0	0	↑	↑ 0		0	φ	↑	1	0
↑	0	0	1	0	1	0	0	↑	↓	↑ 0		↑	1	↑	1	0
↑	0	1	0	0	1	1	0	0	↑	↑ 0		φ	0	↑	1	0
↑	0	1	1	1	0	0	0	↓	↓	↑	1	↑	1	↑	1	0
↑	1	0	0				↓	0	0	↑	1	0	φ	↑ 0		0

表 5.13 中，$\dot{y}_2 \dot{y}_1 \dot{y}_0$ 表示状态的变化，例如第 1 行，现态 $y_0 = 0$，次态 $y_0^{n+1} = 1$，则从现态过渡到次态将产生一个上跳，即 $\dot{y}_0 = $ "↑"。表中用"↓"表示下跳。状态不变时用 0 或 1 表示。

现在，为各时钟寻找信号源。先看 C_0，如果将 x 作为 C_0 的信号源，则最后一行（现态为 100 的行）与 x 不一致。为此，修改 C_0 在该行的值，将 0 改为"↑"，使其与 x 完全一致；再将对应的 T_0 改为 0（见表中的方框圈），于是有：

$$C_0 = x \tag{5-4}$$

再看 C_1。如果将 $\dot{y}_0$ 反相，则正好能提供给 C_1 作信号源。因为反相后的"↑"与 C_1 一致，而反相后的"↓"不会使 T_1 翻转。于是有：

$$C_1 = \bar{y}_0 \tag{5-5}$$

对于 C_2，采用与 C_0 类似的方法处理，结果有：

$$C_2 = x \tag{5-6}$$

下面求激励函数。激励函数是电平型的，在相关时钟跳变之前，必须为各触发器的激励端准备好到达指定的次态所需的激励量，以等待相关时钟跳变时向次态翻转。所以，应借助现态 $y_2 y_1 y_0$ 来产生激励函数。即：

$$T_i = T_i(y_2, y_1, y_0), \quad i = 0, 1, 2, 3 \tag{5-7}$$

由表 5.13 作卡诺图，如图 5.24 所示。表 5.13 中未列出的状态，作为无关态对待。则有：

$$T_2 = y_2 + y_1 y_0, \quad T_1 = 1, \quad T_0 = \bar{y}_2 \tag{5-8}$$

T_2 的表达式较复杂，若将 T_2 改为 D 触发器，则可进一步简化电路，于是：

$$D_2 = y_1 y_0 \tag{5-9}$$

由表 5.13 知，输出量 Z 为：

$$Z = \bar{y}_2 \tag{5-10}$$

步骤 4 画出电路并仿真。

由式(5-4)～式(5-10)，画出最终电路图，如图 5.25 所示。

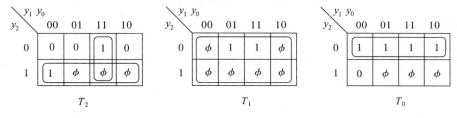

图 5.24 各激励函数的卡诺图

异步时序逻辑虽然可能得到比较简单的电路，但工作速度要比同步时序逻辑低。由于各触发器的时钟来自不同的途径，到达的时刻滞后于输入信号的长短不尽相同，整个电路完成一次状态转移花费时间必然要比同步时序逻辑的长；在状态转移的过程中，各状态变量的改变有先有后，在未达到稳定之前，会出现短暂的过渡状态值或输出值，这是不希望的，使用中必须加以注意。

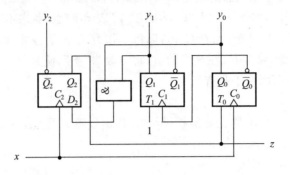

图 5.25 例 5-3 的电路图

5.7 时序逻辑设计举例

本节以几个常用的逻辑问题为例,进一步讨论时序逻辑电路的设计,并引出设计与实现中的若干具体问题及其处理方法与技巧。

5.7.1 序列检测器设计

序列检测器的功能是在串行传输的数据序列中找到特定的子序列。这一功能通常用于串行数据的定位。例如,在如下数据序列中寻找子序列"110",如找到,则输出高电平脉冲:

数据序列: ··· 0<u>110</u>0010<u>1111</u>010010 ···
输出序列: ··· 0001000000000100000 ···

数据序列中带下划线的数为"110"序列。

例 5-4 设计一个"111"序列检测器,当连续收到 3 个(或 3 个以上)"1"后,电路输出 $Z=1$;否则,输出 $Z=0$。

解:步骤 1 分析题意,构建电路框架。

按上述文字命题,序列检测器框图如图 5.26 所示,输入、输出时序图如图 5.27 所示。

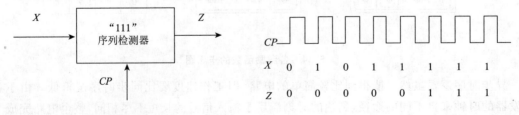

图 5.26 序列检测器框图   图 5.27 输入、输出时序图

步骤 2 建立原始状态图和状态表。

设初态 S_0 收到 1 个"0",并且用 $S_i(i=1\sim3)$ 表示收到第 i 个"1",由此可得到 Mealy 型原始状态图如图 5.28(a)所示,原始状态表如表 5.14 所列,表中假设电路开始处于初始状态为 S_0。第一次输入 1 时,由状态 S_0 转入状态 S_1,并输出 0;若继续输入 1,由状态 S_1 转入状态 S_2,并输出 0;如果仍接着输入 1,由状态 S_2 转入状态 S_3,并输出 1;此后若继续输入 1,电路仍停留在状态 S_3,并输出 1。电路无论处在什么状态,只要输入 0,都应回到初始状态,并输出 0,以便重新计数"1"。

步骤 3　状态化简。

原始状态图中,凡是输入相同时,输出相同、要转换到的次态也相同的状态,称为等价状态。状态化简就是将多个等价状态合并成一个状态,把多余的状态都去掉,从而得到最简的状态图。图 5.28(a)中,状态 S_2 和 S_3 等价,因为它们在输入为 1 时输出都为 1,且都转换到次态 S_3;在输入为 0 时输出都为 0,且都转换到次态 S_0。所以它们可以合并为一个状态,合并后的状态用 S_2 表示,所得的最简的状态图如图 5.28(b)所示。

步骤 4　状态分配。

根据化简后的状态图可得状态编码为:$S_0=00$;$S_1=01$;$S_2=10$。最后画出其简化后的二进制状态图如图 5.28(c)所示。

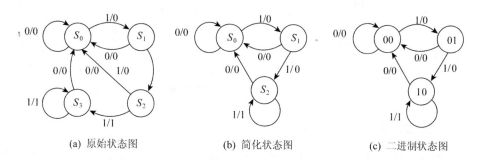

(a) 原始状态图　　(b) 简化状态图　　(c) 二进制状态图

图 5.28　例 5-4 状态图及其化简

步骤 5　选触发器,求时钟、输出、状态、驱动方程。

选用两个 CP 下降沿触发的 JK 触发器,分别用 JK0、JK1 表示。采用同步设计方案,即:选择 JK 触发器,根据二进制状态表及 JK 触发器激励表可得到激励函数及输出函数的状态图,见图 5.28。由此可得到序列检测器的状态方程和输出方程表达式如下:

$$Q_0^{n+1}=X\bar{Q}_1^n\bar{Q}_0^n\ ;\ Q_1^{n+1}=XQ_0^n\bar{Q}_1^n+X Q_1^n\ ;\ Z=XQ_1^n \tag{5-11}$$

用 JK 触发器的特性方程和式(5-11)比较,得驱动方程:

$$\begin{cases} J_0=X\bar{Q}_1^n & K_0=1 \\ J_1=XQ_0^n & K_1=\bar{X} \end{cases} \tag{5-12}$$

表 5.14　例 5-4 的原始状态表

现　态	次　态		输出 z
	$x=0$	$x=1$	
S_0	S_0	S_1	0
S_1	S_0	S_2	0
S_2	S_0	S_3	0
S_3	S_0	S	1

步骤 6　检查电路能否自启动。

将无效状态 $Q_1Q_0=11$ 代入式(5-11)计算得：$X=0$ 时，$Q_1Q_0=00$，$Z=0$；$X=1$ 时 $Q_1Q_0=10$，$Z=1$。电路能够自启动，设计符合要求。

步骤 7　画逻辑电路图。

根据式(5-12)得如图 5.29 所示的例 5-4 逻辑电路图。

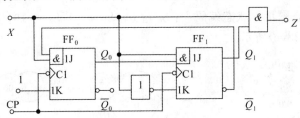

图 5.29　例 5-4 逻辑电路图

5.7.2　计数器设计

据 4.5.2 小节可知，计数器是一种最常用的逻辑部件。例如，计算机中的定时器、地址发生器、节拍发生器等，都要用到计数器。电子钟实际上就是一个 60、12 进制的计数器。计数器的基本功能是记录某事件发生的次数。

计数器的种类很多，通常有不同的分类方法。按其工作方式可分为**同步计数器和异步计数器**；按其进位制可分为**二进制计数器、十进制计数器和任意进制计数器**；按其功能又可分为**加法计数器、减法计数器和加/减可逆计数器**等。

本小节以一个模 7 加法计数器为例，讨论时序电路计数器的设计方法。

例 5-5　用 JK 触发器设计一个按自然态序变化的七进制同步加法计数器，计数规则为逢七进一，产生一个进位输出。

解：步骤 1　分析题意。

根据题目所给的条件，待设计的计数器默认为模 7 计数，且不要求加载初值。故电路只需时钟输入端 clk，clk 作为电路的同步时钟，不必当作输入变量对待；输出一个七进制数要 3 个输出端,记为 $Q_2Q_1Q_0$。要有输出进位信号 Y,故共需要 4 个输出端。因输出量 $Q_2Q_1Q_0$ 就是计数值,故采用 Moore 型电路较合适。

步骤 2 建立原始状态图。

模 7 计数器要求有 7 个记忆状态,且逢七进一。由此可以做出如图 5.30 所示的原始状态转移图。由于模 7 计数器必须要有 7 个记忆状态,所以不需要再简化。

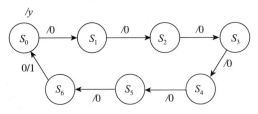

图 5.30 例 5-5 原始状态转移图

步骤 3 状态分配。

由于最大模值为 7,因此必须取代码位数 $n=3$。假设令 $S_0=000,S_1=001,S_2=010,S_3=011,S_4=100,S_5=101,S_6=110$,则可以做出状态转移表,由于在状态转移表中 111 状态未出现(偏离状态),作任意项 x 处理,如表 5.15 所列。

表 5.15 例 5-5 状态转移表

输入 CP	现态			次态			输出
	Q_2	Q_1	Q_0	Q_2^{n+1}	Q_1^{n+1}	Q_0^{n+1}	$Y(t)$
0	0	0	0	0	0	1	0
1	0	0	1	0	1	0	0
2	0	1	0	0	1	1	0
3	0	1	1	1	0	0	0
4	1	0	0	1	0	1	0
5	1	0	1	1	1	0	0
6	1	1	0	0	0	0	1
7	1	1	1	x	x	x	x

步骤 4 选触发器,求时钟、输出、状态、驱动方程。

因需用 3 位二进制代码,选用 3 个 CP 下降沿触发的 JK 触发器,分别用 FF_0、FF_1、FF_2 表示。

由于要求采用同步方案,故时钟方程为:

$$CP_0=CP_1=CP_2=CP$$

由表 5.15 可以做出次态卡诺图及输出函数的卡诺图，如图 5.31 所示。根据卡诺图求出状态方程式如下。不化简，以便使之与 JK 触发器的特性方程的形式一致。

$$Q_0^{n+1} = \bar{Q}_2^n \bar{Q}_0^n + \bar{Q}_1^n \bar{Q}_0^n$$
$$= \overline{Q_2^n Q_1^n} \bar{Q}_0^n + \bar{1} Q_0^n \tag{5-13}$$
$$Q_1^{n+1} = Q_0^n \bar{Q}_1^n + \bar{Q}_2^n \bar{Q}_0^n Q_1^n$$
$$Q_2^{n+1} = Q_1^n Q_0^n \bar{Q}_2^n + \bar{Q}_1^n Q_2^n$$

输出方程式如下：

$$Y = Q_1^n Q_2^n \tag{5-14}$$

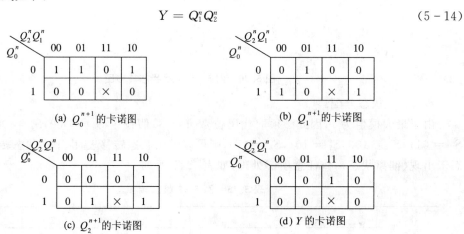

图 5.31　例 5-5 的次态及输出函数卡诺图

与 JK 触发器的特性方程 $Q^{n+1} = J\bar{Q}^n + \bar{K} Q^n$ 比较可得到驱动方程式如下：

$$J_0 = \overline{Q_2^n Q_1^n} \text{、} K_0 = 1 \text{；} J_1 = Q_0^n \text{、} K_1 = \overline{\bar{Q}_2^n \bar{Q}_0^n} \text{；} J_2 = Q_1^n Q_0^n \text{、} K_2 = Q_1^n \tag{5-15}$$

步骤 5　检查电路能否自启动。

将无效状态 111 代入状态方程式(5-13)计算得：

$$\begin{cases} Q_0^{n+1} = \overline{Q_2^n Q_1^n} \bar{Q}_0^n + \bar{1} Q_0^n = 0 \\ Q_1^{n+1} = Q_0^n \bar{Q}_1^n + \bar{Q}_2^n \bar{Q}_0^n Q_1^n = 0 \\ Q_2^{n+1} = Q_1^n Q_0^n \bar{Q}_2^n + \bar{Q}_1^n Q_2^n = 0 \end{cases} \tag{5-16}$$

分析式(5-15)可见 111 的次态为有效状态 000，电路能够自启动。

步骤 6　画逻辑电路图。

根据式(5-14)和式(5-15)得如图 5.32 所示的例 5-5 逻辑电路图。

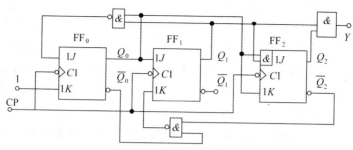

图 5.32　例 5-5 逻辑电路图

5.7.3　基于 MSI 器件实现任意模值计数器

中规模集成电路(MSI)计数器应用范围很广,从简单的二进制脉冲计数器到十进制同步可逆计数器。表 5.16 给出了部分常见 MSI 集成计数器产品。不过值得读者注意的是:集成十进制同步加法计数器 74160、74162 的引脚排列图、逻辑功能示意图与 74161、74163 相同;74190 引脚排列图和逻辑功能示意图与 74191 相同;74192 引脚排列图和逻辑功能示意图与 74193 相同。有关输出引脚,信号延时和功能的详细信息可参见附录 B。

表 5.16　常见 MSI 集成计数器列表

CP 脉冲引入方式	型　号	计数模式	清零方式	预置数方式
同步	74160	十进制加法计数器	异步(低电平)	同步
同步	74162	十进制加法计数器	同步	同步
同步(单时钟)	74190	十进制可逆计数器	无	异步
同步	74161	4 位二进制加法计数器	异步(低电平)	同步
同步	74163	4 位二进制加法计数器	同步(低电平)	同步
同步(双时钟)	74193	4 位二进制可逆计数器	异步(高电平)	异步
同步(单时钟)	74191	4 位二进制可逆计数器	无	异步
异步(双时钟)	74293	4 位二进制加法计数器	异步	无
异步	74290	二-五-十进制加法	异步	异步

应用 N 进制中规模集成器件(MSI)实现任意模值 $M(M < N)$ 计数分频器时,主要是从 N 进制计数器的状态转移表中跳越 $(N \sim M)$ 个状态,从而得到 M 个状态转移的 M 计数分频器。通常利用中规模集成器件的清零端(复位法)和置数端(置数法)来实现。

1. 复位法

当中规模 N 进制计数器从 S_0 状态开始计数时,计数脉冲输入 M 个脉冲后,N 进制计数器处于 S_M 状态。如果利用 S_M 状态产生一个清零信号,加到计数器的清零端,使计数器返回到 S_0 状态,这样就跳越了 $(N\sim M)$ 个状态,从而实现模值为 M 的计数分频。

例 5-6 用 MSI 器件 74161 来构成一个十二进制计数器。

解:74161 是 4 位二进制(十六进制)加法计数器,其功能真值表如表 5.17 所列。

表 5.17 74161/74160 功能真值表

输入									输出			
CLRN	LDN	ENT	ENP	CP	D	C	B	A	Q_D	Q_C	Q_B	Q_A	RCO
0	X	X	X	X	X	X	X	X	0	0	0	0	
1	0	X	X	↑	D	C	B	A	D	C	B	A	
1	1	1	1	↑	X	X	X	X	步进计数				
1	1	0	X	X	X	X	X	X	保持				
1	1	X	0	X	X	X	X	X	保持				0

模 12 计数分频要求在输入 12 个脉冲后电路返回到 0000,且产生一个输出脉冲。74161 共有 16 个状态。模 12 计数分频器只需 12 个状态,因此在 74161 基础上,外加判别和清零信号产生电路。图 5.33 所示为应用 74161 构成的模 12 计数分频器电路。

图 5.33 中 G_1 门为判别门,当第 12 个计数脉冲上升沿输入后,74161 的状态进入到 1100,则门 G_1 输出 $X=0$,作用于门 G_2 和 G_3 组成的基本触发器,使 Q 端为 0,作用 74161 的 CLRN 端,则使 74161 清零。在计数脉冲 CP 下降沿到达后,又使门 G_1 输出 $Q=1$,$NQ=0$。此后又在计数脉冲作用下,从 0000 开始计数,每当输入 12 个脉冲电路进入到 1100,就通过 74161 的 CLRN 端使电路复 0,输出一个脉冲,实现模 12 计数分频。

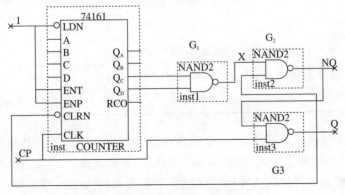

图 5.33 模 12 计数分频器电路

这种方法比较简单,复位信号的产生电路是一种固定的结构形式,由门 G_1、G_2、G_3 组成,其中门 G_2 和 G_3 所构成的基本 RS 触发器保证归零信号有足够的作用时间,使计数器能够可靠归零。

利用异步清零功能的中规模 N 进制计数器设计任意模值 $M(M<N)$ 的计数分频器时,只需将计数模值 M 的二进制代码中 1 的输出连接至判别门的输入端,即可实现模值为 M 的计数分频器。同理可验证利用同步清零功能的中规模 N 进制计数器(如 74163)设计任意模值 $M(M<N)$ 计数分频器时,只需将计数模值 $M-1$ 的二进制代码中 1 的输出连接至判别门的输入端,即可实现模值为 M 的计数分频器。

这种方法在对分频比要求较大的情况下,应用更加方便。例如,图 5.34 所示为用两片十进制同步计数器 74160 构成模值为 45 进制的计数分频电路。74160 的功能参见表 5.17。两片 74160 十进制计数器串接最大计数值为 99。当计数脉冲输入到第 45 个时,这时片(2)状态为(0100),片 1 状态为(0101),CR 产生清除信号,使片(1)、片(2)的输出都为 0,从而实现 45 进制计数分频,为保证归零信号有足够的作用时间,使计数器能够可靠归零,设计中利用一个基本 RS 触发器,Y 为 45 分频信号输出。

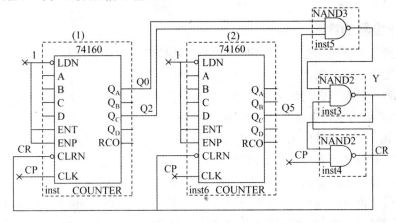

图 5.34 采用两片 74160 构成的 45 进制计数分频器电路图

2. 置位法

置位法适用于具有置数控制端的中规模集成器件,以置入某一个固定二进制数值的方法,从而使 N 进制计数跳越($N \sim M$)个状态,实规模值为 M 的计数分频,在其计数过程中,可将它输出的任何一个状态通过译码,产生一个预置数控制信号反馈至预置数控制端,在下一个 CP 脉冲作用下会把预置数输入端 DCBA 的状态置入输出端,预置数控制信号消失后,计数器从被置入的状态开始重新计数。

例 5-7 用 4 位二进制同步计数器 74163,实现模 12 计数分频器。

解:74163 功能参见例 4-10,当 LDN=0 时,执行同步置数功能。用 74163 构成十二进制分频器，可把输出 $Q_DQ_CQ_BQ_A=1011$ 状态译码产生的预置数控制信号 P（此时为 0），反馈至 LDN 端，在下一个 CP 的上升沿到达时置入 0000 状态，如图 5.35 所示。

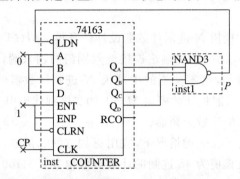

图 5.35　基于置位法的模 12 计数分频器原理图

反馈置数操作可在 74163 计数循环状态（0000～1111）中的任何一个状态下进行，如将 $Q_DQ_CQ_BQ_A=1111$ 状态译码产生的预置数控制信号 P 加至 LND 端，这时预置数输入端应为 $(1111-1100+1)=0100$。

3. MSI 计数器的级联应用

若一片计数器的计数容量不够用时，可取若干片扩展。同步式连接：以低位片的进位输出作为高位片的工作状态控制信号，各片共用同一时钟。

异步计数器一般没有专门的进位信号输出端，通常可以用本级的高位输出信号驱动下一级计数器计数，即采用串行进位方式来扩展容量。

同步计数器有进位或借位输出端，可以选择合适的进位或借位输出信号来驱动下一级计数器计数。同步计数器级联的方式有两种，一种级间采用串行进位方式，即异步方式，这种方式是将低位计数器的进位输出直接作为高位计数器的时钟脉冲，异步方式的速度较慢。另一种级间采用并行进位方式，即同步方式，这种方式一般是把各计数器的 CP 端连在一起接统一的时钟脉冲，而低位计数器的进位输出送高位计数器的计数控制端。

5.8　习　题

5-1　4 位串行数据比较器的功能是：对两路串行二进制数 x_1 和 x_2 进行比较，若连续 4 位比较均有 $x_1=x_2$，则输出 $z=1$，否则 $z=0$。已知同步时钟的上升沿与各数据位的中间对齐，试：

（1）规划电路的框架；

（2）作出电路的原始状态图；

（3）选何种类型的触发器（包括时钟触发类型）比较合适？

5-2 "110"序列检测器的状态图如图 5.36 所示,其中 x 为串行输入数据,仅当依次检测到 x 为 1、1、0 时,在 $x=0$ 期间输出 $z=1$;否则 $z=0$。试:

(1) 解释 3 个状态 S_2、S_1、S_0 各对应什么情况。

(2) 由状态图分析,当出现系列 00111100 时,对应的输出系列 z 是什么?

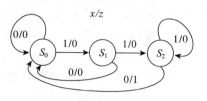

图 5.36 题 5-2

(3) 根据状态图作出状态表。

(4) 设状态编码为 $S_0=00$;$S_1=01$;$S_2=10$,选用 D 触发器作存储元件,作出状态真值表。

5-3 4 位环型移位寄存器的电路框架及工作时序如图 5.37 所示,当 load 为高电平期间,clk 的上升沿将 4 位二进制数 $D_3D_2D_1D_0$ 加载到 4 个 D 触发器中;当 load 为低电平时,开始环型移位。例如,设加载到 D 触发器的数据为 1100,则环型移位的格式如下:

(1) 当 load 为低电平时,$D_3D_2D_1D_0$ 发生改变能否引起状态改变?

$$1100 \rightarrow 0110 \rightarrow 0011 \rightarrow 1001$$

(2) 电路的状态有几个?分别说明各状态的含义(提示:将电路分解为环型移位部分与"加载/移位"控制部分)。

(3) 在作状态图和状态表时,是否要将 $D_3D_2D_1D_0$ 作为输入列出?试作出状态图和状态表。

(4) 试设计此环型移位寄存器。

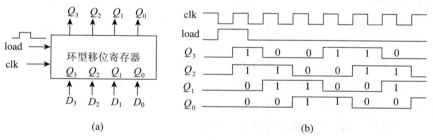

图 5.37 题 5-3

5-4 试用 D 触发器设计一个同步时序电路,当电路连续输入 3 个或 3 个以上的 1 时,输出为 1,其他情况输出为 0。例如:

输入: 010011111010

则输出: 000000111000

5-5 x_1 和 x_2 为两路串行二进制数,以从低位到高位的顺序输送数据。设计一个"串行加法器",逐位输出相加之和。

提示：

方法一，先用一位全加器实现 x_1 与 x_2 相加，再用时序逻辑电路记忆本次产生的进位。

方法二，用时序逻辑电路的设计方法和步骤进行设计。

5-6 设计一个延时量超限报警电路。正常情况下 $Z=0$，若输入量 x 为低电平激励的时间大于 1 ms，则立即输出报警信号 $Z=1$。一旦报警，只有等到解除报警信号 $s=1$ 时才返回正常状态，继续对 x 进行监视。设时钟 clk 的周期为 0.2 ms。

5-7 机械按钮在触点接通或断开的瞬间会产生抖动，抖动期间的通断状态经历一个快速随机交变的短暂过程，最后达到完全接通或断开的稳定状态，如图 5.38 所示的 x。设接通用逻辑 1 表示，断开用逻辑 0 表示。设计一个消除抖动的逻辑电路，当连续采样到 4 个"1"后输出 1，等待按钮释放；当连续采样到 4 个"0"后输出 0，返回等待接通状态。

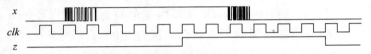

图 5.38　题 5-7

5-8 用 D 触发器作存储元件，设计一个同步型模 3 加 1 计数器。要求对无关状态进行检验。

5-9 原始状态图如图 5.39 所示，试：

(1) 作出原始状态表，并进行状态化简。

(2) 对状态进行合理编码，选用 JK 触发器，作出状态真值表。

(3) 求激励函数和输出函数，画出电路图。

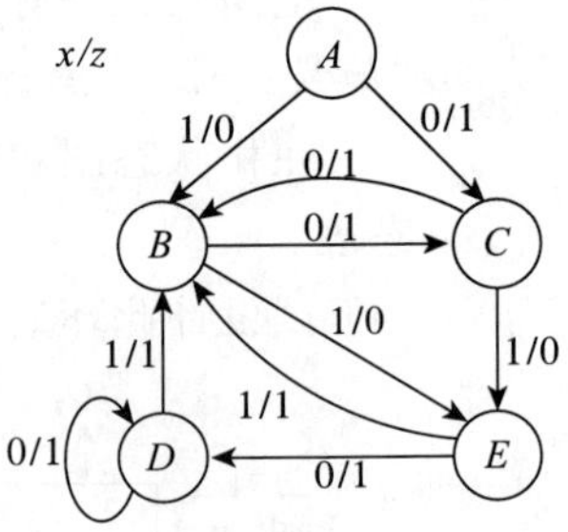

图 5.39　题 5-9

5-10 采用下降沿触发型 D 触发器，设计一个异步模 7 加 1 计数器。

5-11 设计一个模 6 同步计数器，要求实现如下功能：

(1) 具有加 1、减 1 控制端 M，当 $M=1$ 时，执行加 1 计数；当 $M=0$ 时，执行减 1 计数。

(2) 具有进位/借位输出端 C。当发生进位或借位时 $C=1$，否则 $C=0$。

5-12 选择题

1) 同步计数器和异步计数器比较，同步计数器的显著优点是_____。

　A. 工作速度高　　　　　　　　B. 触发器利用率高

　C. 电路简单　　　　　　　　　D. 不受时钟 CP 控制

2) 把一个五进制计数器与一个四进制计数器串联可得到_____进制计数器。

　A. 4　　　　B. 5　　　　C. 9　　　　D. 20

3) 下列逻辑电路中为时序逻辑电路的是_____。

　A. 变量译码器　　B. 加法器　　C. 数码寄存器　　D. 数据选择器

4) N 个触发器可以构成最大计数长度(进制数)为_____的计数器。
   A. N B. $2N$ C. N^2 D. 2^N

5) N 个触发器可以构成能寄存_____位二进制数码的寄存器。
   A. $N-1$ B. N C. $N+1$ D. $2N$

6) 5 个 D 触发器构成环形计数器,其计数长度为_____。
   A. 5   B. 10   C. 25   D. 32

7) 8 位移位寄存器,串行输入时经_____个脉冲后,8 位数码全部移入。
   A. 1   B. 2   C. 4   D. 8

8) 用二进制异步计数器从 0 做加法,计到 178D,则最少需要_____个触发器。
   A. 2   B. 6   C. 7   D. 8
   E. 10

9) 某移位寄存器的时钟脉冲频率为 100 kHz,欲将存放在该寄存器中的数左移 8 位,完成该操作需要_____时间。
   A. 10 μs   B. 80 μs   C. 100 μs   D. 800 ms

10) 若用 JK 触发器来实现特性方程为 $Q^{n+1} = \overline{A}Q^n + AB$,则 JK 端方程为_____。
    A. $J = AB, K = \overline{A+B}$ B. $J = AB, K = A\overline{B}$
    C. $J = \overline{\overline{A}+B}, K = AB$ D. $J = A\overline{B}, K = AB$

11) 若设计一个序列为 1101001110 的脉冲发生器,应选用_____个触发器。
    A. 2   B. 3   C. 4   D. 10

12) 一位 8421BCD 码计数器至少需要_____个触发器。
    A. 3   B. 4   C. 5   D. 10

第 6 章

可编程逻辑器件

可编程逻辑器件(Programmable Logic Device,PLD)是近几年才发展起来的一种新型集成电路,是当前数字系统设计的主要硬件基础,是硬件编程语言 VHDL 的物理实现工具,可编程逻辑器件对数字系统设计自动化起了极大的促进作用,可以说,没有可编程逻辑器件就没有当前的数字电路自动化。目前,由于这种以可编程逻辑器件为原材料,从"制造自主芯片"开始的 EDA 设计模式已成为当前数字系统设计的主流,若要追赶世界最先进的数字系统设计方法,就要认识并使用可编程逻辑器件。

6.1 可编程逻辑器件概述

6.1.1 可编程逻辑器件的发展历程

自 20 世纪 60 年代集成电路诞生以来,经历了小规模集成电路(Small Scale Integration,SSI)、中规模集成电路(Medium Scale Integration,MSI)、大规模集成电路(Large Scale Integration,LSI)的发展过程,目前已进入超大规模集成电路(Very Large Scale Integration,VLSI)、甚大规模集成电路(Upper Large Scale Integration,ULSI)阶段。从大的方面可以将它们分为两类。

1. 标准逻辑器件

标准逻辑器件是具有标准逻辑功能的通用 SSI、MSI 集成电路,例如 TTL 工艺的 54/74 系列和随后发展起来的 CMOS 工艺的 CD 4000 系列中的各种基本逻辑门、触发器、选择器、分配器、计数器、寄存器等。

标准逻辑器件的生产批量大、成本低。由于其功能完全确定,电路设计时可将主要精力投入到提高性能上,它是传统数字逻辑电路设计中使用的主要器件,但是其集成度不高,用它所设计的系统器件多、功耗大、可靠性低,修改设计很麻烦。

2. 专用集成电路(Application Specific Integrated Circuit,ASIC)

如今人类需要的数字电路系统越来越复杂,系统含有的逻辑门的数量达到数百万个,因而用传统的人工设计方法进行复杂的数字系统设计遇到了严重的困难与挑战,人类的需要促进了集成电路制造技术的进步,随着计算机技术的发展,催生了另一类集成电路,这就是专用集成电路 ASIC。专用是相对通用而言,专用集成电路的逻辑功能是由用户规定的,换句话说,ASIC 的逻辑功能是由用户定制的。

按照制造过程 ASIC 分为:全定制 ASIC 电路、半定制 ASIC 电路、可编程逻辑器件 PLD。

(1) 全定制电路(Fuall Custom Design IC)

全定制电路是由制造厂按用户提出的逻辑要求专门设计和制造的 ASIC 芯片,这一类芯片专业性强,适合在大批量定型生产的产品中使用。常见的存储器、CPU 就是全定制电路产品。由于全定制电路要半导体厂专门制造,设计制作成本高、周期长、风险大,因而难以在大范围内推进数字电路设计的革命。

(2) 半定制电路(Semi Custom Desig IC)

半定制电路是先由半导体厂预先制成标准半成品(这种芯片称作母片);再由半导体厂根据用户提出的逻辑要求,把标准半成品制成符合用户要求的专用逻辑器件,最常见半定制电路有门阵列(Gate Array)、标准单元(Standard Cell)。由于这类半定制 ASIC 电路始终由半导体厂操作制造,所以也难以大规模推广应用。

(3) 可编程逻辑器件 PLD

所谓可编程逻辑器件是这样一些器件,其制作工艺采用的是 CMOS 工艺,在这些器件的内部,集成了大量功能独立的分离元件,它们可以是基本逻辑门、由基本逻辑门构成的宏单元,以及与阵列、或阵列等。依据不同需求,芯片内元件的种类、数量可以有不同的设置。此外,芯片内还有大量可配置的连线,在器件出厂时,芯片内的各个元件、单元相互间没有连接,芯片暂不具备任何逻辑功能。芯片内的各个元件、单元如何连接,由用户根据自身设计的电路功能要求通过计算机编程决定。

在实际中用户是这样使用上述器件的:首先使用计算机,利用专用的软件、硬件对器件进行系列编程;然后通过程序指挥芯片内配置的连线和编程器件,把应连接的元件、单元连接起来。由于芯片内的元件是按用户编写的指令进行连接的,所以,根据用户编写的不同程序,就可制造出具有不同电路功能的器件。我们把这种由用户通过编程手段才使芯片产生一定逻辑功能的器件称为可编程逻辑器件 PLD。

最早的可编程逻辑器件是 1970 年出现的 PROM,它由全译码的与阵列和可编程的或阵列组成,其阵列规模大、速度低,主要用作存储器。

20 世纪 70 年代中期出现 PLA(Programmable Logic Array,可编程逻辑阵列),它由可编程的与阵列和可编程的或阵列组成,由于其编程复杂,开发起来有一定难度;20 世纪 70 年代末推出 PAL(Programmable Array Logic,可编程阵列逻辑),它由可编程的与阵列和固定的或阵列组成,采用熔丝编程方式,双极型工艺制造,器件的工作速度很高,由于它的结构种类很多,设计灵活,因而成为第一个普遍使用的可编程逻辑器件。20 世纪 80 年代初,Lattice 公司发明了GAL(Generic Array Logic,可编程通用阵列逻辑)器件,采用输出逻辑宏单元(OLMC)的形式和EECMOS工艺,具有可擦除、可重复编程、数据可长期保存和可重新组合结构等特点。GAL产品构件性能比PAL产品性能更优越,因而在20世纪70年代得到广泛使用。

GAL和PAL同属低密度的简单PLD,规模小,难以实现复杂的逻辑功能。从20世纪80年代末开始,随着集成电路工艺水平的不断提高,PLD突破了传统的单一结构,向着高密度、高速度、低功耗以及结构体系更灵活的方向发展,相继出现了各种不同结构的高密度PLD。

20世纪90年代以后,高密度PLD在生产工艺、器件编程和测试技术等方面都有了飞速发展。例如CPLD的集成度一般可达数千甚至上万门。Altera公司推出的EPM9560,其密度达12 000个可用门,包含多达50个宏单元,216个用户I/O引脚,并能提供15 ns的脚至脚延时,16位计数的最高频率为118 MHz。目前CPLD的集成度最多可达25万个等效门,最高速度已达180 MHz。FPGA的延时已小于3 ns。目前世界各著名半导体公司,如Altera、Xilinx、Lattice等,均可提供不同类型的CPLD、FPGA产品,新的PLD产品不断面世。众多公司的竞争促进了可编程集成电路技术的提高,使其性能不断完善,产品日益丰富。

6.1.2 可编程逻辑器件分类

随着微电子技术的发展可编程逻辑器件的品种越来越多,型号越来越复杂。每种器件都有各自的特征和共同点,根据不同的分类标准,主要有以下几种类别。

1. 按集成度分

按芯片内包含的基本逻辑门数量来区分不同的PLD,一般可分两大类:

(1) 低密度可编程逻辑器件

低密度可编程逻辑器件的结构具有下列共性:

① 内部含有的逻辑门数量少,一般含几十门至750门等效逻辑门,通常把GAL22V10的容量(500～750门)作为高、低密度可编程逻辑器件的分界线。

② 基本结构均建立在两级与-或门电路的基础上。

③ 输出电路是由可编程定义的输出逻辑宏单元。

低密度可编程逻辑器件主要包含一些早期出现的PLD,如PROM、PLA、PAL、GAL。

(2) 高密度可编程逻辑器件

高密度可编程逻辑器件有下列几种:

① **EPLD(Erasable Programmable Logic Device,能擦写的可编程逻辑器件)**

从某种意义上讲,EPLD是GAL的改进,其基本结构与GAL相似,但是EPLD的集成密度、输出宏单元的数目、器件内的连接机构都比GAL大得多且灵活、方便得多。EPLD产生于20世纪80年代中期,是高密度可编程逻辑器件的早期产品。

② **CPLD(Complex PLD,复杂PLD)**

CPLD是EPLD的改进产品,产于20世纪80年代末期,CPLD的内部至少含有:可编程逻辑宏单元、可编程 I/O（输入/输出）单元、可编程内部连线。这种结构特点也是高密度可编程逻辑器件的共同特点。CPLD 是一种基于乘积项的可编程结构的器件。部分 CPLD 器件内还设有 RAM、FIFO 存储器，以满足存取数据的应用要求。

还有部分 CPLD 器件具有 ISP(In System Programmable, 在系统可编程)能力。具有 ISP 能力的器件，当装到电路板上后，可对其进行编程。在系统编程时，器件的输入、输出引脚暂时被关闭，编程结束后，恢复正常状态。

③ FPGA(Field Programmable Gate Array, 现场可编程门阵列)

FPGA 是 20 世纪 90 年代发展起来的。这种器件的密度已超过 25×10^4 门水平，内部门延时小于 3 ns。大部分 FPGA 采用基于 SRAM 的查找表(Look Up Table, LUT)结构。此外，这种器件具有的另一个突出的特点是现场编程。所谓现场编程就是在 FPGA 工作的现场（地方），可不通过计算机，就能把存于 FPGA 外的 ROM 中的编程数据加载给 FPGA。也就是说，通过简单的设备就能改变 FPGA 中的编程数据，从而改变 FPGA 执行的逻辑功能。这种方法也叫做 ICR(In-Circuit Reconfiguration, 在电路上直接配置)编程。FPGA 具有的这个特点为工程技术人员维修、改进、更新电路逻辑功能提供了方便。现场编程的另一个含义是，FPGA 内的编程数据是存于 FPGA 内的 RAM 上的，一旦掉电，存于 RAM 上的编程数据就会流失，来电后，就要在工作现场重新给 FPGA 输入编程数据，以使 FPGA 恢复正常工作。当前 CPLD 和 FPGA 是高密度可编程逻辑器件的主流产品。

2. 按编程特性分

可编程逻辑器件的功能信息是通过对器件编程存储到可编程逻辑器件内部的 PLD 编程技术有两大类：一种是一次性编程，一种是可多次编程。后者使用起来较为方便，容易修改设计。因此根据 PLD 的结构和编程方式，可将 PLD 分为：

(1) 一次性编程 OTP(One Time Programmable) PLD

一次性编程的器件采用非熔丝(Anti-Fuse)开关，即用一种称为可编程低阻电路元件 PLICE 作为可编程的开关元件，它由一种特殊介质构成，位于层连线的交叉点上，形似印制板上的一个通孔，其直径仅为 1.2 μm。在未编程时，PLICE 呈现大于 100 MΩ 的高阻；当 8 V 电压加上之后，该介质击穿，接通电阻小于 1 kΩ，等效于开关接通。由于 PLICE 方占芯片面积非常小。因而，这类 PLD 的集成度、工作频率和可靠性都较高。缺点是只允许编程一次，编程后不能修改。

(2) 可多次编程 PLD

可多次编程的 PLD 是利用场效应晶体管作为开关元件，这些开关的通、断受本器件内的存储器控制。控制开关元件的存储器存储着编程的信息，通过改写该存储器的内容便可实现多次编程，它们可用 EPROM、EEPROM、Flash 或 SRAM 制作。因而，又可分为如下几种：

① 紫外光擦除的 EPROM

这类器件像普通的可擦除可编程只读存储器 EPROM 一样，器件外壳上有一个石英窗利用紫外光将编程信息擦除,在编程器上对器件编程。

② 电擦除的 EEPROM

这类器件用电擦除可编程只读存储器 EEPROM 存储编程信息,需要在编程器上对 EEPROM 进行改写来实现编程。

③ 在系统编程 ISP(In-System Programmability) PLD

这类器件内的 EEPROM 或闪速存储器 Flash 用来存储编程信息。这种器件内有产生编程电压的电源泵。因而,不需要在编程器上编程,可直接对装在印制板上的器件进行编程。

④ 在线可重配置 ICR(In-Circuit Reconfiguration)

这类器件用静态随机存取存储器 SRAM 存储编程信息,不需要在编程器上编程,直接在印制板上对器件编程。通常,编程信息存于外挂的 EPROM、EEPROM 或系统的软、硬盘上,系统工作之前,将存在于器件外部的编程信息输入到器件内的 SRAM,再开始工作。

6.1.3 可编程逻辑器件的结构

目前使用的可编程逻辑器件的结构基本上都是由输入缓冲、与阵列、或阵列和输出结构 4 部分组成,其基本结构如图 6.1 所示。其中"与"阵列和"或"阵列是核心,"与"阵列用来产生乘积项,"或"阵列用来产生乘积项之和形式的函数。输入缓冲可以产生输入变量的原变量和反变量,输出结构可以是组合电路输出、时序电路输出或是可编程输出结构,输出信号还可通过内部通道反馈到输入端。根据结构特点可将 PLD 划分为简单 PLD、复杂 PLD(CPLD)和现场可编程门阵列 FPGA 等 3 类。

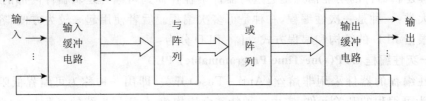

图 6.1 PLD 基本结构图

1. 简单 PLD

简单 PLD 主要指早期的可编程逻辑器件,它们是可编程只读存储器 PROM、可编程逻辑阵列 PLA、可编程阵列逻辑 PAL、通用阵列逻辑 GAL。它是由"与"阵列和"或"阵列组成,能够以积之和的形式实现布尔逻辑函数。因为任何一个组合逻辑都可以用"与-或"表达式来描述,所以简单 PLD 能够完成大量的组合逻辑功能,有较高的速度和较好的性能。

2. CPLD

CPLD 是由 GAL 发展而来的,是基于乘积项结构的 PLD 器件,可以看作是对原始可编程逻辑器件的扩充。它通常由大量可编程逻辑宏单元围绕一个位于中心的、延时固定的可编程互连矩阵组成。其中可编程逻辑宏单元较为复杂,具有复杂的 I/O 单元互连结构,可根据用户需要生成特定的电路结构,完成一定功能。众多的可编程逻辑宏单元被分成若干逻辑块,每个逻辑块类似与一个简单PLD。可编程互连矩阵根据用户需要实现I/O单元与逻辑块、逻辑块与逻辑块之间的连线,构成信号传输通道。由于CPLD内部采用固定长度的金属线进行各逻辑块的互连,而可编程逻辑单元又类似PAL的阵列,因此从输入到输出的布线延时容易计算得到。可预测延时的特点使CPLD便于实现对时序要求严格的电路设计。

3. FPGA

FPGA是基于查找表结构的PLD器件,由简单的查找表组成可编程逻辑门,再构成阵列形式,通常包含3类可编程资源:可编程逻辑块、可编程I/O块、可编程内连线。可编程逻辑块排列成阵列,可编程内连线围绕逻辑块。FPGA通过对内连线编程,将逻辑块有效组合起来,实现用户要求的特定功能。

6.2 简单PLD原理

由于PLD器件的快速发展,低门数复杂的PLD(仍比简单PLD器件所含逻辑门的数量多)的价格已与简单PLD的价格相当,因此从应用角度来说,简单PLD已经没有竞争的优势。然而从学习角度来看,复杂PLD是从简单PLD发展起来的,了解一些简单PLD的基本结构有助于理解复杂PLD器件的结构。

6.2.1 PLD中阵列的表示方法

PLD器件的电路逻辑图表示方式与传统标准逻辑器件的逻辑图表示方式既有相同、相似的部分,亦有其独特的表示方式。下面介绍PLD器件逻辑电路图的独特表示方式。

输入缓冲器的逻辑图如图6.2所示。它的两个输出B和C分别是其输入的原码和反码,三输入"与"门的两种表示法如图6.3所示,图6.3(a)是传统表示法;图6.3(b)是PLD表示法,在PLD表示法中A、B、C称为3个输入项,"与"门的输出ABC称为乘积项。

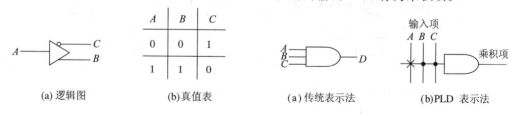

(a) 逻辑图　　　　(b)真值表　　　　(a) 传统表示法　　　(b)PLD 表示法

图 6.2　输入缓冲器　　　　　　图 6.3　"与"门的两种表示法

PLD的连接方式如图6.4所示。图6.4(a)实点连接表示固定连接;可编程连接用交叉点上的"×"表示(如图6.4(b)所示),即交叉点是可以编程的,编程后交叉点或呈固定连接或呈不连接;若交叉点上无"×"符号和实点(如图6.4(c)所示),则表示不能进行连接,即此点在编程前表示不能进行连接的点,在编程后表示不连接的点。

(a) 固定连接　　　　(b) 可编程连接　　　　(c) 固定不连接

图 6.4　PLD 的连接方式

二输入"或"门的两种表示方法如图 6.5 所示。图 6.5(a)是"或"门的标准逻辑符号；图 6.5(b)是"或"门的 PLD 表示法。

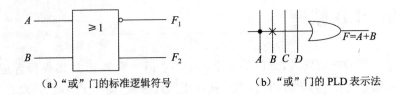

(a) "或"门的标准逻辑符号　　　　(b) "或"门的 PLD 表示法

图 6.5　"或"门的两种表示法

用上述 PLD 器件的逻辑电路图符构成的 PLD 阵列图如图 6.6、图 6.7 所示。阵列图是用以描述 PLD 内部元件逻辑连接关系的一种特殊逻辑电路。

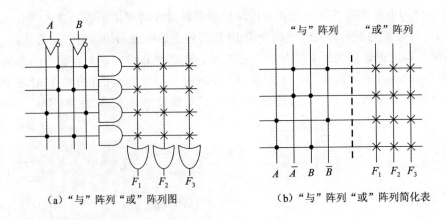

(a) "与"阵列"或"阵列图　　　　(b) "与"阵列"或"阵列简化表

图 6.6　PLD 阵列图(1)

6 可编程逻辑器件

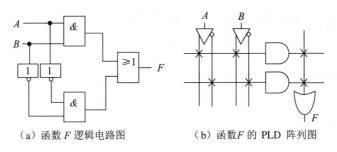

（a）函数 F 逻辑电路图　　　　（b）函数 F 的 PLD 阵列图

图 6.7　PLD 阵列图(2)

6.2.2　PROM

PROM 最初是作为计算机存储器设计和使用的,它具有 PLD 器件的功能是后来才发现的。根据其物理结构和制造工艺的不同,PROM 可分为三类:固定掩膜式 PROM,双极型 PROM,MOS 型 PROM。固定掩膜式 PROM 只能用于特定场合,灵活性较差,使其应用受到很大限制。因此,我们只介绍后两种。

1. 熔丝型 PROM

熔丝型 PROM 的基本单元是发射极连有一段镍铬熔丝的三极管,这些基本单元组成了 PROM 的存储短阵。在正常工作电流下,这些熔丝不会熔断,当通过几倍于工作电流的编程电流时,熔丝就会立即熔断。在存储短阵中熔丝被熔断的单元,当被选中时构不成回路。因而没有电流,表示存储信息"0";熔丝被保留的存储单元,当被选中时形成回路,三极管导通,有回路电流,表示存储信息"1"。因此,熔丝型 PROM 在出厂时,其存储矩阵中的信息应该是全为"1"。

2. 结破坏型 PROM

结破坏型 PROM 与熔丝型 PROM 的主要区别是存储单元的结构。结破坏型 PROM 的存储单元是一对背靠背连接的二极管。对原始的存储单元来说,两个二极管在正常工作状态都不导通,没有电流流过,相当于存储信息为"0"。当写入(或改写)时,对要写入"1"的存储单元,使用恒流源产生 100~150 mA 的电流,通过二极管,把反接的一只击穿短路,只剩下正向连接的一只,这就表示写入了"1";对于要写入"0"的单元只要不加电流即可。

3. EPROM 器件

上述两种 PROM 的编程(即写入)是一次性的。如果在编程过程中出错,或者经过实践后需对其中的内容作修改时,就只能再换一片新的 PROM 重编。为解决这一问题,可擦除可编程的只读存储器 EPROM 应运而生。用户将数据写入 EPROM 后,可以用紫外线照射器件上的石英玻璃窗,使写入的数据被"擦除"。擦除后的芯片可以重新写入数据。一片 EPROM 可反复擦除、编程十几次,适用于开发阶段或小批量产品的生产。

数字电路设计中用得最多的 EPROM 是 Intel 公司的芯片：2 716(2 K×8)、2 732A(4 K×8)、2 764(8 K×8)、27 128(16 K×8)、27 256(32 K×8)和 27 512(64 K×8)等。下面通过一实例说明只读存储器 EPROM 2 716 在数字逻辑设计中的应用。

例 6-1 用 EPROM 2 716 设计一个程控打铃电路，图 6.8 是其电路原理图。

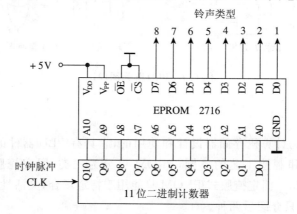

图 6.8 作息时间打铃电路原理图

解：2 716 是紫外线可擦除可编程只读存储器。V_{PP} 为编程电压引脚，仅在编程时使用，正常工作时接固定高电平。11 位地址输入端 A10～A0，地址范围为 $0 \sim 2^{11}-1$，存储容量为 2 048B，简称为 2 KB。$\overline{CS}$ 和 $\overline{OE}$ 接固定低电平，使芯片总处于选中、数据线 D7～D0 总处于输出状态。

图 6.8 中，CLK 是时钟脉冲，周期为 1min。11 位二进制计数器每隔 1 min 加 1，其计数输出 Q10～Q0 作为 2 716 的读数地址。因此，每隔 1 min 2 716 的 8 位输出数据更换一次。读出的数据用于控制 8 种铃声。当某数据位由 0 变为 1 时，就会触发对应类型的铃声，响一定的时间后自动停止。数据位不变或由 1 变为 0 时，均不响铃。

计数器输出的计数值实际上代表累加的时间。如果按作息时间表将响铃控制信息写入 2 716，则随着时间的推移，就能读出响铃控制信息，实现按作息时间打铃。假设要实现全天 24 小时打铃控制，则计数器的最大计数值为 24(h)×60(min)=1 440。设计数值为 0 对应清晨零时，计数达到 1 440 时，应将计数器清为 0，此电路图中未给出。

表 6.1 是某作息时间表(部分)及其对应的计数值(即 2 716 的地址)和响铃控制信息。将表中的数据写入 2 716，对于表中未给出地址的数据，一律写入 0。

最后，使用 EPROM 编程器将表 6.1 中的响铃控制信息(2 716 的数据)写入 2 716 的对应地址单元，设计即告完成。本方法实际是一种查表法，将响铃控制信息制成表格的形式存入只读存储器，把计数器的输出数据作为地址，去索引表格，从而获得需要的控制信息，实现按作息时间打铃。

表 6.1　作息时间表及 2 716 的对应数据

作息项目	作息时间	铃声类型	2 716 的地址		响铃控制信息(2 716 的数据)	
			DEC	HEX	BIN	HEX
起床	6:00	1	360	168	00000001	01
早锻炼	6:20	2	380	17C	00000010	02
早餐	7:10	3	430	1AE	00000100	04
第 1 节课(预备)	7:50	4	470	1D6	00001000	08
第 1 节课(上课)	8:00	5	480	1E0	00010000	10
第 2 节课(预备)	8:50	4	530	212	00001000	08
第 2 节课(上课)	9:00	5	540	21C	00010000	10
...						

6.2.3　PLA 器件

PLA 是一种"与-或"阵列结构的 PLD 器件。因而不管多么复杂的逻辑设计问题,只要能化为"与-或"两种逻辑函数,就都可以用 PLA 实现。当然,也可以把 PLA 视为单纯的"与-或"逻辑器件,通过串联或树状连接的方法来实现逻辑设计问题,但效率极低,达不到使用 PLA 本来的目的。所以,在使用 PLA 进行逻辑设计时,通常是先根据给定的设计要求,系统地列出真值表或"与-或"形式的逻辑方程,再把它们直接转换成已经格式化了的,与电路结构相对应的 PLA 映像。

(1) PLA 结构

在 PLA 中,"与"阵列和"或"阵列都是可编程的。图 6.9 是一个三输入三输出的 PLA 结构示意图,灵活地实现各种逻辑功能。PLA 的内部结构提供了在可编程逻辑器件中最高的灵活性。因为"与"阵列是可编程,它不需要包含输入信号的每个组合,只须通过编程产生函数所需的乘积项,所以在 PROM 中由于输入信号增加而使器件规模增大的问题在 PLA 中得以克服,从而有效地提高了芯片的利用率。PLA 的基本结构是"与"、"或"两级阵列,而且这两级阵列都是可编程的。

(2) PLA 的种类

按编程方式划分,PLA 有掩膜式和现场可编程的两种。掩膜式 PLA 的映像是由器件生产厂家用掩膜工艺做到 PLA 器件

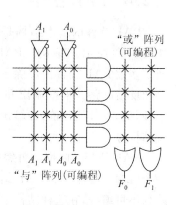

图 6.9　PLA 结构示意图

中去的,因而它仅适用于需要大量同类映像的 PLA 芯片和速度要求特别高的场合。

现场可编程的 PLA(简称 FPLA)可由用户在使用现场用编程工具将所需要的映像写入 PLA 芯片中。显然,这种 PLA 比掩膜式 PLA 更具有灵活性。根据 FPLA"与"、"或"阵列中二极管的结构,FPLA 又分为熔丝型和结破坏型两种。熔丝型 FPLA 阵列中的二极管都串联一段熔丝;结破坏型 FPLA 阵列是由背靠背连接的二极管对组成,其编程原理分别与熔丝型和结破坏型的 PROM 相似。

另外,根据逻辑功能的不同,FPLA 又分为组合型和时序型两种。只由"与"阵列和"或"阵列组成的 PLA 称为组合型 PLA。内部含有带反馈的触发器或输出寄存器的 PLA 称作时序型 PLA。

不同型号的 PLA 其容量不尽相同。PLA 的容量通常用其输入端数、乘积项数和输出端数的乘积表示。例如:容量为 $14\times48\times8$ 的 PLA 共有 14 个输入端,48 个乘积项和 8 个输出端。

(3) PLA 的特点

PLA 的"与"阵列和"或"阵列都可编程,所以比只有一个阵列可编程的 PLD 更具有灵活性,特别是当输出函数很相似(即输出项很多,但要求独立的乘积项不多)的时候,可以充分利用 PLA 乘积项共享的性能使设计得到简化。

PLA 的"与"阵列不是全译码方式,因此,对于相同的输入端来说,PLA"与"阵列的规模要比 PROM 的小,因而其速度比 PROM 快。

另外,有的 PLA 内部含有触发器,可以直接实现时序逻辑设计。而 PROM 中不含触发器,用 PROM 进行时序逻辑设计时需要外接触发器。但是,由于缺少高质量的开发软件和编程器,器件本身的价格又较贵,因此,PLA 未能像 PAL 和 GAL 那样得到广泛应用。

6.2.4 PAL 器件

PAL 器件的基本结构是"与"阵列可编程而"或"阵列固定,如图 6.10 所示。基本的 PAL 器件内部只有"与"阵列和"或"阵列。多数 PAL 器件内部除了"与"阵列和"或"阵列以外,还有输出和反馈电路。根据输出和反馈的结构不同,PAL 器件又分若干种,例如:可编程输入/输出结构、带反馈的寄存器型结构和异或结构等。

PAL 的"与"阵列是可编程,"或"阵列是固定的。图 6.10 是一个二输入二输出的 PAL 结构示意图,其"与"阵列可编程,"或"阵列不可编程,在这种结构中,每个输出是若干个乘积项之和,其中乘积项的数目是固定的,这种结构对于大多数逻辑函数是很有效的,因为大多数逻辑函数可以化简为若干乘积项之和,即与-或表达式。

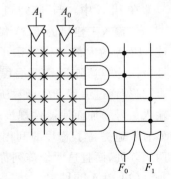

图 6.10 PAL 结构示意图

PAL的"与"阵列可编程而"或"阵列是固定的,这种结构可满足多数逻辑设计的需要,而且有较高的工作速度,编程算法也得到简化。PAL的品种和规格很多,使用者可以从中选择最适合设计要求的芯片。PAL编程容易,开发工具先进,价格便宜通用性强,使系统的性能价格比达到。但是,PAL的输出结构是固定的,不能编程,芯片选定以后其输出结构也就选定了,不够灵活,给器件的选择带来一定困难。另外,相当一部分PAL是双极型工艺制造的,不能重复编程,一旦出错就无法挽回。通用阵列逻辑GAL能较好地弥补PAL器件的上述缺陷。

6.2.5 GAL器件

我们已经介绍了3种PLD器件。现将它们连同该器件的基本结构一起汇总于表6.2。从表6.2中可以看出,GAL的基本结构与PAL的一样,也是"与"阵列可编程,"或"阵列固定,GAL和PAL结构上的不同之处在于,PAL的输出结构是固定的,而GAL的输出结构可由用户来定义。GAL之所以有用户可定义的输出结构,是因为它的每一个输出端都集成着一个输出逻辑宏单元OLMC(Output Logic Macro Cell)。

表6.2 几种PLD器件的结构比较表

器件	"与"阵列	"或"阵列	输出
PROM	固定	可编程	三态,OC
PLA	可编程	可编程	三态,OC,可熔极性
PAL	可编程	固定	三态,寄存器,反馈,I/O
GAL	可编程	固定	用户自定义

图6.11是一个GAL16V8结构示意图。它是在其他PLD器件基础上发展起来的器件,其结构直接继承了PLA器件的"与-或"结构,并有新的改进,其特点是具有可编程的输出宏单元OLMC(Output Logic Macro Cell)结构。GAL器件采用了先进的EECMOS工艺,数秒钟内即可完成芯片的擦除和编程过程,并可反复改写,是产品开发中的理想器件。

由于在电路设计上引入了OLMC,从而大大增强了GAL在结构上的灵活性,使少数几种G器件就能取代几乎所有的PAL,为使用者选择器件提供了很大方便。由于在制造上采用了先进的EECMOS工艺,使GAL器件具有可擦除可重复编程的能力,而且擦除改写都很快,编程次数高达100甚至上万次。

GAL器件功耗低,速度快,还具有加密等其他一些功能。GAL器件的主要缺点是密度还不够大,引脚也不够多,在进行大系统设计时不如使用EPLD和FPGA效果好。

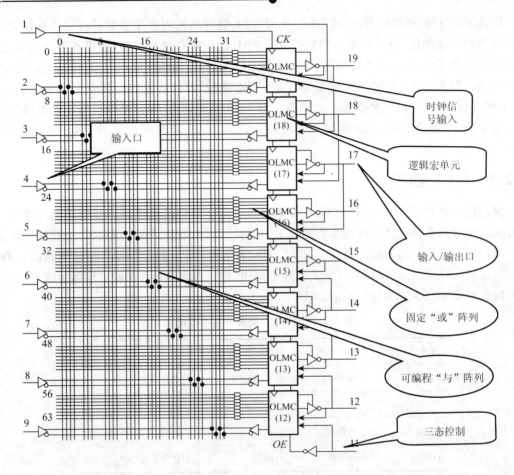

图 6.11 GAL 结构示意图

6.3 CPLD

复杂的 PLD 编程逻辑器件(Complex Programmable Logic Device),简称 CPLD。CPLD 是从 PAL、GAL 发展而来的阵列型密度 PLD 器件,它规模大,可以代替几十甚至上百片通用 IC。CPLD 多采用 CMOS、EPROM、EEPROM 和 Flash 存储器等编程技术,具有高密度、高速度和低功耗等特点。

6.3.1 CPLD 的基本结构

CPLD 的基本结构由可编程内连线、可编程逻辑块和可编程 I/O 单元组成,逻辑块内电路丰富多样,这些块构成矩阵,经可编程内连线实现互连。

1. 可编程内连线

可编程内连线用于为从 I/O 到逻辑块输入的信号布线,或者对从逻辑块输出(宏单元输出)到其自身输入或其他逻辑块的输入信号布线。有的逻辑块具有自己的内部反馈,而不需要把输出反馈到可编程内连线去。每个逻辑阵列都具有固定数量的输入,每个逻辑块都具有固定数量的逻辑块输入。大多数 CPLD 都是采用这样两种方式之一来实现其内部可编程连线的:其一是基于阵列的内连线;其二为基于多路选择的内连线。阵列内连线方式允许 PIA 中的任何信号可布线到任何其他的逻辑块,PIA 中的每一项由垂直线来表示且被分配作为给定逻缉块的输入,从而使每个到逻辑块的输入项均有一个 PI 项。逻辑块的输出可通过记忆元件(如 EPROM 元件)连接于 PI 项,器件输入也能够连接到 PI 项。内连线机构可实现片内分布的交叉开关网路,具有充分的可布线能力。可编程内连线的任何输入可以被布线于任一逻辑块,尽管不是所有逻辑块的输入都被采用。当然,高度灵活的可布线能力的代价必然是器件性能的下降,以及功耗和芯片面积的耗费。

2. 可编程逻辑宏单元

CPLD 中的一个逻辑宏单元就类似于 GAL 器件中的一个 PLD,但其宏单元与阵列数目比 GAL 大得多,它内部主要包含有"与"阵列、"或"阵列、可编程触发器和多路选择器等电路,并有以下特点:

① 多触发器结构和"隐埋(Buried)"触发器结构。CPLD 的宏单元内含两个或两个以上的触发器,其中只有一个触发器与输出端相连,其余触发器的输出与输入不相连,但可以通过相应的缓冲电路反馈到与阵列,从而与其他触发器一起构成复杂的时序电路。

② 乘积项共享结构。在 CPLD 的宏单元中,如果输出表达式的与项较多,对应的或门输入端不够用时,可以借助可编程开关将同一单元(或其他单元)中的其他或门与之联合起来使用,或者在每个宏单元中提供未使用的乘积项供其他宏单元使用和共享,从而提高资源利用率,实现快速复杂的逻辑函数。

③ 异步时钟和时钟选择。CPLD 触发器的时钟既可以工作在同步也可以工作在异步,有些器件的时钟还可以通过数据选择器或时钟网络进行选择。

3. 可编程 I/O 控制 IOC

IOC 是内部信号到 I/O 引脚的接口,由于阵列型高密度 PLD 通常只有几个专用输入端,大部分端口均为 I/O 端,而且系统的输入信号常常需要锁存,因此 I/O 常作为一个独立单元来处理。

6.3.2 Altera 公司 MAX 系列 CPLD 简介

Altera 公司的 MAX 系列器件是采用多阵列矩阵结构为基础的一种复杂可编程逻辑器件,MAX 系列器件具有较高的集成度、工作频率。其引脚到引脚的最小延迟可达 5 ns。MAX 系列器件包括 MAX 5000,MAX 7000,MAX 9000 三个系列。其中支持在系统编程的 MAX

7000S 系列芯片应用较为广泛，下面详细介绍其内部结构。

MAX 7000S 系列器件的内部结构如图 6.12 所示，从图 6.12 可以看出在 MAX 7000S 系列器件中主要包括逻辑阵列块 LAB(Logic Array Block)、宏单元(macrocells)、扩展乘积项 EPT(Expander Product Terms)、可编程连线阵列 PIA(Programmable Interconnect Array)和 I/O 控制块 IOC(I/O Control Blocks)。此外，在 MAX 7000S 系列器件的内部结构中还包含全局时钟输入和全局输出使能的控制线。这些线在不用于此功能时，可以作为一般的输入使用。

1. 逻辑阵列块 LAB(Logic Array Block)

逻辑阵列块 LAB 是 MAX7000S 系列器件中最大的逻辑单元，由图 6.12 中可以看出每个逻辑阵列块 LAB 由 16 个宏单元构成，每个逻辑阵列块与各自对应的 I/O 控制块相连，4 个逻辑阵列块通过可编程连线阵列 PIA 和全局总线连接在一起，全局总线由所有的专用输入、I/O 引脚和宏单元反馈构成。利用这些连线可以实现不同逻辑阵列块之间的连接，用以实现更复杂的逻辑功能。

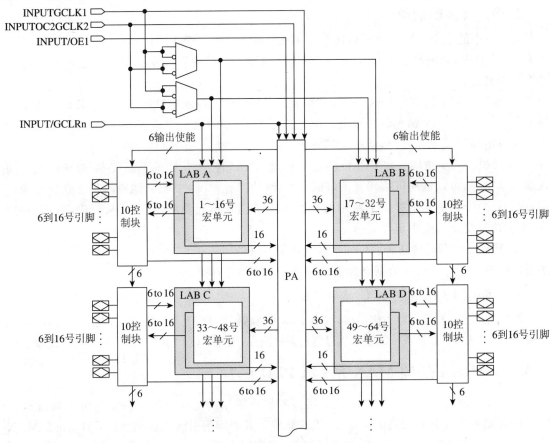

图 6.12 MAX7000S 系列器件的内部结构

2. 宏单元(Macrocell)

宏单元是 MAX 7000S 系列器件的具体逻辑单元,用来实现各种具体的逻辑功能:宏单元由逻辑阵列、乘积项选择矩阵和可编程触发器构成,其结构如图 6.13 所示。逻辑阵列用来实现组合逻辑函数,每个宏单元提供 5 个乘积项。通过乘积项选择矩阵实现这 5 个乘积项的逻辑函数,或者使这 5 个乘积项作为宏单元触发器的辅助输入(清除、置位、时钟和时钟使能)。每个宏单元的一个乘积项还可以反馈到逻辑阵列。宏单元中的可编程触发器可以被单独编程为 D,T,JK 或 RS 触发器,可编程触发器还可以被旁路掉,用以实现纯组合逻辑方式工作。

3. 扩展乘积项(Expander product terms)

尽管大多数逻辑函数能够用每个宏单元中的 5 个乘积项实现,但某些逻辑函数更为复杂,需要附加乘积项;为提供所需的逻辑资源、可以利用另一个宏单元内部的逻辑单元的逻辑资源。MAX 7000 结构也允许利用共享和并联扩展乘积项(扩展项)作为附加的乘积项直接送到同一逻辑阵列块的任意宏单元。利用扩展项可保证在实现逻辑综合时,用尽可能少的逻辑资源,实现尽可能高的工作速度。

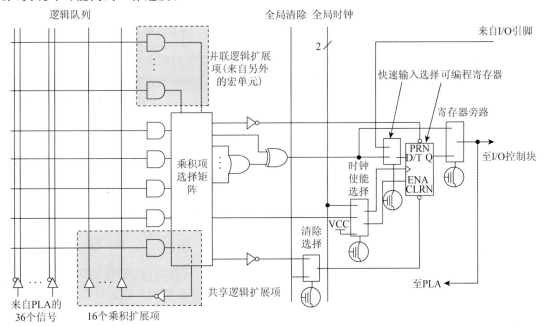

图 6.13 MAX7000 系列的宏单元结构图

4. 可编程连线阵列 PIA

通过可编程连线阵列把各逻辑阵列块 LAB 相互连接,构成用户所需要的逻辑功能。这个全局总线是可编程的通道,它把器件中任何信号源连到其目的地上。所有 MAX 7000 的专用输入、I/O 引脚和宏单元输出均馈送到 PIA,PIA 再把这些信号送到整个器件内的各个地方。只有每个逻辑阵列块 LAB 所需的信号才真正给它提供从 PIA 到该逻辑阵列块上的连线。图 6.14 给出了 PIA 的信号连接到逻辑阵列块 LAB 的方法。EEPROM 单元控制二输入与门的一个输入端,通过对 EEPORM 单元的编程来选通驱动逻辑阵列块 LAB 的可编程连线阵列 PIA 信号。MAX 7000 的可编程连线阵列 PIA 有固定延时。因此,可编程连线阵列 PIA 消除了信号之间的时间偏移,使得延时性能也可以预测。

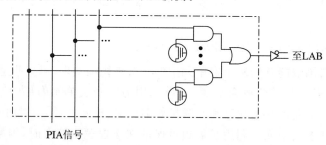

图 6.14 PIA 与逻辑阵列块 LAB 连接方式

5. I/O 控制块 IOC

I/O 控制块允许每个 I/O 引脚单独地配置成输入/输出或双向工作方式。所有 I/O 引脚都有一个三态输出缓冲器,输出三态缓冲器的使能端受可编程数据选择器输出信号驱动。这个输出使能信号或受两个全局输出使能信号中的一个控制,或者把使能端直接连接到地 (GND) 或电源 (V_{CC}) 上。

MAX 7000 结构提供了双 I/O 反馈,且宏单元和引脚的反馈是相互独立的。配置成输入时,有关的宏单元可用于隐埋逻辑使用。

6.4 FPGA

现场可编程逻辑门阵列 FPGA 与 PAL、GAL 器件相比,它的优点是可以实时地对外加或内置的 RAM 或 EPROM 编程,实时地改变器件功能,实现现场可编程(基于 EPROM 型)或在线重配置(基于 RAM 型),是科学实验、样机研制、小批量产品生产的最佳选择器件。

6.4.1 FPGA 的基本结构

FPGA 在结构上包含 3 类可编程资源:可编程逻辑功能块(Configurable Logic Block,CLB),可编程 I/O 块(I/O Block,IOB)和可编程互连(Interconnect Resource,IR)。如图 6.15 所示,可编程逻辑功能块是实现用户功能的基本单元,它们通常排列成一个阵列,散布于整个芯片；可编程 I/O 块完成芯片上逻辑与外部封装脚的接口，常围绕着阵列于芯片四周，可编程内部互连包括各种长度的线段和编程连接开关，它们将各个可编程逻辑块或 I/O 块连接起来，构成特定功能的电路。不同厂家生产的 FPGA 在可编程逻辑块的规模、内部互连线的结构和采用的可编程元件上存在较大的差异。较常用的是 Xilinx 和 Altera 公司的 FPGA 器件。常见 FPGA 的结构主要有：查找表结构、多路开关结构、多级与非门结构。

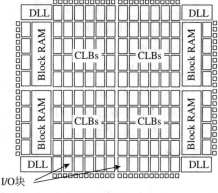

图 6.15　FPGA 的基本结构

1. 查找表型 FPGA 结构

查找表型 FPGA 的可编程逻辑功能块是查找表(Look-Up-Table，LUT)，由查找表构成函数发生器，通过查找表来实现逻辑函数。LUT 本质上就是一个 RAM，N 个输入项的逻辑函数可以由一个 2^N 位容量的 RAM 实现，函数值存放在 RAM 中，RAM 的地址线起输入线的作用，地址即输入变量值，RAM 输出为逻辑函数值，由连线开关实现与其他功能块的连接。目前 FPGA 中多使用 4 输入的 LUT，所以每一个 LUT 可以看成一个有 4 位地址线的 $16×1$ 的 RAM。当用户通过原理图或 HDL 语言描述了一个逻辑电路以后，PLD/FPGA 开发软件会自动计算逻辑电路的所有可能的结果，并把结果事先写入 RAM，这样，每输入一个信号进行逻辑运算就等于输入一个地址进行查表，找出地址对应的内容，然后输出即可。查找表型 FPGA 产品有 Altera 的 ACEX、APEX、FLEX10K 系列，Xilinx 的 Spartan、Virtex 系列等。

2. 多路开关型 FPGA

在多路开关型 FPGA 中，可编程逻辑功能块是可配置的多路开关。利用多路开关的特性对多路开关的输入和选择信号进行配置，接到固定电平或输入信号上，从而实现不同的逻辑功能。

3. 多级与非门型 FPGA

多级与非门型 FPGA 结构基于一个与-或-异或逻辑块，该基本电路可以用一个触发器和一个多路开关来扩充。多路开关选择组合逻辑输出、寄存器输出、锁存器输出。异或门用于增强逻辑块功能，当异或门输入端分离时，其作用相当于或门，可以形成更大的或函数，用来实现其他算术功能。

6.4.2　Altrea 公司 FPGA 系列 FLEX10K 器件的结构

Altem 公司的 FLEX10K 是工业界第一个嵌入式的 PLD，具有高密度、低成本、低功率等优点。其结构在 Altera 的 FPGA 器件中具有典型性，本节以此器件为例，介绍 FPGA 的结构与工作原理。该器件的主要结构特点是除主要的逻辑阵列块(LAB)之外，首次采用了嵌入阵列块(EAB)。每个阵列块包含 8 个逻辑单元(LE)和一个局部互连。一个 LE 又由四输入查找表(LUT)、一个可编程寄存器和专用的传输和级联功能的信号通道所组成。

在 FLEX10K 器件中,把每一组逻辑单元(8 个 LE)组成一个逻辑阵列块(LAB),所有的逻辑阵列块排成行和列。在一行里还包含一个单一的 EAB。多个 LAB 和多个 EAB 采用快速通道互相连接。

嵌入式阵列块是 FLEX10K 系列器件在结构设计上的一个重要部件,它是一个输入端口和输出端口都带有寄存器的一种灵活的 RAM 块,嵌入阵列块组成的规模和灵活性对比较多的内存是适宜的,功能包括乘法器、向量的标准和误差矫正电路等。在应用中,这些功能又能够联合完成数字滤波器和微控制器的功能。

采用可编程的带有只读平台的嵌入阵列块在配置期间可执行逻辑功能并建立一个大的查找表,在这个查找表里用查找的结果执行组合逻辑函数,而不用计算它们。显然,用这种组合逻辑函数执行比通常在逻辑里应用算法执行要快,而且专用 EAB 容易应用,并且快速提供可能预测的延迟。

每一个 FLEX10K 器件含有一个实现存储和专用逻辑功能的嵌入阵列;一个实现一般逻辑的逻辑阵列;一个是可编程的内连线带。其结构框图如图 6.16 所示。

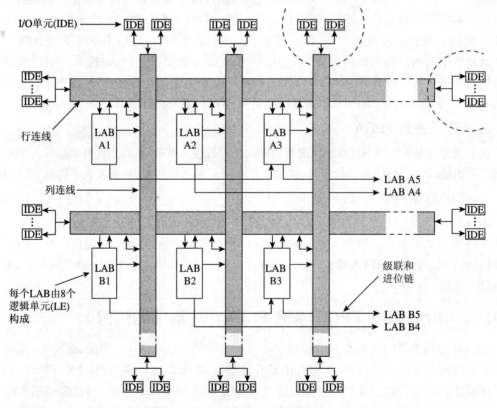

图 6.16 FLEX10K 器件结构框图

嵌入阵列由一系列嵌入阵列块(EAB)构成。当它用来实现存储功能时,每个 EAB 提供 2 048 比特容量,可用来完成 RAM、ROM 及双口 RAM 功能等。当用它实现逻辑功能时,每个 EAM 可提供 200～600 门以实现复杂的逻辑功能,如实现微控制器、数字信号处理等。嵌入阵列块可以单独使用,也可多个 EAB 联合使用,以实现更强大的功能。

逻辑阵列由逻辑阵列块(LAB)构成,每个逻辑块类似于一个低密度的 PLD,包括乘积项阵列、乘积项分配和宏单元。

嵌入阵列和逻辑阵列的结合提供了嵌入式门阵列的高性能和高密度,可以使设计者在某个器件上实现一个完整的系统。

FLEX10K 器件在上电时,通过保存在 Altera 串行配置 EPROM 中的数据,或系统控制器提供的数据进行配置。FLEX10K 器件经过配置后,可以装入新的配置数据,实现在线重新配置。并可以在系统运行时,完成重新配置的实时操作。

FLEX10K 器件内部的信号连接以及与器件引脚的信号连接,由快速互连通道完成,快速互连通道是快速的,且连续运行于整个器件行和列的通道中。

每个 I/O 引脚由位于快速通道互联的每个行列两端的 I/O 单元(IOE)输入,每个 IOE 包括一个双向 I/O 缓冲器和一个触发器,这个触发器用作数据输入、输出或双向信号的输出或输入寄存器。和专用时钟引脚连接时,这些寄存器提供附加性能。输入时提供 4.2 ns 的建立时间和 10 ns 保持时间;输出时这些寄存器提供 6.7 ns 的保持时间。此外 IOE 还提供三态缓冲器,开关输出等。

6.4.3 嵌入阵列块(Embedded Array Block, EAB)

嵌入阵列块是一种在输入输出端口上带有寄存器的灵活 RAM(随机读写存储器)电路,用来实现一般门阵列的宏功能,适合实现乘法器、矢量标量、纠错电路等功能。因为它很大也很灵活,还可应用于数字滤波器和微控制器等领域。

逻辑功能通过配置过程中对 EAB 的编程来实现,产生一个 LUT(查找表)。有了 LUT,组合功能就可以通过查表结果来实现,而不是通过计算,比用一般逻辑实现的算法快,这一特点因 EAB 的快速存取时间得到进一步增强。EAB 的大容量允许设计者在一个逻辑级上实现复杂的功能,减少了增加逻辑单元带来的路径延时。例如,一个 LPM 宏函数,可自然而然地利用 EAB 实现。

EAB 可用来实现同步 RAM,它比异步 RAM 更容易使用。使用异步 RAM 的电路必须产生 RAM 的写使能(WE)信号,并确保数据和地址信号符合与写使能信号相关的建立和保持时间要求。与此相反,EAB 的同步 RAM 产生自己独立的写使能信号,并且根据全局时钟的关系进行自定时。使用 EAB 自定时的 RAM 只需要符合全局时钟建立和保持时间的要求。

每个 EAB 被用作 RAM 时,可以按下列规格地址进行配置:256×8 位,512×4 位,1 024×2 位或 2 048×1 位。较大的 RAM 块可以由多个 EAB 连接产生。例如,两个 256×8 位 RAM

连接可组成 256×16 位 RAM；两个 512×4 位的 RAM 块连接可组成 512×8 位的 RAM，如果必要，一个器件里的所有 EAB 可级联形成一个 RAM 块。EAB 可级联成 2 048×8 位的 RAM 块而不影响定时。

  EAB 为驱动和控制时钟信号提供灵活的选择，如图 6.17 所示。EAB 的输入和输出可以用不同的时钟。寄存器可以独立地运用在数据输入、EAB 输出或地址写使能信号上。全局信号和 EAB 的局部互连都可以驱动写使能信号。全局信号、专用时钟引脚和 EAB 的局部互连能够驱动 EAB 时钟信号。由于逻辑单元可驱动 EAB 局部互连，所以可以用来控制写信号 EAB 的时钟信号。每个 EAB 有行互连馈入信号，其输出可以驱动行和列互连，每个 EAB 输出最多驱动两个行通道和两个列通道；没有用到的行通道可由其他逻辑单元驱动。这一特性为 EAB 输出增加了可用的布线资源。

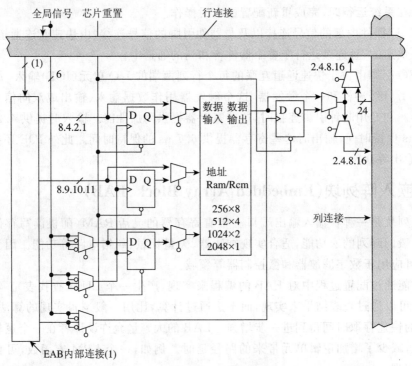

图 6.17 FLEX10K 器件的 EAB

6.4.4 逻辑阵列块(Logic Array Block, LAB)

  FLEX10K 的逻辑阵列块也括 8 个逻辑单元(LE)，相关的进位链和级联链、LAB 控制信号以及 LAB 局部互连线，如图 6.18 所示，LAB 构成了 FLEX10K 结构的"粗粒度"构造，可以有效地布线，并使器件利用率和性能提高。

每个 LAB 提供 4 个可供所有 8 个 LE 使用的可编程反相控制信号,其中 2 个可用作时钟信号,另外 2 个用作清除/置位控制。LAB 的时钟可由专用时钟输入引脚、全局信号、I/O 引脚或借助 LAB 局部互连的任何内部信号直接驱动。LAB 的置位控制信号由全局信号、I/O 信号或借助 LAB 局部互连的内部信号驱动。

全局控制信号一般用作公共时钟、清除或置位信号,因为它们通过该器件时引起的偏移很小,所以可以提供同步控制。如果控制信号需要某种逻辑,则可用任何 LAB 中的一个或多个 LE 形成,并经驱动后送到它的 LAB 的局部互连线上。另外,全局控制信号可由 IE 输出产生。

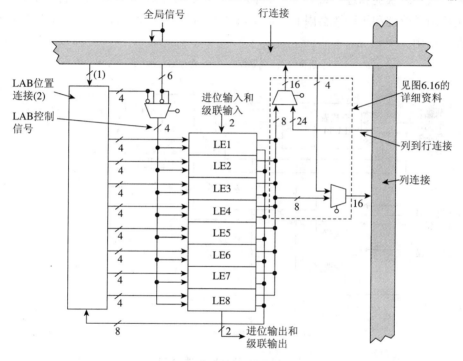

图 6.18　FLEX10K 器件的 LAB

6.4.5　逻辑单元(Logic Element,LE)

LE 是 FLEX10K 结构里最小的逻辑单位;每个 LE 含有一个 4 输入的查找表(Look-Up Table,LUT)、一个可编程的具有同步使能的触发器、进位链和级联链,如图 6.19 所示。

LUT 是一种函数发生器,它能快速计算 4 个变量的任意函数。每个 LE 可驱动局部的以及快速通道的互连。

LE 中的可编程触发器可设置成 D、T、JK 或 RS 触发器。该触发器的时钟、清除和置位控制信号可由专用的输入引脚、通用 I/O 引脚或任何内部逻辑驱动。对于纯组合逻辑,可将该触发器旁路,LUT 的输出直接驱动 LE 的输出。LE 有两个驱动互联通道的输出引脚:一个驱动局部互联通道,另外一个驱动行或列快速互联通道。这两个输出可被独立控制,例如,LUT 可以驱动一个输出,寄存器驱动另一输出,这一特征被称为寄存器填充。因为寄存器和 LUT 可被用于不同的逻辑功能,所以能提高 LE 利用率。

  FLEX10K 的结构提供两条专用高速通路,即进位链和级联链,它们连接相邻的 LE 但不占用通用互连通路。进位链支持高速计数器和加法器,级联链可在最小延时的情况下实现多输入逻辑函数。级联链和进位链可以连接同一 LAB 中的所有 LE 和同一行中的所有 LAB。因为大量使用进位链和级联链会限制其他逻辑的布局与布线,所以建议只在对速度有较高要求的情况时使用。

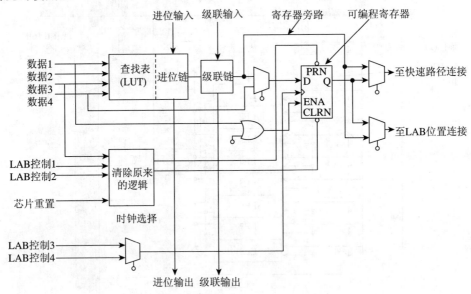

图 6.19　FLEX10K 器件的 LE

6.4.6　快速通道互连

  在 FLEX10K 结构中,快速通道互连提供 LE 和 I/O 引脚的连接贯穿整个器件的水平或垂直布线通道。

  快速互连通道由跨越整个器件的行列互连通道构成。LAB 的每一行由一个专用行连线带传递。行互连能驱动 I/O 引脚,馈给器件中的其他 LAB。列连线带连接行与行之间的信号,并驱动 I/O 引脚。LAB 的每列由专用列连接带服务,一个来自列互联的信号可以是 LE 的输出信号,或者 I/O 引脚的输入。它必须在进入 EAB 或 LAB 之前传送给行连接带。每个由 IOE 或 LAB 驱动的行通道可以驱动一个专用列通道。

为了提高布通率,行互连有全长通道和半长通道。全长通道连接一行中的所有 LAB,半长通道连接半行中的 LAB。这种结构增加了布线资源。

6.4.7 输入输出单元(IOE)

一个 IOE 包含一个双向的 I/O 缓冲器和寄存器,寄存器可作输入寄存器使用,这是一种需要快速建立时间的外部数据的输入寄存器,IOE 的寄存器也可当作需要快速"时钟到输出"性能的数据输出寄存器使用。在有些场合,用 LE 寄存器作为输入寄存器会比用 IOE 寄存器产生更快的建立时间。IOE 可用作输入、输出或双向引脚,图 6.20 表示了 FLEX10K 的输入输出单元(IOE)。

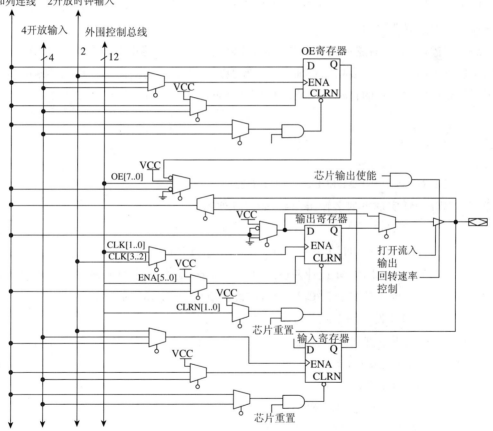

图 6.20 FLEX10K 的输入输出单元(IOE)

I/O 控制信号网络,也称外围控制总线,从每个 IOE 中选择时钟、清除、输出使能控制信号。外围控制总线利用高速驱动器使器件中电压摆率(Slew-Rate)达到最小;它可以提供多达 12 个外围控制信号,其划分为:8 个输出使能信号;6 个时钟使能信号;2 个时钟信号;2 个消除信号。

如果需要大于 6 个的时钟信号,或大于 8 个的输出使能信号,则每个 IOE 可由专用 LE 驱动的时钟使能信号和输出使能信号控制。除了外围控制总线上的两个时钟信号外,每个 IOE 可使用两个专用时钟引脚之一。

(1) 行到 IOE 的连接

IOE 用作输入信号时,它可以驱动两个独立的行通道。该行中的所有 LE 都可以访问这个信号。IOE 作为输出时,其输出信号由一个对行通道实现信号选择的多路选择器驱动。

(2) 列到 IOE 的连接

IOE 作为输入时,可驱动两个独立的列通道。IOE 作输出时,输出信号由一个对列通道进行选择的数据选择器驱动。

综上所述,FPGA 的逻辑资源十分丰富,可以实现各种功能电路和复杂系统,它是门阵列市场快速发展的部分。许多功能更加强大、速度更快、集成度更高的芯片也在不断的问世。为实现系统设计的进一步的目标,"系统芯片(SoC System on Chip)"准备了条件。

6.5 习 题

6-1 试述 PROM、EPROM 和 EEPROM 的特点。

6-2 用 EPROM 实现下列多输出函数,画出阵列图。

(1) $F1 = \overline{B}\overline{C}\overline{D} + \overline{A}\overline{B}C + \overline{A}\overline{B}C + \overline{A}BD + ABD$

(2) $F2 = B\overline{D} + AHI) + \overline{A}\overline{B}D + \overline{A}C\overline{D} + \overline{A}\overline{B}D + A\overline{B}C\overline{D}$

6-3 用适当规模的 EPROM 设计两位二进制乘法器,输入乘数和被乘数分别 $A[1..0]$ 和 $B[1..0]$ 输出为 4 位二制数 $C[3..0]$,并说明所用 EPROM 的容量。

6-4 试用 EPROM 设计一个三位二进制数乘方电路。

6-5 用 ROM 实现下列代码转换器

(1) 二进制码至 2421 码

(2) 循环码至余 3 码

(3) 6 位二进制码至 8421 码

6-6 试用 EPROM 设计一字符发生器,发生的字符为 H。

6-7 用 GALL6V8 实现第 2 题的多输出函数。

6-8 试设计一个用 PAL 实现的比较器,用来比较两个 2 位二进制数 A_1A_0 和 B_1B_0 时,当 $A_1A_0 > B_1B_0$ 时 $Y_1 = 1$;当 $A_1A_0 = B_1B_0$ 时,$Y_2 = 1$;当 $A_1A_0 < B_1B_0$ 时,$Y_3 = 1$。

6-9 用适当的 PAL 器件设计一个三位二进制数乘方电路。

6-10 GAL 和 PAL 有哪些异同之处？各有哪些特点？

6-11 逻辑器件有哪几种基本类型？各有哪些优缺点？

6-12 PLD 器件有哪几种分类方法？按不同的方法划分 PLD 器件分别有哪几种类型？

6-13 PLD 器件有哪几种基本结构？各有什么特点？

6-14 PROM、PLA、PAL、GAL、CPLD 和 FPGA 等主要 PLD 器件的基本结构是什么？

6-15 目前主要的 FPGA 供应商有几家？请简要说明 Xilinx 公司和 Altera 公司主流 FPGA 器件有哪些。

6-16 通过网络查找有关 DE0 开发板、DE0-Nano 开发板、DE2 开发板、DE2-70 开发板和 DE2-115 开发板上的 FPGA 器件的型号。

第 7 章

VHDL 设计基础

7.1 VHDL 的基本组成

一个完整的 VHDL 语言程序通常包含实体(Entity)、构造体(Architecture)、配置(Configuration)、包集合(Package)和库(Library)5 个部分。实体、构造体、配置和包集合是可以进行编译的源程序单元,库用于存放已编译的实体、构造体、包集合和配置。

7.1.1 实 体

设计实体由两部分组成:接口描述和一个或多个结构体。

接口描述即为实体说明,任何一个 VHDL 程序必须包含一个且只能有一个实体说明。实体说明定义了 VHDL 所描述的数字逻辑电路的外部接口,它相当于一个器件的外部视图,从外面看器件的外貌,有输入端口和输出端口,也可以定义参数。电路的具体实现不在实体说明中描述,而是在结构体中描述的。相同的器件可以有不同的实现,但只对应唯一的实体说明。实体的一般格式如下:

```
ENTITY 实体名 IS
  [GENERIC(类属表);]
  [PORT(端口表);];
  END [ENTITY] [实体名];
```

1. 实体说明

一个基本设计单元的实体说明以"ENTITY 实体名 IS"开始,至"END 实体名"结束。例如,在例 7-1 中从"ENTITY demulti_4 IS"开始,至"END demulti_4"结束。

例 7-1 描述 4 路数据分配器的设计实体。

```
ENTITY demulti_4 IS
  PORT(D: IN  STD_LOGIC;
       S : IN  STD_LOGIC_VECTOR(1 downto 0);
```

```
        Y0,Y1,Y2,Y3 : OUT STD_LOGIC);
END demulti_4;
```

实体说明在 VHDL 程序设计中描述一个元件或一个模块与设计系统的其余部分(其余元件、模块)之间的连接关系,可以看作一个电路图的符号。因为在一张电路图中,某个元件在图中与其他元件的连接关系是明显直观的,如图 7.1 所示为实体 demulti_4 4 路数据分配器元件符号图。

2. 类属参数说明(可选项)

类属参数是一种端口界面常数,以一种说明形式放在实体或结构体中。类属参数说明必须放在端口说明之前,用于指定参数。类属参数一般用来指定 VHDL 程序中的一些可以人为修改的参数值,比如:指定信号的延迟时间值、数据线的宽度以及计数器的模数等。

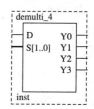

图 7.1 实体 demulti_4 4 路数据分配器元件符号图

类属说明的一般书写格式如下:

```
GENERIC([常数名 : 数据类型[ : 设定值]
       {;常数名 : 数据类型[ : 设定值]});
```

类属参数说明语句是以关键词 GENERIC 引导一个类属参数表,在表中提供时间值或数据线的宽度等静态信息,类属参数说明用于设计实体和其外部环境通信的参数和传递信息,类属在所定义的环境中的地位与常数相似,但性质不同。常数只能从设计实体内部接受赋值,且不能改变,但类属参数却能从设计实体外部动态地接受赋值,其行为又类似于端口 PORT,设计者可以从外面通过类属参数的重新定义,改变一个设计实体或一个元件的内部电路结构和规模。例 7-2 给出了类属参数说明语句的一种典型应用,它为迅速改变数字逻辑电路的结构和规模提供了便利的条件。

例 7-2 含有参数类属参数说明的实体说明。

```
LIBRARY IEEE;
  USE IEEE.STD_LOGIC_1164.ALL;
ENTITY andn IS
    GENERIC ( n : INTEGER );        --定义类属参量及其数据类型
    PORT(a : IN STD_LOGIC_VECTOR(n-1 DOWNTO 0);--用类属参量限制矢量长度
         c : OUT STD_LOGIC);
END andn ;
```

3. 端口表(PORT)

端口表是对设计实体外部接口的描述,即定义设计实体的输入端口和输出端口。端口即为设计实体的外部引脚,说明端口对外部引脚信号的名称、数据类型和输入输出方向。端口表的组织结构必须有一个名字、一个通信模式和一个数据类型。在使用时,每个端口必须定义为信号(signal),并说明其属性,每个端口的信号名必须唯一,并在其属性表中说明数据传输通过该端口的方向和数据类型。

端口表的一般格式为:

PORT([SIGNAL]端口名:[方向]子类型标识[BUS][:=静态表达式],…);

(1) 端口名

端口名是赋予每个外部引脚的名称。在 VHDL 程序中有一些已有固定意义的保留字。除开这些保留字,端口名可以是任何以字母开头的包含字母、数字和下划线的一串字符。为了简便,通常用一个或几个英文字母来表示,如:D、Y0、Y1 等。而 1A、Begin、N♯3 是非法端口名。

(2) 端口方向

端口方向用来定义外部引脚的信号方向是输入还是输出。例如:例 7-1 中 D 是输入引脚,用"IN"说明,而 Y0 为输出引脚,用"OUT"说明。

VHDL 语言提供了如下端口方向类型:

- IN——输入　信号自端口输入到构造体,而构造体内部的信号不能从该端口输出。
- OUT——输出　信号从构造体内经端口输出,而不能通过该端口向构造体输入信号。
- INOUT——双向端口　既可输入也可输出。
- BUFFER——同 INOUT　既可输入也可输出,但限定该端口只能有一个源。
- LIKAGE——不指定方向　无论哪个方向都可连接。

(3) 数据类型

VHDL 中有多种数据类型。常用的有布尔代数型(BOOLEAN),取值可为真(true)或假(false);位型(BIT)取值可为"0"或"1";位矢量型(Bit-vector);整型(INTEGER),它可作循环的指针或常数,通常不用于 I/O 信号;无符号型(UNSIGNED);实型(REAL)等,另外还定义了一些常用类型转换函数,如 CONV_STD_LOGIC_VECTOR(x,y)。

一般,由 IEEE std_logic_1164 所约定的 EDA 工具支持和提供的数据类型为标准逻辑(Standard Logic)类型。标准逻辑类型也分为布尔型、位型、位矢量型和整数型。为了使 EDA 工具的仿真、综合软件能够处理这些逻辑类型,这些标准必须从实体的库中或 USE 语句中调用标准逻辑型(STD_LOGIC)。在数字系统设计中,实体中最常用的数据类型就是位型和标准逻辑型。

在例 7-1 中 D 和 S[1..0]为模块的输入端口,定义的数据类型为标准逻辑型 STD_LOGIC,Y0、Y1、Y2、Y3 为模块的输出端口,定义的数据类型也为标准逻辑型。

7.1.2 构造体

实体只定义了设计的输入和输出,构造体则具体地指明了设计单元的行为、元件及内部的连接关系。构造体对基本设计单元具体的输入输出关系可以用以下3种方式进行描述。

行为描述:基本设计单元的数学模型描述,采用进程语句,顺序描述被称为设计实体的行为,是高层次的概括,是整体设计功能的定义。

数据流描述:它描述了数据流程的运动路径、方向和结果。采用并发信号赋值语句顺序描述数据流在控制流作用下被加工、处理、存储的全过程。

结构描述:逻辑元器件连接描述,采用并行处理语句描述设计实体内的结构组织和元件互连关系。

一个构造体的一般书写格式描述如下:

```
ARCHITECTURE 构造体名 OF 实体名 IS
[定义语句]内部信号、常数、数据类型、函数等的定义;
BEGIN
[并行处理语句];
END 构造体名;
```

1. 构造体的命名

构造体可以自由命名,但通常按照设计者使用的描述方式命名为 behavioral(行为)、dataflow(数据流)或者 structural(结构)。命名格式如下:

```
ARCHITECTURE behavior OF demulti_4 IS      ——用结构体的行为命名
ARCHITECTURE dataflow OF demulti_4 IS      ——用结构体的数据流命名
ARCHITECTURE structural OF demulti_4 IS    ——用结构体的结构命名
```

根据命名举例说明,上述几个结构体都属于设计实体 demulti_4,每个结构体有着不同的名称,使得阅读 VHDL 程序的人能直接从结构体的描述方式了解功能,定义电路行为。因为用 VHDL 写的文档不仅是 EDA 工具编译的源程序,而且最初主要是项目开发文档供开发商、项目承包人阅读的。这就是硬件描述语言与一般软件语言不同的地方之一。

2. 定义语句

定义语句位于 ARCHITECTURE 和 BEGIN 之间,用于对构造体内部所使用的信号、常数、数据类型和函数进行定义,结构体的信号定义和实体的端口说明一样,应有信号名称和数据类型定义,但不需要定义信号模式,不用说明信号方向,因为是结构体内部连接用信号。

3. 并行处理语句

并行处理语句位于语句 BEGIN 和 END 之间,这些语句具体地描述了构造体的行为。在开始一个数字逻辑系统设计之前,设计者脑海里已有对该设计的算法描述。所以在刚开始,设计者往往采用行为描述法。

例 7-3 结构体的行为描述。

```
ARCHITECTURE behavior OF ones_cnt IS
BEGIN
  PROCESS(A)
    VARIABLE NUM: INTEGER range 0 to 3;
  BEGIN
    NUM: = 0;
    FOR I IN 0 TO n LOOP
      IF A(I) = '1'THEN
        NUM: = NUM + 1;
      END IF;
    END LOOP;
    CASE NUM IS
      WHEN 0 => C<= "00";
      WHEN 1 => C<= "01";
      WHEN 2 => C<= "10";
      WHEN 3 => C<= "11";
    END CASE;
  END PROCESS;
END behavior;
```

例 7-3 的主要功能就是:一个循环语句不断检测输入信号,从最低位 A0 到最高位 A2,如果检测到某一位为"1",则变量 NUM 加 1,同时根据 NUM 值,输出"1"的个数。在该构造体中,我们看不到具体的电路实现,只看到一个进程模型和各种处理语句,这就是行为描述方式,是通过对系统数学模型的描述,大量采用算术运算、关系运算、惯性延时、传输延时等难于进行逻辑综合和不能进行逻辑综合的 VHDL 语句。一般来说,采用行为描述方式的 VHDL 语言程序主要用于系统数学模型的仿真或者系统工作原理的仿真。

对于该实体,我们还有另外一种方法来描述它。图 7.2 给出了两个输出 C_1 和 C_0 的卡诺图。从图 7.2 中我们可以得到 C_1 和 C_0 的逻辑表达式。

$$C_1 = A_1 \cdot A_0 + A_2 \cdot A_0 + A_2 \cdot A_1 \qquad (7-1)$$

$$C_0 = A_2 \cdot \overline{A_1} \cdot \overline{A_0} + \overline{A_2} \cdot \overline{A_1} \cdot A_0 + A_2 \cdot A_1 \cdot A_0 + \overline{A_2} \cdot A_1 \cdot \overline{A_0} \qquad (7-2)$$

根据输出表达式式(7-1)和式(7-2)我们可以有另外一种描述方式,如例 7-4 所示。

A_2 \ A_1A_0	00	01	11	10
0	0	0	1	0
1	0	1	1	1

(a) C_1 的卡诺图

A_2 \ A_1A_0	00	01	11	10
0	0	1	0	1
1	1	0	1	0

(b) C_0 的卡诺图

图 7.2　计算"1"个数计数器的卡诺图

例 7-4　结构体的数据流描述。

ARCHITECTURE data_flow OF ones_cnt IS
BEGIN
C_1 <= (A_1 AND A0) OR (A_2 AND A_0) OR (A_2 AND A_1);
C_0 <= (A_2 AND NOT A_1 AND NOT A_0) OR (NOT A_2 AND NOT A_1 AND A_0) OR(A_2 AND A_1 AND A_0) OR (NOT A_2 AND A_1 AND NOT A_0);
END data_flow;

该描述方式即为数据流描述方式。相比与行为描述方式,数据流描述方式接近电路的物理实现,因此是可以进行逻辑综合。而目前,只有一部分行为描述方式是可以进行逻辑综合的,很多在行为描述方式中大量使用的语句不能进行逻辑综合。

结构体的结构化描述法是层次化设计中常用的一种方法,图 7.3 是一个比较 4 位二进制数是否相等的比较器逻辑电路图,对于该逻辑电路,其对应的结构化描述程序如例 7-5 所示。

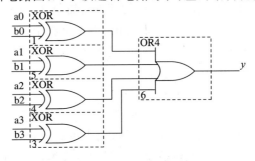

图 7.3　4 位等值比较器的逻辑电路图

例 7-5　4 位二进制数等值比较器的结构化描述法。

LIBRARY IEEE;
Use ieee.std_logic_1164.ALL;
ENTITY com_4 IS
PORT (a,b: in std_logic_vector(3 downto 0);
　　y: out std_logic);

```
END com_4;
USE work.gatespkg.ALL
ARCHITECTURE structural OF comparator IS
Signal x: std_logic(0 TO 7);
BEGIN
  u0: XOR2 PORT MAP (a(0),b(0),x(0));
  u1: XOR2 PORT MAP (a(1),b(1),x(1));
  u2: XOR2 PORT MAP (a(2),b(2),x(2));
  u3: XOR2 PORT MAP (a(3),b(3),x(3));
  u4: OR4 PORT MAP (x(0),x(1),x(2),x(3),y);
END structural;
```

在例 7-5 所示的结构体中,设计任务的程序包内定义了一个 4 输入或门 OR4 和一个异或门 XOR。把该程序包编译到库中,可通过 USE 从句来调用这些元件,并从 work 库中的 gatespkg 程序包里获取标准化元件。

在 4 位比较器的实体设计中,实体说明仅说明了该实体的 I/O 关系,而设计中采用的 4 输入或门 OR4 和二输入异或门 XOR 是标准元件。它的输入关系也就是 OR4 与 XOR 的实体说明,是用 USE 从句的方式从库中调用的。

除了一个常规的门电路,标准化后作为一个元件放在库中调用,用户自己定义的特殊功能的元件,也可以放在库中,方便调用,这个过程称为例化。尤其声明的是元件的例化不仅仅是常规门电路,这和标准化元件的含义不一样。即任何一个用户设计的实体,无论功能多么复杂,复杂到一个数字系统,如一个 CPU;还是多么简单,简单到一个门电路,如一个倒相器,都可以标准化成一个更加复杂的文件系统。现在在 EDA 工程中,工程师们把复杂的模块程序称作软核(softcore 或 IP Core)写入芯片中,调试仿真通过后则称为硬核。而简单通用的模块程序,称为元件,是共同财产,可以无偿使用。

7.1.3　程序包

程序包说明像 C 语言中的 Include 语句一样,用来单纯地包含设计中经常要用到的信号定义、常数定义、数据类型、元件语句、函数定义和过程定义等,是一个可编译的设计单元,也是库结构中的一个层次。要使用程序包必须首先用 USE 语句说明。

程序包由两部分组成:程序包说明和程序包体。程序包说明为程序包定义接口,声明包中的类型、元件、函数和子程序,其方式与实体定义模块接口非常相似。程序包体规定程序的实际功能,存放说明中的函数和子程序,程序包说明部分和程序包体单元的一般格式为:

```
PACKAGE 程序包名 IS
    [说明语句];
END 程序包名;    --程序包体名总是与对应的程序包说明的名字相同
```

```
PACKAGE BODY 程序包名 IS
    [说明语句];
END BODY;
```

程序包结构中,程序包体并非总是必须的,程序包首可以独立定义和使用。

程序包常用来封装属于多个设计单元分享的信息,常用的预定义程序包有:STD_LOGIC_1164 程序包、STD_LOGIC_ARITH 程序包、STANDARD 和 TEXTIO 程序包、STD_LOGIC_UNSIGNED和 STD_LOGIC_SIGNED 程序包。

7.1.4 库

1. 库的定义和语法

VHDL 库是经编译后的数据的集合,在库中存放包集合定义、实体定义、结构体定义和配置定义。库的功能类似于 UNIX 和 MS-DOS 操作系统中的目录,使设计者可以共享已经编译过的设计成果。库中存放设计的数据,通过其目录可查询、调用。在 VHDL 程序中,库的说明总是放在设计单元的最前面。

库的语法形式为:LIBRARY 库名;

USE 子句使库中的元件、程序包、类型说明、函数和子程序对本设计成为"可见"。USE 子句的语法形式为:USE 库名.逻辑体名;

例如:

```
LIBRARY ieee;
USE ieee.Std_logic_1164.all;
```

以上程序使库中的程序包 Std_logic_1164 中的所有元件可见,并允许调用。

2. 库的种类

在 VHDL 语言程序中存在的库分为两类:一类是设计库,另一类是资源库。设计库对当前项目是可见默认的。无需用 LIBRARY 子句、USE 子句声明,所有当前所设计的资源都自动存放在设计库中。资源库是常规元件和标准模块存放库。使用资源库需要声明要使用的库和程序包。资源库只可以被调用,但不能被用户修改。

(1) 设计库

STD 库和 WORK 库属于设计库的范畴。STD 库为所有的设计单元所共享,隐含定义、默认"可见"。STD 库是 VHDL 的标准库,在库中存放有"Standard"和"Textio"两个程序包。在用 VHDL 编程时,"Standard"程序包已被隐含地全部包含进来,故不需要"USE std.standard.all;"语句声明;但在使用"Textio"包中的数据时,应先说明库和包集合名,然后才可使用该包集合中的数据。例如:

```
LIBRARY std;
USE std.textio.all;
```

WORK 库是 VHDL 语言的工作库,用户在项目设计中设计成功的、正在验证的、未仿真的中间文件都放在 WORK 库中。

(2) 资源库

STD 库和 WORK 库之外的其他库均为资源库,它们是 IEEE 库、ASIC 库和用户自定义库。要使用某个资源库,必须在使用该资源库的每个设计单元的开头用 LIBRARY 子句显示说明。应用最广的资源库为 IEEE 库,在 IEEE 库中包含有程序包 STD_LOGIC_1164,它是 IEEE 正式认可的标准包集合。ASIC 库存放的是与逻辑门相对应的实体,用户自定义库是为自己设计所需要开发的共用程序包和实体的汇集。

VHDL 工具厂商与 EDA 工具专业公司都有自己的资源库,如 Altrea 公司 QuartusII 的资源库为:megafunctions 库、maxplus2、primitives 库、edif 库等。

3. 库的使用

(1) 库的说明

除 WORK 库和 STD 库之外,其他库在使用前首先都要做说明,在 VHDL 中,库的说明语句总是放在实体单元前面,即第一条语句应该是:"LIBRARY 库名;",库语句关键词 LIBRARY 声明使用什么库。另外,还要说明设计者要使用的是库中哪一个程序包以及程序包中的项目(如过程名、函数名等),这样第 2 条语句的关键词为 USE,USE 语句的使用使所说明的程序包对本设计实体部分或全部开放,即是可视的,其格式为:

USE 库名(library name). 程序包名(package name). 项目名(Item name);

如果项目名为 ALL,表明 USE 语句的使用对本设计实体开放指定库中的特定程序包内的全部内容。所以,一般在使用库时首先要用两条语句对库进行说明。

(2) 库说明的作用范围

库说明语句的作用范围是从一个实体说明开始到它所属的构造体、配置为止。当一个源程序中出现两个以上的实体时,两条作为使用的库的说明语句应在每个实体说明语句前重复书写。

7.1.5 配 置

配置语句用来描述层与层之间的连接关系以及实体与结构体之间的连接关系。在大而复杂的 VHDL 工程设计中,设计者可以利用这种配置语句来选择不同的结构体,使其与要设计的实体相对应,或者为例化的各元件实体配置指定的结构体。在仿真设计中,可以利用配置来选择不同的结构体进行性能对比试验,以得到性能最佳的设计目标。例如,要设计一个 2 输入 4 输出的译码器。假设一种结构中的基本元件采用反相器和 3 输入与门,另一种结构中的基本元件都采用与非门,它们各自的构造体是不一样的,并且放在各自不同的库中,那么要设计的译码器,就可以利用配置语句实现对两种不同的构造体的选择。

配置语句的书写格式为:

```
CONFIGURATION 配置名 OF 实体名 IS
FOR 选配结构体名
 END FOR;
END 配置名;
```

例 7-6 2 输入 4 输出译码器的设计程序。

```
ENTITY TWO_CONSECUTIVE IS
    PORT(CLK,R,X: IN STD_LOGIC;
              Z: OUT STD_LOGIC);
END TWO_CONSECUTIVE;
USE WORK.ALL;
ARCHITECTURE STRUCTURAL OF TWO_CONSECUTIVE IS
    SIGNAL Y0,Y1,A0,A1:STD_LOGIC: = '0';
    SIGNAL NY0,NX:STD_LOGIC: = '1';
    SIGNAL ONE:STD_LOGIC: = '1';
COMPONENT EDGE_TRIGGERED_D
    PORT(CLK,D,NCLR:IN STD_LOGIC;
          Q,QN   :OUT STD_LOGIC);
END COMPONENT;
FOR ALL:EDGE_TRIGGERED_D
    USE ENTITY EDGE_TRIG_D(BEHAVIOR);      --模块指针
COMPONENT INVG
    PORT(I:IN STD_LOGIC;
          O:OUT STD_LOGIC);
END COMPONENT;
FOR ALL:INVG
    USE ENTITY INV(BEHAVIOR);              --模块指针
COMPONENT AND3G
    PORT(I1,I2,I3:IN STD_LOGIC;
              O:OUT  STD_LOGIC);
END COMPONENT;
FOR ALL:AND3G
    USE ENTITY AND3(BEHAVIOR);             --模块指针
COMPONENT OR2G
    PORT(I1,I2:IN STD_LOGIC;
              O:OUT STD_LOGIC);
```

```
END COMPONENT;
FOR ALL:OR2G
    USE ENTITY OR2(BEHAVIOR);              --模块指针
BEGIN
  C1:EDGE_TRIGGERED_D
      PORT MAP(CLK,X,R,Y0,NY0);
  C2:EDGE_TRIGGERED_D
      PORT MAP(CLK,ONE,R,Y1,OPEN);
  C3:INVG
      PORT MAP(X,NX);
  C4:AND3G
      PORT MAP(X,Y0,Y1,A0);
  C5:AND3G
      PORT MAP(NY0,Y1,NX,A1);
  C6:OR2G
      PORT MAP(A0,A1,Z);
END STRUCTURAL;
```

1. COMPONENT 语句

例 7-6 中使用了 COMPONENT 语句和 PORT MAP 语句。在构造体的结构描述中，COMPONENT 语句是最基本的描述语句。该语句指定了本构造体中所调用的是哪一个现成的逻辑描述模块。在本例电路的结构体描述程序中，使用了 4 个 COMPONENT 语句，分别引用了现成的 4 种门电路的描述，元件名分别为 EDGE_TRIGGERED_D、INVG、AND3G 和 OR2G。这 4 种门电路已在 WORK 库中生成，在任何设计中用到它们，只要用 COMPONENT 语句调用就行了，无须在构造体中再对这些门电路进行定义和描述。COMPONENT 语句的基本书写格式如下：

```
COMPONENT 元件名
    GENERIC 说明：--参数说明
    PORT 说明；     --端口说明
END COMPONENT;
```

COMPONEN-INSTANTIATION（元件包装）语句可以在 ARCHITECTURE、PACKAGE 及 BLOCK 的说明部分中使用。COMPONENT-INSTANTIATION 语句的书写格式如下：

标号名:元件名 PORT MAP（信号,…）；

例如：

U2:AND2 PORT MAP(NSEL,D1,AB);

标号名"U2"放在元件名"AND2"的前面,在该构造体的说明中该标号名一定是唯一的。下一层元件端口信号与实际连接的信号用 PORT MAP 的映射关系联系起来。

2. 映射

映射方法有两种:一种是位置映射;一种是名称映射。

(1) 位置映射法

所谓位置映射法就是在下一层的元件端口说明中的信号书写位置和 PORT MAP()中指定的实际信号书写顺序一一对应。例如:在 2 输入与门中端口的输入输出定义为:

```
PORT MAP(A,B:IN BIT;
         C:OUT BIT);
```

在设计中引用的与门 AND2 的信号对应关系描述为:

```
U2:AND2 PORT MAP(NSEL,D1,AB);
```

也就是说,U2 的 NSEL 对应 A,D1 对应 B,AB 对应 C。

(2) 名称映射法

所谓名称映射法就是将已经存在于库中的现成模块的各端口名称,赋予设计中模块的信号名。例如:

```
U2:AND2 PORT MAP(A=>NSEL,B=>D1,C=>AB);
```

该方法中,在输出信号没有连接的情况下,对应端口的描述可以省略。

3. 配置

注意到例 7-6 的每个配置说明中都包含一个这样形式的语句:

```
FOR INSTANTIATED_COMPONENT USE LIBRARY_COMPONENT
```

意思是实例化的元件必须与库中的某一元件模型相对应。该元件与库中的元件具有相同功能,但有不同的名称和端口名称。在例 7-6 中该库就是 WORK 库,我们使用 EDGE_TRIGGERED_D、INVG、AND3G 和 OR2G 这 4 种元件组成了新的电路元件。

在 VHDL 中,提高结构模型可重用性的方法是在配置说明中搜索所有的连接信息,为此可写出通用程序包,设计出与任何半导体工艺、EDA 平台无关的元件。配置的功能就是把元件安装到设计单元的实体中,配置也是 VHDL 设计实体中的一个基本单元。配置说明可以看作是设计单元的元件清单,在综合和仿真中,可以利用配置说明为确定整个设计提供许多有用信息,例如对以元件例化的层次方式构成的 VHDL 设计实体,就可以把配置语句的设置看成是一个元件表,以配置语句指定在定层设计中的某一元件与一特定的结构体相衔接,或赋予特定属性。配置语句还能用于对元件的端口连接进行重新安排。

7.2 VHDL 语言的基本要素

VHDL 具有计算机编程语言的一般特性,其语言的基本要素是编程语句的基本单元。准确无误地理解和掌握 VHDL 语言基本要素的含义和用法,对高质量的完成 VHDL 程序设计有十分重要的意义,本节主要讨论标识符、客体、数据类型与运算符等基本要素。

7.2.1 VHDL 语言的标识符

VHDL 语言的标识符(identifiers)是最常用的操作符,可以是常数、变量、信号、端口、子程序或参数的名字。标识符规则是 VHDL 语言中符号书写的一般规则。不仅对电子系统设计工程师是一个约束,同时也为各种各样的 EDA 工具提供了标准的书写规范,使之在综合仿真过程中不产生歧义,易于仿真。

VHDL 语言有两个标准版:VHDL′87 版和 VHDL′93 版。VHDL′87 版的标识符语法规则经过扩展后,形成了 VHDL′93 版的标识符语法规则。前一部分称为短标识符,扩展部分称为扩展标识符。VHDL′93 版含有短标识符和扩展标识符两部分。

1. 短标识符

VHDL 的短标识符是遵守以下规则的字符序列:

(1) 必须以个 26 英文字母打头。
(2) 字母可以是大写、小写,数字包括 0~9 和下划线"_"。
(3) 下划线前后都必须有英文字母或数字。
(4) EDA 工具综合、仿真时,短标识符不区分大小写。

2. 扩展标识符

扩展标识符是 VHDL′93 版增加的标识符书写规则,对扩展标识符的识别和书写新规则都有规定:

(1) 扩展标识符用反斜杠来定界。
 \multi_screens\,\eda_centrol\等都是合法的扩展标识符。
(2) 允许包含图形符号、空格符。例如:
 \mode A and B\,\＄100\,\p％name\等。
(3) 反斜杠之间的字符可以用保留字。例如:
 \buffer\,\entity\,\end\等。
(4) 扩展标识符的界定符两个斜杠之间可以用数字打头。如:
 \100＄\,\2chip\,\4screens\等。
(5) 扩展标识符中允许多个下划线相连。如:

\Four_screens\ , \TWO_Computer_sharptor\ 等。

(6) 扩展标识符区分大小写。

\EDA\ 与\eda\ 不同。

(7) 扩展标识符与短标识符不同。

\COMPUTER\ 与 Computer 和 computer 都不相同。

在程序书写时,一般要求大写或黑体,自己定义的标识符用小写,使得程序易于阅读,易于检查错误。

合法的标识符举例:

multi_scr ,Multi_s ,Decode_4 ,MULTI,State2,Idel

非法的标识符举例:

illegal％name －－ 符号％不能成为标识符构成

_multi_scr －－ 起始为非英文字符

2 MULTI －－ 起始为数字

State_ －－ 标识符最后不能是下划线

ABS －－ 标识符不能是 VHDL 语言的关键词

7.2.2 VHDL 语言的客体

在 VHDL 语言中,凡是可以赋于一个值的对象叫客体(Object)。VHDL 客体包含专门数据类型,主要有 4 个基本类型:常量(CONSTANT)、信号(SIGNAL)、变量(VARIABLE)和文件(FILES)。其中文件类型是 VHDL′93 标准中新通过的。

1. 常量(constant)

常量是设计者给实体中某一常量名赋予的固定值,其值在运行中不变。若要改变设计中某个位置的值,只需改变该位置的常量值,然后重新编译即可。常量是一个全局变量,它可以用在程序包、实体、构造体、进程或子程序中。定义在程序包内的常量,可被所含的任何实体、构造体所引用;定义在实体说明内的常量仅仅在该实体内可见;定义在进程说明区域中的常量也只能在该进程中可见。

一般地,常量赋值在程序开始前进行,数据类型在实体说明语句中指明。常量说明的一般格式如下:

CONSTANT 常数名:数据类型:= 表达式;

举例如下:

16 位寄存器宽度指定:

CONSTANT width:integer: = 16;

设计实体的电源供电电压指定:

CONSTANT Vcc:real: = 2.5;

某一模块信号输入/输出的延迟时间:

CONSTANT DELAY1,DELAY2:time1: = 50 ns;

某CPU总线上数据设备向量:

CONSTANT PBUS: BIT_VECTOR: = "10000000010110011";

2. 变量(variables)

变量仅用在进程语句、函数语句、过程语句的结构中使用,变量是一个局部量,变量的赋值立即生效,不产生赋值延时。变量书写的一般格式为:

VARIABLES 变量名:数据类型 约束条件: = 表达式;

举例如下:

VARIABLES middle: std_logic: = '0'; -- 变量赋初值
VARIABLES u,v,w: integer;
VARIABLES count0: integer range 0 TO 255 : = 10;

在VHDL语言中,变量的使用规则和限制范围说明如下:
- 变量赋值是直接非预设的。在某一时刻仅包含了一个值。
- 变量赋值和初始化赋值符号用": ="表示。
- 变量不能用于硬件连线和存储元件。
- 在仿真模型中,变量用于高层次建模。
- 在系统综合时,变量用于计算,作为索引载体和数据的暂存。
- 在进程中,变量的使用范围在进程之内。若将变量用于进程之外,必须将该值赋给一个相同类型的信号,即进程之间传递数据靠的是信号。

3. 信号(signal)

信号是电子电路内部硬件实体相互连接的抽象表示。信号通常在构造体、程序包和实体说明中使用,用来进行进程之间的通信,它是个全局变量。信号可以被看作代表硬件电路中的连接线,用于连接各元件。信号描述的格式为:

SIGNAL 信号名:数据类型、约束条件: = 表达式;

举例如下:

SIGNAL sys_clk0:**BIT** : = '0';   -- 系统时钟变量
SIGNAL sys_out:**BIT** : = '1';   -- 系统输出状态变量

```
SIGNAL address:bit_vector(7 downto 0);    --地址宽度
```

信号的使用规则说明如下:
- ":="表示对信号直接赋值,可用来表示信号初始值不产生延时。
- "<="表示代入赋值,是变量之间信号的传递,代入赋值法允许产生延时。

例如:S1 <= S2 AFTER 10 ns;表明信号 S2 的值延时 10 ns 后赋予 S1。这里说的延时指的是惯性延时,它是在信号 S2 保持 10 ns 之后才能代入 S1,也就是说当信号 S2 的脉冲宽度大于 10 ns 时,该信号才能被传输到 S1,这样就可以滤除掉 S2 信号上的小于 10 ns 的毛刺,这是在 VHDL 设计中常用的延时处理方法。

4. 文件(files)

文件是传输大量数据的客体,包含一些专门数据类型的数值。在仿真测试时,测试的输入激励数据和仿真结果的输出都要用文件来进行。

常量、变量、信号、文件是可以赋值的客体,掌握这些客体的规范书写方法,灵活地用在 VHDL 的程序设计中,用 EDA 工具对设计进行综合、仿真、时序分析、故障测试等都很重要。

7.2.3 VHDL 语言的数据类型

在 VHDL 语言中,信号、变量、常数都要指定数据类型。为此,VHDL 提供了多种标准的数据类型。另外,为使用户设计方便,还可以由用户自定义数据类型。VHDL 语言的数据类型的定义相当严格,不同类型之间的数据不能直接代入;而且,即使数据类型相同,但位长不同时也不能直接代入。EDA 工具在编译、综合时会报告类型错。

1. 标准定义的数据类型

标准的数据类型有 10 种:整数(INTEGER)、实数(REAL)、位(BIT)、位矢量(BIT_VECTOR)、布尔量(BOOLEAN)、字符(CHARACTER)、字符串(STRING)、时间(TIME)、错误等级(SEVERITY LEVEL)、自然数(NATURAL)和正整数(POSITIVE)。下面对各数据类型作简要说明。

(1) 整数数据类型

在 VHDL 语言中,整数类型的数代表正整数、零、负整数,其取值范围是:$-(2^{31}-1) \sim (2^{31}-1)$,可用 32 位有符号二进制数表示。千万不要把一个实数赋予一个整数变量,因为 VHDL 是一个强类型语言,它要求在赋值语句中的数据类型必须匹配。在使用整数时,VHDL 综合器要求用 RANGE 字句为所定义的数限定范围,然后根据所限定的范围来决定此信号或变量的二进制数位数,VHDL 综合器无法综合未限定整数类型范围的信号或变量。整数的例子如下:

+1223,-457,158E3(=158000),0,+23

(2) 实数数据类型

VHDL 的实数类似于数学上的实数,或称浮点数。实数的取值范围是 $-1.0E+38 \sim +1.0E+38$。通常情况下,实数类型仅在 VHDL 仿真器中使用,而 VHDL 综合器不支持。实数数据类型书写时一定要有小数点,例如:

$-2.0, -2.5, -1.52E-3$(十进制浮点数),$8\#40.5\#E+3$(八进制浮点数)

有些数可以用整数表示也可以用实数表示。例如,数字 1 的整数表示为 1,而实数表示为 1.0。两个数值是一样的,但数据类型是不一样的。

(3) 位数据类型

位数据类型属于枚举型,取值只能是 0 或 1。在数字系统中,信号值通常用一个位来表示。位值的表示方法是,用字符'0'或者'1'(将值放在单引号中)表示。位值与整数中的 1 和 0 不同,'1'和'0'仅仅表示一个位的两种取值。例如:BIT('1');

位数据可以用来描述数字系统中总线的值。位数据不同于布尔数据,但也可以用转换函数进行转换。位数据类型的数据对象,如变量、信号等,可以参与逻辑运算,运算结果还是位数据类型。

(4) 位矢量数据类型

位矢量只是基于 BIT 数据类型,用双引号括起来的一组数据。例如:"001100",X"00BB"。在这里,位矢量最前面的 X 表示是进制,使用位矢量必须注明位宽,例如:

SIGNAL address:bit_vector(7 to 0)

(5) 布尔量数据类型

一个布尔量具有两种状态,"真"或者"假"。虽然布尔量也是二进制枚举量,但它和位不同,没有数值的定义,也不能进行算术运算。但它能进行关系运算。例如,当 a 小于 b 时,在 IF 语句中的关系表达式(a<b)被测试,测试结果产生一个布尔量 TRUE 反之为 FALSE,综合器将其变为 1 或 0 信号值。它常用来表示信号的状态或者总线上的情况。

(6) 字符数据类型

字符也是一种数据类型,所定义的字符量通常用单引号括起来,如'A'。一般情况下,VHDL 语言对大小写不敏感,但对字符量中的大小写敏感,例如:'B'不同于'b'。

(7) 字符串数据类型

字符串是由双引号括起来的一个字符序列,也称字符矢量或字符串数组。字符串数据类型常用于程序说明和提示。

(8) 时间数据类型

时间数据类型是一个物理量数据。完整的时间量数据应包含整数和单位两部分,而且整数和单位之间至少应留一个空格的位置。例如:5 sec,8 min 等。在包集合 STANDARD 中给出了时间的预定义,其单位为 fs(飞秒,VHDL 中的最小时间单位),ps(皮秒),ns(纳秒),μs(微秒),

ms(毫秒),sec(秒),min(分)和 hr(时)。时间数据主要用于系统仿真,用它来表示信号延时。

(9) 错误等级

错误等级数据类型用来表征系统的状态,共有 4 种:note(注意),warning(警告),error(出错),failure(失败)。系统仿真过程中用这 4 种状态来提示系统当前的工作情况。

(10) 自然数和正整数

这两类数据都是整数的子类。

2. 用户自定义数据类型

在 VHDL 语言中,可由用户自定义的数据类型有:枚举类型(ENUMERATED TYPE)、整数类型(INTEGER TYPE)、实数(REAL TYPE)类型、浮点数(FLOATING TYPE)类型、数组类型(ARRAY TYPE)、存取类型(ACCESS TYPE)、文件类型(FILE TYPE)、记录类型(RECORD TYPE)、时间类型(TIME TYPE)。

下面对常用的几种用户自定义的数据类型做一举例说明。

(1) 枚举类型

它是 VHDL 语言中最重要的一种用户自定义数据类型,在以后的状态机等应用中有重要作用。在数字逻辑电路中,所有数据都是用'1'或者'0'来表示的,但人们在考虑逻辑关系时,只有数字往往是不方便的。枚举类型实现了用符号代替数字。例如:在表示一周 7 天的逻辑电路中,往往可以假设"000"为星期天,"001"为星期一,这对阅读程序不利。为此,可以定义一个叫"WEEK"的数据类型,例如:

TYPE WEEK IS (SUN,MON,TUE,WED,THU,FRI,SAT);

由于上述定义,凡是用于代表星期二的日子都可以用 TUE 来代替,这比用代码"010"表示星期二直观多了,使用时也不易出错。枚举类型数据格式如下:

TYPE 数据类型名 IS (元素,元素,…);

(2) 整数类型和实数类型

整数类型在 VHDL 语言中已存在,这里指的是用户自定义的整数类型,实际上可以认为是整数的一个子类。例如,在一个数码管上显示数字,其值只能取 0~9 的整数。如果由用户定义一个用于数码显示的数据类型,那么可以写为:

TYPE DIGIT IS INTEGER 0 TO 9;

同理,实数类型也如此,例如:

TYPE CURRENT IS REAL RANGE -1E4 TO 1E4;

据此,可以总结出整数或实数用户自定义数据类型的格式为:

TYPE 数据类型名 IS 数据类型定义约束范围;

(3) 数组类型

数组是将相同类型的数据集合在一起所形成的一个新的数据类型。它可以是一维也可以是二维或多维的。

数组定义的书写格式为:

       TYPE 数组类型名 IS ARRAY 范围 OF 原数据类型名;

在此,如果"范围"这一项没有被指定,则使用整数数据类型范围。例如:

TYPE WORD IS ARRAY (1 TO 8)OF STD_LOGIC;

若"范围"这一项需要整数类型以外的其他数据类型范围时,则在指定数据范围前应加数据类型名。例如:

TYPE WORD IS ARRAY (INTEGER 1 TO 8) OF STD_LOGIC;
TYPE INSTRUCTION IS (add,sub,inc,srl,srf,lda,ldb,xfr);
SUBTYPE DIGIT IS INTEGER 0 TO 9;
TYPE INSFLAG IS ARRAY (INSTRUCTION add to srf)OF DIGIT;

(4) 存取类型

存取类型用来给新对象分配或释放存储空间。在 VHDL 语言标准 IEEE std_1076 程序包的 TEXTIO 中,有一个预定义的存取类型 LINE:

       TYPE LINE IS ACCESS STRING;

这表示类型为 LINE 的变量是指向字符串值的指针。只有变量才可以定义为存取类型,如:VARIABLE line_buffer:LINE;

(5) 文件类型

文件类型用于在主系统环境中定义代表文件的对象。文件对象的值是主系统文件中值的序列。在 IEEE STD_1076 程序包的 TEXTIO 中,有一个预定义的文件类型 TEXT(用户也可以定义自己的文件类型):

TYPE Text IS FILE OF String; -- TEXTIO 程序包中预定义的文件类型
TYPE input_type IS FILE OF Character; -- 用户自定义的文件类型

在程序包 TEXTIO 中,有 2 个预定义的标准文本文件:

FILE input:Text OPEN read_mode IS "STD_INPUT";
FILE output:Text OPEN write_mode IS "STD_OUTPUT";

(6) 记录类型

记录类型是将不同类型的数据和数据名组织在一起而形成的数据类型。用记录类型描述总线、通信协议是比较方便的。记录类型的一般书写格式为:

```
TYPE 数据类型名 IS RECORD
    元素名:数据类型名;
    元素名:数据类型名;
    ...
END RECORD;
```

(7) 时间类型

时间类型是表示时间的数据类型,其完整的书写格式应包含整数和单位两部分,如 16 ns, 3 s,5 min,1 h 等。时间类型一般用于仿真,而不用逻辑综合。其书写格式为:

```
TYPE 数据类型名 IS 范围;
UNITS 基本单位;
       单位;
END UNITS;
```

3. 类型转换

在 VHDL 语言中,数据类型的定义是相当严格的,不同类型的数据之间是不能进行运算和直接代入的。为了实现正确的代入操作,必须将要代入的数据进行类型转换,这就是所谓类型转换。为了进行不同类型的数据变换,可以有 3 种方法:类型标记法、函数转换法和常数转换法。

(1) 用类型标记法实现类型转换

类型标记就是类型的名称。类型标记法仅适用于关系密切的标量类型之间的类型转换,即整数和实数的类型转换。

若: variable I :integer;
    variable R :real;
则有:i:=integer(r);
    r:=real(i);

程序包 NUMERIC_BIT 中定义了有符号数 SIGNED 和无符号数 UNSIGNED,与位矢量 BIT_VECTOR 关系密切,可以用类型标记法进行转换。在程序包 UNMERIC_STD 中定义的 SIGNED 和 UNSIGNED 与 STD_LOGIC_VECTOR 相近,也可以用类型标记法进行类型转换。

(2) 用函数法进行类型转换

VHDL 语言中,用函数法进行数据类型转换,VHDL 语言标准中的程序包提供变换函数来完成这个工作。这些程序包有 3 种,每种程序包的变换函数也不一样。现列举如下:

① STD_LOGIC_1164 程序包定义的转换函数:

函数 TO_STD_LOGIC_VECTOR(A)   --由位矢量 BIT_VECTOR 转换为标准逻辑矢量 STD_LOGIC_VECTOR
函数 TO_BIT_VECTOR(A);   --由标准逻辑矢量 STD_LOGIC_VECTOR 转换为位矢量 BIT_VECTOR
函数 TO_STD_LOGICV(A);   --由 BIT 转换为 STD_LOGIC
函数 TO_BIT(A);   --由标准逻辑 STD_LOGIC 转换为 BIT

② std_logic_arith 程序包定义的函数：

函数：COMV_STD_LOGIC_VECTOR(A,位长); -- 由 integer,singed,unsigned 转换成 std_logic_vector
函数：CONV_INTEGER(A);   -- 由 signed,unsigned 转换成 std_logic_vector
函数：CONV_INTEGER(A);   -- 由 signed,unsigned 转换成 integer

③ std_logic_unsigned 程序包定义的转换函数：

函数：CONV_INTEGER(A);   -- 由 STD_LOGIC_VECTOR 转换成 integer

例 7-7 利用转换函数 CONV_INTEGER(A) 设计 3-8 译码器。

```
LIBRARY IEEE;
USE IEEE. STD_LOGIC _1164.ALL;
USE IEEE.STD_LOGIC_UNSIGNED.ALL;
ENTITY decode3to8 IS
PORT (input: IN std_logic_vector(2 downto 0);
      Output: OUT std_logic_vector(7 downto 0);
END decode3to8;
ARCHITECTURE behavioral OF decode3to8 IS
BEGIN
   PROCESS(input)
     BEGIN
     Output <= (others =>'0');
     Output (CONV_INTEGER(input)) <= '1';
    END process ;
  END behavioral;
```

(3) 用常数实现的类型变换

```
CONSTANT tpyeconv_con: typeconv_type: = ('0' | 'L' =>'0', 'I' |
'H' =>'I',Others =>'0');
   ...
SIGNAL b:bit;
SIGNAL S : std_ulogic;
BEGIN
  B<= TYPECONV_CON(s);--类型转换式
END;
```

4. IEEE 标准数据类型"STD_LOGIC"和"STD_LOGIC_VECTOR"

VHDL 语言的标准数据类型"BIT"是一个逻辑型的数据类型。这类数据取值只有'0'和'1'。由于该类型数据不存在不定状态'X'，故不便于仿真。另外，它也不存在高阻状态，也很难用它来描述双向数据总线。为此,IEEE1993 制定出了新的标准(IEEE STD_1164),使得"STD_LOGIC"型数据可以具有多种不同的值:'U'(初始值);'X'(不定);'0'(0);'1'(1);'Z'(高阻);'W'(弱信号不定);'L'(弱信号 0);'H'(弱信号 1);'—'(不可能情况)。

"STD_LOGIC"和"STD_LOGIC_VECTOR"是 IEEE 新制定的标准化数据类型,建议在 VHDL 程序中使用这两种数据类型。另外,当使用该类型数据时,在程序中必须写出库说明语句和使用包集合的说明语句。

7.2.4　VHDL 语言的运算操作符

VHDL 语言为构成计算表达式提供了 23 个运算操作符,VHDL 语言的运算操作符有 4 种:逻辑运算符、算术运算符、关系运算符、并置运算符。

1. 逻辑运算符

在 VHDL 语言中,逻辑运算符有 6 种:NOT(取反);AND(与);OR(或);NAND(与非);NOR(或非);XOR(异或)。

逻辑运算符适用的变量为 STD_LOGIC,BIT,STD_LOGIC_VECTOR 类型的,这 3 种布尔型数据进行逻辑运算时左边、右边以及代入的信号类型必须相同。

在一个 VHDL 语句中存在两个逻辑表达式时,左右没有优先级差别。一个逻辑式中,先做括号里的运算,再做括号外运算。

逻辑运算符的书写格式为:

(1) A<= B AND C AND D AND E;　　--用 VHDL 程序规范书写的语句
　　　A = B·C·D·E　　　　　　　--等效的布尔代数书写的逻辑方程
(2) A<= B OR C OR D OR E;　　　　--用 VHDL 程序规范书写的语句
　　　A = B+C+D+E　　　　　　　--等效的布尔代数书写的逻辑方程
(3) A<= (B AND C)OR(D AND E)　　--用 VHDL 程序规范书写的语句
　　　A = (B·C)+(D·E)　　　　　--等效的布尔代数书写的逻辑方程

例 7-8　*逻辑运算符举例。*

```
SIGNAL a,b,c : STD_LOGIC_VECTOR (3 DOWNTO 0);
SIGNAL d,e,f,g : STD_LOGIC_VECTOR (1 DOWNTO 0);
SIGNAL h,I,j,k : STD_LOGIC;
SIGNAL l,m,n,o,p : BOOLEAN;
a<= b AND c;              --b,c 相与后向 a 赋值,a,b,c 的数据类型同属 4 位长的位矢量
d<= e OR f OR g;          --两个操作符 OR 相同,不需括号
h<= (i NAND j)NAND k;    --NAND 不属上述 3 种算符中的一种,必须加括号
l<= (m XOR n)AND(o XOR p); --操作符不同,必须加括号
h<= i AND j AND k;        --两个操作符都是 AND,不必加括号
h<= i AND j OR k;         --两个操作符不同,未加括号,表达式错误
```

```
a<=b AND e ;                  -- 操作数 b 与 e 的位矢长度不一致,表达式错误
h<=i OR l ;                   -- i 的数据类型是位 STD_LOGIC,而 l 的数据类型是布尔量 BOOLEAN
                              -- 因而不能相互作用,表达式错误
```

2. 算术运算符

VHDL 语言中有 10 种算术运算符,它们分别是:"+"加、"-"减、"＊"乘、"/"除、"MOD"求模、"REM"取余、"+"正(一元运算)、"-"负(一元运算);"＊＊"指数、"ABS"取绝对值。

算术运算符的使用规则如下:

(1) 一元运算的操作符(正、负)可以是任何数值类型(整数、实数、物理量),加、减运算的操作数可以是整数和实数,且两个操作数必须类型相同。

(2) 乘除的操作数可以同为整数和实数,物理量乘或除以整数同样为物理量,物理量除以同一类型的物理量即可得到一个整数量。

(3) 求模和取余的操作数必须是同一整数类型数据。

(4) 一个指数的运算符的左操作数可以是任意整数或实数,而右操作数应为一整数。

3. 关系运算符

VHDL 语言中有 6 种关系运算符:"="等于、"/="不等于、"<"小于、"<="小于等于、">"大于、">="大于等于。

在 VHDL 程序设计中关系运算符有如下规则:

(1) 在进行关系运算时,左右两边操作数的数据类型必须相同。

(2) 等号"="和不等号"/="可以适用所有类型的数据。

(3) 小于符"<"、小于等于符"<="、大于符">"、大于等于符">="适用于整数、实数、位矢量及数组类型的比较。

(4) 小于等于符"<="和代入符"<="是相同的,在读 VHDL 语言的语句时,要根据上下文关系来判断。

(5) 两个位矢量类型的对象比较时,自左至右,按位比较。

例 7-9 关系运算符示例。

```
ENTITY relational_ops_1 IS
    PORT ( a,b : IN BIT_VECTOR (0 TO 3);
           m1,m2 : OUT BOOLEAN) ;
END relational_ops_1 ;
ARCHITECTURE example OF relational_ops_1 IS
BEGIN
    m1 <= (a = b);
    m2 <= (a >= b);
```

```
    END example ;
```

4. 并置运算符

并置运算符"&"用于位的连接。并置运算符有如下使用规则：
(1) 并置运算符可用于位的连接，形成位矢量。
(2) 并置运算符可用于两位矢量的连接构成更大的位矢量。
(3) 位的连接也可以用集合体的方法，即用并置符换成逗号。
例如：两个 4 位的位矢量用并置运算符"&"连接起来就可以构成 8 位长度的位矢量。

```
        Tmp_b< = b and (en & en & en & en);
        y< = a & Tmp_b;
```

第一个语句表示 b 的 4 位矢量由 en 进行选择得到一个 4 位位矢量的输出；第 2 个语句表示 4 位位矢量 a 和 4 位位矢量 Tmp_b 再次连接（并置）构成 8 位的位矢量 y 输出。

5. 操作符的运算优先级

在 VHDL 程序设计中，逻辑运算、关系运算、算术运算、并置运算优先级是各不相同的，各种运算的操作不可能放在一个程序语句中，所以把各种运算符排成一个统一的优先顺序表意义不明显。其次，VHDL 语言的结构化描述，在综合过程中，程序是并行的，没有先后顺序之分，写在不同程序行的硬件描述程序同时并行工作。VHDL 语言的程序设计者千万不要理解程序是逐行执行，运算是有先后顺序的，这样是不利于 VHDL 程序的设计。运算符的优先顺序仅在同一行的情况下有顺序、有优先，不同行的程序是同时的。

7.3 VHDL 语言的基本语句

顺序语句和并行语句是 VHDL 语言设计中的两类基本的描述语句，在数字逻辑系统设计中，这些语句从多侧面完整地描述了数字逻辑系统的硬件结构和基本逻辑功能，其中包括通信的方式、信号的赋值、多层次的元件例化。本节将重点讨论这两类基本的描述语句。

7.3.1 顺序描述语句

VHDL 是并发语言，大部分语句是并发执行的。但是在进程、过程、块语句和子程序中，还有许多顺序执行语句。顺序的含义是指按照进程或子程序执行每条语句，而且在结构层次中，前面语句的执行结果可能直接影响后面的结果。顺序语句有两类：一类是真正的顺序语句，一类是可以做顺序语句又可以做并发语句，具有双重特性的语句。这类语句放在进程、块、子程序之外是并发语句，放在过程、块、子程序之内是顺序语句。

这些顺序语句有：WAIT 语句、IF 语句、CASE 语句、LOOP 语句、NEXT 语句、EXIT 语句、RETURN 语句、NULL 语句、REPORT 语句和并发/顺序二重性语句（Seqential/Concureent）。

顺序语句(Seqential Statement)具有如下特征：
- 顺序语句只能出现在进程或子程序、块中。
- 顺序语句描述的系统行为有时序流、控制流、条件分支和迭代算法等。
- 顺序语句用于定义进程、子程序等的算法。
- 顺序语句的功能操作有算术、逻辑运算，信号、变量的赋值，子程序调用等。

顺序描述语句只能出现在进程或子程序中，它将定义进程或子程序所执行的算法。顺序描述语句按照出现的次序依次执行。下面我们依次介绍各种常用的顺序描述语句。

1. WAIT 语句

下面先以一个例子来说明 WAIT 语句的用法：

WAIT ON X,Y until Z = 0 FOR 100 ns;

该语句的功能是：当执行到该语句时进程将被挂起，但如果 X 或者 Y 在接下来 100 ns 秒之内发生了改变，进程便立即测试条件"Z＝0"是否满足。若满足，进程将会被激活；若不满足，进程则继续被挂起。

WAIT 语句是进程的同步语句，是进程体内的一个语句，与进程体内的其他语句顺序执行。WAIT 语句可以设置 4 种不同的条件：无限等待、时间到、表达式成立及敏感信号量变化。这几类条件可以混用，其书写格式为：

```
WAIT                   -- 无限等待
WAIT ON                -- 敏感信号量变化
WAIT UNTIL 表达式      -- 表达式成立,进程启动
WAIT FOR 时间表达式    -- 时间到,进程启动
```

2. IF 语句

IF 语句根据指定的条件来确定语句执行顺序，共有 3 种类型。

(1) 用于门闩控制的 IF 语句

这种类型的 IF 语句的一般书写格式为：

```
IF 条件 THEN
    <顺序处理语句>
END IF;
```

当程序执行到该 IF 语句时，就要判断 IF 语句所指定的条件是否成立。如果条件成立，IF 语句所包含的顺序处理将被执行；如果条件不成立，程序跳过 IF 包含的顺序处理语句，执行 IF 语句的后续语句。

例7-10 用 IF 语句描述 4 位等值比较器。

```
LIBRARY IEEE;
USE IEEE.STD_LOGIC_1164.ALL;
USE IEEE.STD_LOGIC_UNSIGNED.ALL;
    ENTITY EQCOM_4 IS
        PORT(A,B: IN STD_LOGIC_VECTOR (3 downto 0);
             EQ: OUT STD_LOGIC);
    END EQCOM_4;
    ARCHITECTURE func OF EQCOM_4 IS
    BEGIN
      PROCESS(A,B)
      BEGIN
        EQ <= '0';
        IF A = B THEN
           EQ <= '1';
        END IF;
      END PROCESS;
END func;
```

此源程序中，EQ 作为一个缺省值被赋予"0"值，当 A＝B 时，EQ 被赋予"1"值。

(2) 用于二选一的 IF 语句

这种类型的 IF 语句的一般书写格式为：

```
IF 条件 THEN
    <顺序处理语句甲>
ELSE
    <顺序处理语句乙>
END IF;
```

当 IF 语句指定的条件满足时，执行顺序处理语句甲；当条件不成立时，执行顺序处理语句乙。用条件选择不同的程序执行路径。

例7-11 用 IF 语句来设计的二选一电路，每路数据位宽为 4。

```
LIBRARY IEEE;
 USE IEEE.STD_LOGIC_1164.ALL;
 ENTITY mux2 IS
       PORT(A,B,SEL : IN STD_LOGIC_VECTOR (3 downto 0);
              C : OUT STD_LOGIC_VECTOR (3 downto 0);
 END mux2;
 ARCHITECTURE func OF mux2 IS
```

```
        BEGIN
          PROCESS (A,B,SEL)
          BEGIN
            IF(SEL = '0') THEN
                C< = A;
            ELSE
                C< = B;
            END IF;
          END PROCESS;
        END func;
```

当条件 SEL="0"时,输出端 C[3..0]等于输入端 A[3..0]的值,当条件不成立时,输出端 C[3..0]等于输入端 B[3..0]的值。这是一个典型的二选一逻辑电路。

(3) 用于多选择控制的 IF 语句

这种类型的 IF 语句的一般书写格式为:

```
IF 条件 1 THEN
<顺序语句 1>；
ELSIF 条件 2 THEN
<顺序语句 2>；
    ⋮
ELSIF 条件 N THEN
<顺序语句 N>；
ELSE
<顺序语句 N+1>；
END IF;
```

当条件 1 成立时,执行顺序处理语句 1;当条件 2 成立时,执行顺序处理语句 2;当条件 N 成立时,执行顺序处理语句 N;当所有条件都不成立时,执行顺序处理语句 N+1。

IF 语句指明的条件是布尔量,有两个选择,即"真"(TRUE)和"假"(FALSE),所以 IF 语句的条件表达式中只能是逻辑运算符和关系运算符。

IF 语句可用于选择器、比较器、编码器、译码器和状态机的设计,是 VHDL 语言中最基础、最常用的语句。

例 7 – 12 用 IF 语句描述的四选一电路。

```
LIBRARY IEEE;
USE IEEE.STD_LOGIC_1164.ALL;
    ENTITY mux4 IS
    PORT( INPUT : IN STD_LOGIC_VECTOR(3 DOWNTO 0);
          SEL : IN STD_LOGIC_VECTOR(1 DOWNTO 0);
```

```
            Q：OUT STD_LOGIC);
END mux4；
  ARCHITECTURE func OF mux4 IS
  BEGIN
    PROCESS(INPUT,SEL)
    BEGIN
      IF(SEL="00")THEN
          Q<=INPUT(0);
      ELSIF(SEL="01")THEN
          Q<=INPUT(1);
      ELSIF(SEL="10")THEN
          Q<=INPUT(2);
      ELSE
          Q<=INPUT(3);
      END IF；
    END PROCESS；
  END func；
```

3. CASE 语句

CASE 语句常用来描述总线行为、编码器和译码器的结构，从含有许多不同语句的序列中选择其中之一执行。CASE 语句可读性好，非常简洁。

CASE 语句的一般格式为：

CASE 条件表达式 IS
WHEN 条件表达式的值=>顺序处理语句；
END CASE；

上述 CASE 语句中的条件表达式的取值满足指定的条件表达式的值时，程序将执行后跟的，由符号"=>"所指的顺序处理语句。条件表达式的值可以是一个值；或者是多个值的"或"关系；或者是一个取值范围；或者表示其他所有的缺省值。

例 7-13 用 CASE 语句设计的四选一电路。

```
LIBRARY IEEE；
USE IEEE.STD_LOGIC_1164.ALL；
ENTITY mux4 IS
  PORT(A,B,I0,I1,I2,I3：IN STD_LOGIC；
                    Q：OUT STD_LOGIC)；
END mux4；
ARCHITECTURE mux4_behave OF mux4 IS
SIGNAL SEL：INTEGER RANGE 0 TO 3；
```

```
BEGIN
  PROCESS(A,B,I0,I1,I2,I3)
  BEGIN
    SEL<= A;
    IF(B = '1')THEN
    SEL<= SEL + 2;
    END IF;
    CASE SEL IS              --CASE 语句条件表达式 SEL
      WHEN 0 = >Q<= I0;       --当条件表达式值 = 0 时,执行代入语 Q<= I0
      WHEN 1 = >Q<= I1;       --当条件表达式值 = 1 时,执行代入语 Q<= I1
      WHEN 2 = >Q<= I2;       --当条件表达式值 = 2 时,执行代入语 Q<= I2
      WHEN 3 = >Q<= I3;       --当条件表达式值 = 3 时,执行代入语 Q<= I3
    END CASE;
  END PROCESS;
END mux4_behave;
```

例 7-13 表明选择器的行为描述也可以用 CASE 语句。要注意的是,在 CASE 语句中,没有值的顺序号,所有值是并行处理的。这一点不同于 IF 语句,在 IF 语句中,先处理最起始的条件;如果不满足,再处理下一个条件,因此在 WHEN 选项中,不允许存在重复选项。另外,应该将表达式的所有取值都一一列举出来,否则便会出现语法错误。

4. LOOP 语句

LOOP 语句使程序能进行有规则的循环,循环次数受迭代算法控制。LOOP 语句常用来描述位片逻辑及迭代电路的行为。

LOOP 语句的书写格式有两种:

(1) FOR LOOP

书写格式如下:

```
FOR 变量名 IN 离散范围 LOOP
顺序处理语句;
END LOOP;
```

在上述格式中:

① 循环变量的值在每次循环中都会发生变化。

② 离散范围表示循环变量在循环过程中的取值范围。

例 7-14 FOR-LOOP 语句的应用:设计一个统计 8 位数码中 1 的个数的电路。

```
LIBRARY IEEE;
USE IEEE.STD_LOGIC_1164.ALL;
ENTITY number1_check IS
```

```
    PORT(a: IN STD_LOGIC_VECTOR(7 DOWNTO 0);
         y: OUT INTEGER RANGE 0 TO 8);
END number1_check
ARCHITECTURE example_LOOP OF number1_check IS
SIGNSL count: INTEGER RANGE 0 TO 8;
BEGIN
    P1:PROCESS(a)
BEGIN
        count <= 0;
        FOR i IN 0 TO 7 LOOP
          IF a(i) = '1' THEN
             count <= count + 1;
          END IF;
        END LOOP;
        y <= count;
    END Process P1;
END example_LOOP;
```

通过例 7-14 得出下列结论：
- 循环变量(i)在信号说明、变量说明中不能出现，信号、变量不能代入到循环变量中。
- 全局变量、信号可以将局部变量的值带出进程（count 的值由 y 从 P1 进程中代出）。

(2) WHILE LOOP

书写格式如下：
WHILE 条件 LOOP
    顺序处理语句；
END LOOP;

在该 LOOP 语句中，如果条件为"真"，则进行循环；如果条件为"假"，则循环结束。

例 7-15 WHILE-LOOP 语句的应用举例：设计一个 8 位优先权信号检测电路。

```
LIBRARY IEEE;
USE IEEE.STD_LOGIC_1164.ALL;
ENTITY parity_check IS
PORT(a: IN STD_LOGIC_VECTOR(7 DOWNTO 0);
     y: OUT STD_LOGIC);
END parity_check;
ARCHITECTURE example_while OF parity_check IS
BEGIN
  P1: PROCESS(a)
     VARIABLE tmp: STD_LOGIC;
```

```
          tmp: = '0';
          i: = 0;
          WHILE (i < 8) LOOP
            tmp: = tmp XOR a(i);
            i: = i+1;
          END LOOP;
          y <= tmp;
        END PROCESS P1;
      END example_While;
```

此源程序为信号优先权检测电路,在该例子中,I 是循环变量,它可取 0~7 共 8 个值,故表达式 tmp: = tmp XOR a(i)共应循环计算 8 次。

5. NEXT 语句

NEXT 语句的书写格式为:

```
NEXT;                            -- 第一种语句格式
NEXT LOOP 标号;                  -- 第二种语句格式
NEXT LOOP 标号 WHEN 条件表达式;   -- 第三种语句格式
```

NEXT 语句用于当满足指定条件时结束本次循环迭代,而转入下一次循环迭代。[标号]表明下一次循环的起始位置。如果 NEXT 语句后面既无"标号"也无"WHEN 条件"说明,那么只要执行到该语句就立即无条件地跳出本次循环,从 LOOP 语句的起始位置进入下一次循环,即进入下一次迭代。

6. EXIT 语句

EXIT 语句用在 LOOP 语句执行中,进行有条件和无条件跳转的控制,其书写格式为:

```
EXIT;                            -- 第一种语句格式
EXIT LOOP 标号;                  -- 第二种语句格式
EXIT LOOP 标号 WHEN 条件表达式;   -- 第三种语句格式
```

执行 EXIT 语句将结束循环状态,从 LOOP 语句中跳出,结束 LOOP 语句的正常执行。

7. REPORT 语句

REPORT 语句不增加硬件的任何功能,仿真时可用该语句提高可读性。REPORT 语句的书写格式为:

[标号] REPORT "输出字符串" [SEVERIY 出错级别]

8. NULL 语句

NULL 是一个空语句,类似汇编的 NOP 语句。执行 NULL 语句只是使程序走到下一个

语句。其格式为:

NULL;

7.3.2 并行语句

在 VHDL 中,并行语句有多种语句格式,各种并行语句在结构体中的执行是同步进行的,其执行方式与书写的顺序无关。每个并行语句表示一个功能单元,各个功能单元组织成一个结构体。每一并行语句内部的语句运行方式有两种:并行执行和顺序执行。

VHDL 并行语句用在结构体内用来描述电路的行为。由于硬件描述的实际系统,其许多操作是并发的,所以在对系统进行仿真时,这些系统中的元件在定义和仿真时刻应该是并发工作的。并行语句就是用来描述这种并发行为的。

在 VHDL 语言中,能够进行并行处理的语句有:进程语句、WAIT 语句、块语句、并行过程调用语句、断言语句、并行信号赋值语句和信号代入语句。

1. 进程语句(PROCESS)

进程语句是并行处理语句,即各个进程是同时处理的,在一个结构体中多个进程语句是同时并发运行的。进程语句是 VHDL 语言中描述硬件系统并发行为的最基本的语句。

进程语句具有如下特点:

(1) 进程结构中的所有语句都是按顺序执行的,在系统仿真时,PROCESS 结构中的语句是按书写顺序一条一条向下执行的。

(2) 多进程之间是并行执行的,并可存取结构体或实体中所定义的信号。

(3) 为启动进程,在进程结构中必须包含一个显式的敏感信号量表或者包含一个 WAIT 语句,在进程语句中总是带有一个或几个信号量,这些信号量是进程的输入信号,在 VHDL 中也称敏感量。这些信号无论哪一个发生变化都将启动该进程语句。一旦启动以后,PROCESS 中的语句将从上到下逐句执行一遍。当最后一个语句执行完毕后,就返回到开始的 PROCESS 语句,等待下一次变化的出现。

(4) 进程之间的通信是通过信号量传递来实现的。

进程语句的书写结构为:

[进程名:]PROCESS [敏感信号表]
    变量说明语句;
BEGIN
    顺序说明语句;
END PROCESS[进程名];

如上所述,进程语句结构由 3 个部分组成,即敏感信号表、变量说明语句和顺序说明语句,进程名为可选。敏感信号表需列出用于启动本程序可读入的信号名,变量说明语句主要定义一些局部变量,顺序说明语句主要有赋值语句、进程启动语句、子程序调用语句、顺序描述语句、进程跳出语句。

例 7 - 16 由时钟控制的进程语句设计。

```
ENTITY sync_device IS
    PORT(ina,clk: IN BIT;
         outb:OUT BIT);
END sync_device;
ARCHITECTURE example OF sync_device IS
BEGIN
    P1:PROCESS(clk)
    BEGIN
        Outb< = ina AFTER 10ns;
    END PROCESS P1;
END example;
```

该例子的结构体中包含一个进程语句。该进程名为 P1,包含一个敏感信号 clk,当 clk 发生了变化,该进程就会启动,按顺序执行一次该进程里的所有顺序处理语句。

例 7 - 17 可选择边沿的时钟控制进程的 D 触发器设计。

```
ENTITY dff IS                           -- 实体名为 dff
    PORT (d, CLK: IN Bit;               -- D 触发器的输入端口
          Q: OUT Bit);                  -- D 触发器的输出端口
END dff;
ARCHITECTURE register OF dff IS         -- 结构体名为 register
BEGIN
        P 1: PROCESS (CLK)              -- 敏感信号为 CLK
        BEGIN
            IF clk = '1' THEN           -- 如果时钟由 0 变 1 时
                Q < = d AFTER 10ns;     -- 延时 10ns 将输入
            END IF;                     -- 信号 d 送输出端口 q
        END PROCESS P1;
    END register;
```

2. 块语句

块语句是一个并行语句,它把许多并行语句包装在一起。

Block 语句的一般格式如下:

```
块名:Block[(保护表达式)]
{[类属子句                   -- 用于信号的映射及参数的定义,常用
    类属接口表;]}            -- GENERIC 语句、GENERIC_MAP 语句、
{[端口子句                   -- PROT 语句、PORT_MAP 语句实现,主要
```

```
    端口接口表;]              --对该块用到的客体加以说明。可以说
  <块说明部分>               --明的项目有 USE 子句,子程序说明及
  BEGIN                     --子程序体,类型说明及常数说明、信
  <并行语句 A>               --号说明和元件说明
  <并行语句 B>
        ⋮
  END Block[块标号];
```

例 7-18 块语句实例。

```
ENTITY half IS                  --实体名 half
  PORT(a,b:IN Bit;
       S,C:OUT Bit);            --端口说明
  END ENTITY half;
  ARCHITECTURE addr1 OF half IS --结构体1的名字为 addr1
  BEGIN
    S <= a XOR b;
    C <= a AND b;
  END ARCHITECTURE addr1;
  ARCHITECTURE addr2 OF half IS --结构体2的名字为 addr2
  BEGIN
    example:Block               --块名 example
    PORT(a,b: IN Bit;           --端口接口表
         S,c: OUT Bit);         --参数的定义
    PORT MAP (a,b,s,c);         --信号的映射
  BEGIN
    P1:PROCESS (a,b) IS         --进程1的标号 P1
    BEGIN
      S <= a XOR b;
    END PROCESS P1;
    P2:PROCESS (a,b) IS         --进程2的标号 P2
    BEGIN
      C <= a and b;
    END PROCESS P2;
    END Block example;
  END ARCHITECTURE addr2;
```

通过这个实例看到:实体中含有多个结构体,结构体中含有多个模块,一个块中含有多个进程。如此嵌套、循环,构成一个复杂的电子系统。

在对程序进行仿真时,BLOCK 语句中所描述的各个语句是可以并行执行的,它和书写顺序无关。这一点区别于进程语句。在进程语句中所描述的各个语句是按书写顺序执行的。

3. 并行过程调用语句

所谓子程序就是在主程序调用它以后能将处理结果返回主程序的程序模块,其含义和其他高级语言中的子程序概念相当。它可以反复调用,使用非常方便。调用时,首先要初始化,执行结束后,子程序就终止;再次调用时,再初始化。子程序内部的值不能保持,子程序返回后,才能被再次调用。在 VHDL 语言中,子程序分两类:过程(PROCEDURE)和函数(FUNCTRION)。

(1) 过程语句

过程语句的一般书写格式为:

PROCEDURE 过程名(参数 1;参数 2;…)IS
   [定义语句];
BEGIN
   [顺序处理语句];
END 过程名;

例 7-19 过程语句设计。

```
PROCEDURE bitvector_to_integer
    (z : IN STD_LOGIC_VECTOR;
    X_flag:OUT BOOLEAN;
    Q:INOUT INTEGER) IS
BEGIN
    Q: = 0;
    X_flag: = FALSE;
    FOR I IN z'RANGE LOOP
        Q: = Q * 2;
        IF (z(i) = '1')THEN
            Q: = Q + 1;
        ELSIF (z(i)/ = '0')THEN
            X_flag: = TRUE;
        EXIT;
        END IF;
    END LOOP;
END bitvector_to_integer;
```

这个过程的功能是:当该过程调用时,如果 X_flag=FALSE,则说明转换失败,不能得到正确的转换整数值。在上例中,z 是输入,X_flag 是输出,Q 为输入输出。在 PROCEDURE 结构中,参数可以是输入也可以是输出。在 PROCEDURE 结构中的语句是顺序执行的,调用者在调用过程前应先将初始值传递给过程的输入参数,然后过程语句启动,按顺序自上至下执行过程结构中的语句。执行结束后,将输出值复制到调用者的"OUT"和"INOUT"所定义的变量或信号中。

(2) 函数语句

函数语句的书写格式为:

FUNCTION 函数名(参数1;参数2;…)
 RETURN 数据类型 IS
 [定义语句];
 BEGIN
 [顺序处理语句];
 RETURN[返回变量名];
END [函数名];

在 VHDL 语言中,FUNCTION 语句中括号内的所有参数都是输入参数或称输入信号。因此,在括号内指定端口方向的"IN"可以省略。FUNCTION 的输入值由调用者复制到输入参数中,如果没有特别指定,在 FUNCTION 语句中按常数处理。

通常各种功能的 FUNCTION 语句的程序都集中在包集合中。

例 7-20 将整数转换为 N 位位矢量的函数。

```
ENTITY PULSE_GEN IS
    GENERIC(N:INTEGER;PER:TIME);
    PORT(START:IN BIT;PGOUT:OUT BIT_VECTOR(N-1 DOWNTO 0);
         SYNC:INOUT BIT);
END PULSE_GEN;
ARCHITECTURE ALG OF PULSE_GEN IS
    FUNCTION INT_TO_BIN (INPUT:INTEGER;N:POSITIVE)
    RETURN BIT_VECTOR IS
    VARIABLE FOUT:BIT_VECTOR(0 TO N-1);
    VARIABLE TEMP_A:INTEGER:=0;
    VARIABLE TEMP_B:INTEGER:=0;
    BEGIN
      TEMP_A:=INPUT;
      FOR I IN N-1 DOWNTO 0 LOOP
        TEMP_B:=TEMP_A/(2**I);
        TEMP_A:=TEMP_A REM (2**I);
        IF(TEMP_B=1) THEN
            FOUT(N-1-I):='1';
        ELSE
            FOUT(N-1-I):='0';
        END IF;
      END LOOP;
    RETURN FOUT;
```

```
    END INT_TO_BIN;
BEGIN
    PROCESS(START,SYNC)
    VARIABLE CNT:INTEGER:=0;
    BEGIN
        IF START'EVENT AND START = '1'THEN
            CNT:=2**N-1;
        END IF;
        PGOUT<= INT_TO_BIN(CNT,N)AFTER PER;
        IF CNT/=-1 AND START='1'THEN
            SYNC<= NOT SYNC AFTER PER;
            CNT:=CNT-1;
        END IF;
    END PROCESS;
END ALG;
```

在例 7-20 中,首先在结构体中定义了一个函数 INT_TO_BIN,该函数的功能就是将一个整数转换为 N 位位矢量结构。该函数中有两个参数 INPUT 和 N,它们在函数体中被当作是常量。在进程语句调用该函数时,分别将实参 CNT 和 N 的值传递给函数的两个参数 IN-PUT 和 N,最后函数的返回值传递给 PGOUT,完成函数的调用。

4. 断言语句

断言语句主要用于程序仿真和调试中的人-机对话。在仿真、调用过程中出现问题时,给出一个文字串作为提示信息。提示信息分 4 类:失败、错误、警告和注意。断言语句的书写格式为:

ASSERT 条件[REPORT 报告信息][SEVERITY 出错级别];

5. 并行信号赋值语句

并行信号赋值语句有两种形式:条件型和选择型。

(1) 条件型

条件信号赋值语句的格式为:

目标信号<= 表达式 1 WHEN 条件 1 ELSE
　　　　　表达式 2 WHEN 条件 2 ELSE
　　　　　表达式 3 WHEN 条件 3 ELSE
　　　　　…
　　　　　表达式 N WHEN 条件 N ELSE
　　　　　表达式 N+1;

在每个表达式后面都跟有用"WHEN"指定的条件,如果满足该条件,则该表达式值代入目的信号量;如果不满足条件,则再判别下一个表达式所指定的条件。最后一个表达式可以不跟条件,它表示在上述表达式所指明的条件都不满足时,则将该表达式的值代入目标信号量。

每次只有一个表达式被赋给目标信号量,即使满足多个条件,比如,同时满足条件 1 和条件 2,则由于条件 1 在前,只将表达式 1 赋给目标信号量。例如:

```
LL1:S<= A OR B WHEN XX = 1 ELSE
       A AND B WHEN XX = 2 ELSE
       A XOR B;
```

本例等价于下面的一个描述:

```
LL1:PROCESS(A,B,XX)
    BEGIN
      IF XX = 1 THEN S<= A OR B;
      ELSIF XX = 2 THEN S<= A AND B;
      ELSE S<= A XOR B;
      END IF;
    END PROCESS LL1;
```

(2) 选择型

选择型信号赋值语句的格式为:

```
WITH 表达式 SELECT
目标信号<= 表达式 1 WHEN 条件 1,
          表达式 2 WHEN 条件 2,
          表达式 3 WHEN 条件 3,
          ...
          表达式 n WHEN 条件 n,
          表达式 n+1 WHEN OTHERS;
```

选择信号代入语句类似于 CASE 语句,它对表达式进行测试,当表达式取值不同时,将使不同的值代入目的信号量。例如:

```
LL2: WITH (S1 + S2) SELECT
     C<= A AFTER 5 ns WHEN 0
         B AFTER 10 ns WHEN 1 TO INTEGER'HIGH,
         D AFTER 15 ns WHEN OTHERS;
```

本例等价于:

```
LL2: PROCESS(S1,S2,A,B,D)
     BEGIN
        CASE (S1 + S2) IS
           WHEN 0 => C<= A AFTER 5 ns;
           WHEN 1 TO INTEGER'HIGH => C<= B AFTER 10 ns;
           WHEN OTHERS => C<= D AFTER 15 ns;
        END CASE;
```

END PROCESS LL2；

要注意的是：条件信号赋值语句的条件项是有一定优先关系的，写在前面的条件选项的优先级要高于后面的条件项，当该进程被启动后，首先看优先级高的条件项是否满足，若满足则代入该选项对应的表达式，若不满足则判断下一个优先级低的条件项；而选择信号赋值语句的所有条件项是同等、没有优先关系的，当进程被启动后，所有的条件项是同时被判断的。因此，选择信号赋值语句的条件项应包含所有可能的条件，且所有条件项相互互斥，否则就会出现语法错误。

6. 信号代入语句

信号代入语句分 3 种类型：并发信号代入语句、条件信号代入语句、选择信号代入语句。

(1) 并发信号代入语句

信号代入语句在进程内部使用时，它作为顺序语句的形式出现；信号代入语句在结构体的进程之外使用时，它作为并发语句的形式出现。一个并发信号代入语句是一个等效进程的简略形式。现在介绍并发信号代入语句的并发性和进程的等效性。

若有两个信号代入语句：

```
        ⋮
q <= a + b;        -- 描述加法器的行为，第 i 行程序
q <= a * b;        -- 描述乘法器的行为，第 i+1 行程序
        ⋮
```

这个代入语句是并发执行的，加法器和乘法器独立并行工作。第 i 行和第 i+1 行程序在仿真时都并发处理，从而真实地模拟了实际硬件模块中加法器、乘法器的工作情况。这就是信号代入语句的并发性问题。

信号代入语句等效一个进程，可以举例说明：

```
ARCHITECTURE signal_Assignment example OF Signal_Assignment IS
BEGIN
  Q <= a AND b AFTER 5ns;          -- 信号代入语句
END ARCHITECTURE  signal_Assign ment example;
```

它的等效的进程可以表述为：

```
ARCHITECTURE signal_Assignment example OF signal_Assignment IS
BEGIN
  P1:PROCESS(a,b)                  -- 敏感信号 a,b
BEGIN
    Q <= a and b AFTER 5ns;
  END RPOCESS P1;
END ARCHITECTURE signal_Assign ment example;
```

由信号代入语句的功能知道：当代入符号"<="右边的信号值 a,b 发生任何变化时，代入

操作立即发生,新的值 a AND b 赋于代入符号"<="左边的信号 Q。

由进程语句的功能知道,敏感信号中(a,b)的任一个发生变化,都将触发进程的执行。进程中 Q 的变化随敏感量 a,b 的变化而变化。

从以上分析不难得出:信号代入语句等效于一个进程语句,多个信号代入语句等于多个进程语句,而多个进程语句是并行处理的,即多个信号代入语句并行处理,这就是信号代入语句的等效性和并行性。

并发信号代入语句可以用于仿真加法器、乘法器、除法器、比较器以及各种逻辑电路的输出。因此,在代入符号右边的表达式可以是逻辑运算表达式、算术运算表达式和关系比较表达式。

(2) 条件信号代入语句

条件信号代入语句属于并发描述语句的范畴,可以根据不同的条件将不同的表达式的值代入目标信号。条件信号代入语句书写的一般格式为:

```
目标信号<= 表达式 1    WHEN 条件 1    ELSE
          表达式 2    WHEN 条件 2    ELSE
          表达式 3    WHEN 条件 3    ELSE
                    ⋮
          表达式 n-1  WHEN 条件 n-1  ELSE
          表达式 n;
```

当条件 1 成立时,表达式 1 的值代入目标信号;当条件 2 成立时,表达式 2 的值代入目标信号;所有条件都不成立时,表达式 n 的值代入目标信号。

注意:
- 条件信号代入语句不能进行嵌套,不能将自身值代入目标自身,所以不能用条件信号代入语句设计锁存器。
- 与 IF 语句比较,IF 是顺序语句,只能在进程内使用。代入语句是并发语句,在进程内外都能使用。
- 条件信号代入语句与硬件电路贴近,使用该语句编程就像用汇编语言一样,需要丰富的硬件电路知识。而我们主要从事硬件电路设计,必要的电路基础知识还是要掌握的,这样为用好条件信号代入语句打下了坚实的基础。

(3) 选择信号代入语句

选择信号代入语句对选择条件表达式进行测试,当选择条件表达式取值不同时,将使不同信号表达式的值代入目标信号。选择(条件)信号代入语句的书写格式如下:

```
WITH  选择条件表达式  SELECT
    目标信号<= 信号表达式 1    WHEN  选择条件 1
              信号表达式 2    WHEN  选择条件 2
                        ⋮
```

信号表达式 n WHEN 选择条件 n

选择信号代入语句在进程外使用,具有并发功能,所以无论何种类型的信号代入语句,只要在进程之外,就具有并发功能,就有并发执行的特点。当条件满足,并且选择信号发生变化时,该语句就启动执行。这些语句等效一个进程。利用进程设计信号的代入过程和数值的传递过程,也完全可以。

7. 生成语句

生成语句(GENERATE)用来产生多个相同的结构和描述规则结构,如块阵列、元件例化或进程。GENERATE 语句有两种形式分别为:

标号:FOR 变量 IN 不连续区间 GENERATE
＜并发处理的生成语句＞
END GENERATE [标号名];

FOR-GENERATE 形式的生成语句用于描述多重模式,结构中所列举的是并发处理语句。这些语句并发执行,而不是顺序执行的,因此结构中不能使用 EXIT 语句和 NEXT 语句。

标号:IF 条件 GENERATE
＜并发处理的生成语句＞
END GENERATE[标号名];

IF-GENERATE 形式的生成语句用于描述结构的例外情况,比如边界处发生的特殊情况。IF-GENERATE 语句在 IF 条件为"真"时,才执行结构体内部的语句,因为是并发处理生成语句,所以与 IF 语句不同。在这种结构中不能含有 ELSE 语句。

GENERATE 语句典型的应用范围有:计算机存储阵列、寄存器阵列、仿真状态编译机。

例 7-21 寄存器 74373 的 VHDL 设计。

```
LIBRARY IEEE;
USE IEEE.STD_LOGIC_1164.ALL;
  ENTITY SN74373 IS
  PORT (D : IN STD_LOGIC_VECTOR( 8 DOWNTO 1 );
    OEN ,G : IN STD_LOGIC;
      Q : OUT STD_LOGIC_VECTOR(8 DOWNTO 1));
  END ENTITY SN74373;
ARCHITECTURE two OF SN74373 IS
    SIGNAL sigvec_save : STD_LOGIC_VECTOR(8 DOWNTO 1);
    BEGIN
    PROCESS(D, OEN, G , sigvec_save)
    BEGIN
      IF OEN = '0' THEN  Q <= sigvec_save;
      ELSE  Q <= "ZZZZZZZZ";
      END IF;
```

```
        IF G = '1' THEN Sigvec_save <= D;
        END IF;
      END PROCESS;
    END ARCHITECTURE two;
    ARCHITECTURE one OF SN74373 IS
      COMPONENT Latch
      PORT ( D, ENA : IN STD_LOGIC;
               Q : OUT STD_LOGIC );
      END COMPONENT;
      SIGNAL sig_mid : STD_LOGIC_VECTOR( 8 DOWNTO 1 );
    BEGIN
      GeLatch : FOR iNum IN 1 TO 8 GENERATE
        Latchx : Latch PORT MAP(D(iNum),G,sig_mid(iNum));
      END GENERATE;
Q <= sig_mid WHEN OEN = '0' ELSE    "ZZZZZZZZ";    --当OEN=1时,Q(8)~Q(1)输出状态呈高阻态
    END ARCHITECTURE one;
```

7.4 常见组合逻辑电路的 VHDL 设计

7.4.1 编码器、译码器、选择器

1. 编码器的设计

例 7-22 根据表 7.1 完成 8-3 线优先编码器 74148 的 VHDL 设计。

表 7.1 优先编码器真值表

E1	D0	D1	D2	D3	D4	D5	D6	D7	Q0	Q1	Q2	GS	EO
1	X	X	X	X	X	X	X	X	1	1	1	1	1
0	1	1	1	1	1	1	1	1	1	1	1	1	0
0	X	X	X	X	X	X	X	0	0	0	0	0	1
0	X	X	X	X	X	X	0	1	0	0	1	0	1
0	X	X	X	X	X	0	1	1	0	1	0	0	1
0	X	X	X	X	0	1	1	1	0	1	1	0	1
0	X	X	X	0	1	1	1	1	1	0	0	0	1
0	X	X	0	1	1	1	1	1	1	0	1	0	1
0	X	0	1	1	1	1	1	1	1	1	0	0	1
0	0	1	1	1	1	1	1	1	1	1	1	0	1

```
LIBRARY IEEE;
USE IEEE.STD_LOGIC_1164.ALL;
```

```vhdl
ENTITY priotyencoder IS
  PORT (d : IN Std_Logic_Vector (7 Downto 0);
    E1: IN Std_Logic;
    GS,E0: OUT bit_vector;
    Q : OUT Std_Logic_Vector(2 Downto 0);
END priotyencoder;
ARCHITECTURE encoder OF priotyencoder IS
BEGIN
  P1: PROCESS ( d )
    BEGIN
      IF ( d(0) = 0 AND E1 = 0 ) THEN
        Y <= "111";
        GS <= '0' ;
        E0 <= '1' ;
      ELSIF (d(1) = 0 AND E1 = 0 ) THEN
        Q <= "110" ;
        GS <= '0' ;
        E0 <= '1' ;
      ELSIF (d(2) = 0 AND E1 = 0 ) THEN
        Q <= "101" ;
        GS <= '0' ;
        E0 <= '1' ;
      ELSIF (d(3) = 0 AND E1 = 0 ) THEN
        Q <= "100" ;
        GS <= '0' ;
        E0 <= '1' ;
      ELSIF (d(4) = 0 AND E1 = 0 ) THEN
        Q <= "011" ;
        GS <= '0' ;
        E0 <= '1' ;
      ELSIF (d(5) = 0 AND E1 = 0 ) THEN
        Q <= "010" ;
        GS <= '0' ;
        E0 <= '1' ;
      ELSIF (d(6) = 0 AND E1 = 0 ) THEN
        Q <= "001" ;
        GS <= '0' ;
        E0 <= '1' ;
      ELSIF (d(7) = 0 AND E1 = 0 ) THEN
```

```
            Q  <= "000" ;
            GS <= '0' ;
            E0 <= '1' ;
        ELSIF ( E1 = 1 ) THEN
            Q  <= "111" ;
            GS <= '1' ;
            E0 <= '1' ;
        ELSIF ( d = "1111 1111" AND E1 = 0 ) THEN
            Q  <= "111" ;
            GS <= '1' ;
            E0 <= '0' ;
        END IF;
    END PROCESS P1;
END encoder;
```

2. 显示译码器设计

例 7-23 利用 VHDL 设计 7 段共阳极数码显示译码器电路。

```
LIBRARY IEEE ;
USE IEEE.STD_LOGIC_1164.ALL ;
ENTITY SEG7_LUT IS
    PORT ( iDIG : IN  STD_LOGIC_VECTOR(3 DOWNTO 0);
           oSEG : OUT STD_LOGIC_VECTOR(6 DOWNTO 0)  ) ;
END ;
ARCHITECTURE one OF SEG7_LUT IS
BEGIN
    PROCESS( iDIG )
    BEGIN
    CASE   iDIG  IS
    WHEN "0000" => oSEG <= "1000000";   -- gfedcb(共阳极 7 段数码管)
    WHEN "0001" => oSEG <= "1111001";   -----a----
    WHEN "0010" => oSEG <= "0100100";   --|   |
    WHEN "0011" => oSEG <= "0110000";   --f   b
    WHEN "0100" => oSEG <= "0011001";   --|   |
    WHEN "0101" => oSEG <= "0010010";   -----g----
    WHEN "0110" => oSEG <= "0000010";   --|   |
    WHEN "0111" => oSEG <= "1111000";   --e   c
    WHEN "1000" => oSEG <= "0000000";   --|   |
    WHEN "1001" => oSEG <= "0011000";   -----d----.h
    WHEN "1010" => oSEG <= "0001000" ;
```

```
           WHEN "1011" =>   oSEG <= "0000011" ;
           WHEN "1100" =>   oSEG <= "1000110" ;
           WHEN "1101" =>   oSEG <= "0100001" ;
           WHEN "1110" =>   oSEG <= "0000110" ;
           WHEN "1111" =>   oSEG <= "0001110" ;
           WHEN OTHERS =>   NULL ;
         END CASE ;
      END PROCESS ;
END ;
```

3. 选择器的设计

例 7-24 用 VHDL 语言描述 4 选 1 选择器的程序设计。

```
LIBRARY IEEE;
USE IEEE.STD_LOGIC_1164.ALL;
ENTITY mux4 IS
PORT(INPUT:IN STD_LOGIC_VECTOR(3 DOWNTO 0);
         A,B  :IN STD_LOGIC;
          Y   :OUT STD_LOGIC);
END mux4;
ARCHITECTURE rtl OF mux4 IS
    SIGNAL SEL : STD_LOGIC_VECTOR(1 DOWNTO 0);
BEGIN
    SEL<= B&A;
    PROCESS(INPUT,SEL)
    BEGIN
      CASE SEL IS
        WHEN "00" =>Y<= INPUT(0);
        WHEN "01" =>Y<= INPUT(1);
        WHEN "10" =>Y<= INPUT(2);
        WHEN OTHERS =>Y<= INPUT(3);
      END CASE;
    END PROCESS;
END rtl;
```

7.4.2 数值比较器

用来完成两个二进制数的大小比较的逻辑电路称为数值比较器,简称比较器。比较器就是对两数 A、B 进行比较,以判断其大小的数字逻辑电路。比较结果有 A>B、A=B、A<B。74 系列的 7485 是常用的集成电路数值比较器,数值比较器 7485 的 VHDL 程序如例 7-25

所示。

例 7-25 数值比较器 7485 的 VHDL 实现。

```
LIBRARY IEEE;
USE IEEE.STD_LOGIC_1164.ALL;
ENTITY T7485_V IS
PORT (a, b: IN INTEGER RANGE 0 TO 15;
      gtin, ltin, eqin: IN BIT; -- 级联输入
      agtb, altb, aeqb: OUT BIT);
END T7485_V;
-- 标准级联输入:gtin = ltin = '0';eqin = '1'
ARCHITECTURE vhdl OF T7485_V IS
BEGIN
PROCESS (a, b, gtin, ltin, eqin)
BEGIN
  IF a < b THEN altb <= '1';agtb <= '0';aeqb <= '0';——a<b时,altb=1(高电平)
    ELSIF a > b THEN altb <= '0';agtb <= '1';aeqb <= '0'; ——a<b时,agtb=1(高电平)
    ELSE altb <= ltin;agtb <= gtin;aeqb <= eqin;——a = b, 时,aeqb = 1(高电平)
    END IF;
  END PROCESS;
END vhdl;
```

7.5 常见时序逻辑电路的 VHDL 设计

7.5.1 触发器的 VHDL 设计

J-K 触发器的输入端有一个置位输入、一个复位输入、两个控制输入和一个时钟输入;输出端有正向输出端和反向输出端。具有置位和清零端的 J-K 触发器真值表如表 7.2 所列。

表 7.2 J-K 触发器真值表

输 入 端					输 出 端	
PSET	CLR	CLK	J	K	Q	/Q
0	1	d	D	d	1	0
1	0	d	D	d	0	1
0	0	d	D	d	d	d
1	1	上升	0	1	0	1

续表 7.2

输入端					输出端	
1	1	上升	1	1	翻转	翻转
1	1	上升	0	0	不变	不变
1	1	上升	1	0	1	0
1	1	0	D	d	不变	不变

例 7-26 J-K 触发器的 VHDL 程序设计。

```
LIBRARY IEEE;
USE IEEE.STD_LOGIC_1164.ALL;
ENTITY jkff IS
PORT(PSET,CLK,CLR,J,K:IN STD_LOGIC;
                Q,QB:OUT STD_LOGIC);
END jkff;
ARCHITECTURE rtl OF jkff IS
    SIGNAL Q_S,QB_S:STD_LOGIC;
BEGIN
    PROCESS(PSET,CLR,CLK,J,K)
    BEGIN
    IF(PSET = '0') THEN
        Q_S<= '1';QB_S<= '0';           --异步置1
    ELSIF (CLR = '0') THEN
        Q_S<= '0';QB_S<= '1';           --异步置0
    ELSIF (CLK'EVENT AND CLK = '1') THEN --判断时钟 CLK 上升沿
        IF(J = '0')AND (K = '0') THEN   -- JK = 00 时,触发器不翻转
            Q_S<= '0'; QB_S<= '1';
        ELSIF(J = '1') AND (K = '0') THEN --JK = 10 时,Q = 1, /Q = 0
            Q_S<= '1'; QB_S<= '0';
        ELSIF(J = '0') AND (K = '1') THEN --JK = 01 时,Q = 0, /Q = 1
            Q_S<= '0'; QB_S<= '1';
        ELSIF(J = '1') AND(K = '1') THEN
            Q_S<= NOT Q_S; QB_S<= NOT QB_S; -- JK = 11 时,触发器翻转
        END IF;
    END IF;
    Q<= Q_S;QB<= QB_S;                  --更新输出 Q、QB
    END PROCESS;
END rtl;
```

7.5.2 锁存器和寄存器

1. 锁存器(Latch)

锁存器的功能同触发器相似,但有区别的是:触发器只在有效时钟沿才发生作用,而锁存器是电平敏感的,只要时钟信号有效,而不管是否处在上升沿或下降沿,锁存器都会起作用。用 VHDL 语言描述的选通 D 锁存器的 VHDL 程序如例 7-27 所示。

例 7-27 选通 D 锁存器的 VHDL 程序设计。

```
LIBRARY IEEE;
USE IEEE.STD_LOGIC_1164.ALL;
ENTITY latch IS
PORT(D,CLK :IN STD_LOGIC;
            Q :OUT STD_LOGIC);
END latch;
ARCHITECTURE behavior OF latch IS
BEGIN
    PROCESS(D,CLK)
    BEGIN
        IF CLK = '1' THEN        -- CLK 为高电平时输出数据
            Q <= D;
        END IF;
    END PROCESS;
END behavior;
```

2. 寄存器(Register)

用 VHDL 的 CASE 语句设计 4 位双向移位寄存器,该方法中不把移位寄存器看作一个串行的触发器串,而是把它看作是一个并行寄存器(DFF 模型),寄存器中的存储信息以并行方式传递到一个位集合,集合中的数据可以逐位移动。

例 7-28 4 位双向移位寄存器的 VHDL 设计,该寄存器具有 4 种工作方式:保持数据、右移、左移和并行输入。

```
LIBRARY IEEE;
USE IEEE.STD_LOGIC_1164.ALL;
ENTITY T194 IS
PORT(
clock:IN BIT;
dP :IN BIT_VECTOR (3 DOWNTO 0);        -- 并行数据输入
ser_in:IN BIT;                          -- 串行数据输入(左移或右移)
```

```
            mode : IN INTEGER RANGE 0 TO 3;       -- 工作方式 0 = 保持数据、1 = 右移、2 = 左移、3 = 并行输入
            q : OUT BIT_VECTOR (3 DOWNTO 0));     -- 寄存器输出状态
END T194;
ARCHITECTURE a OF T194 IS
  SIGNAL ff : BIT_VECTOR (3 DOWNTO 0);
BEGIN
PROCESS ( clock)
BEGIN
IF (clock = '1' AND clock'event) THEN
  CASE mode IS
     WHEN 0 = >ff <= ff;                          -- 保持数据
     WHEN 1 = >ff(2 DOWNTO 0) <= ff (3 DOWNTO 1); -- 右移
            ff(3) <= ser_in;
     WHEN 2 = >ff(3 DOWNTO 1) <= ff(2 DOWNTO 0);  -- 左移
            ff(0) <= ser_in;
  WHEN OTHERS = >ff <= din;                       -- 并行输入
  END CASE;
END IF;
END PROCESS;
q <= ff;                                          -- 更新寄存器输出状态
END a;
```

7.5.3 计数器

1. 同步计数器

所谓同步计数器,就是在时钟脉冲(计数脉冲)的控制下,构成计数器的各触发器的状态同时发生变化的那一类计数器。

例 7-29 十进制同步计数器的 VHDL 设计

一个具有计数使能、清零控制和进位扩展输出十进制计数器可利用两个独立的 IF 语句完成。一个 IF 语句用于产生计数器时序电路,该语句为非完整性条件语句;另一个 IF 语句用于产生纯组合逻辑的多路选择器。其 VHDL 代码如下:

```
LIBRARY IEEE;
USE IEEE.STD_LOGIC_1164.ALL;
USE IEEE.STD_LOGIC_UNSIGNED.ALL;
ENTITY cnt10_v IS
     PORT (CLK,RST,EN : IN STD_LOGIC;
           CQ : OUT STD_LOGIC_VECTOR(3 DOWNTO 0);
```

```vhdl
        COUT : OUT STD_LOGIC   );
END cnt10_v;
ARCHITECTURE behav OF cnt10_v IS
BEGIN
    PROCESS(CLK, RST, EN)
        VARIABLE  CQI : STD_LOGIC_VECTOR(3 DOWNTO 0);
        BEGIN
            IF RST = '1'THEN   CQI := (OTHERS =>'0');       --计数器异步复位
            ELSIF CLK'EVENT AND CLK = '1' THEN              --检测时钟上升沿
              IF EN = '1'THEN                               --检测是否允许计数(同步使能)
                IF CQI < 9 THEN   CQI := CQI + 1;           --允许计数,检测是否小于9
                    ELSE   CQI := (OTHERS =>'0');           --大于9,计数值清零
                END IF;
              END IF;
            END IF;
            IF CQI = 9 THEN COUT <= '1';                    --计数大于9,输出进位信号
              ELSE    COUT <= '0';
            END IF;
            CQ <= CQI;                                      --将计数值向端口输出
    END PROCESS;
END behav;
```

在源程序中 COUT 是计数器进位输出;CQ[3..0]是计数器的状态输出;CLK 是时钟输入端;RST 是复位控制输入端(当 RST = 1 时,CQ[3..0] = 0);EN 是使能控制输入端(当 EN = 1 时,计数器计数,当 EN = 0 时,计数器保持状态不变)。

2. 可逆计数器

可逆计数器根据计数脉冲的不同,控制计数器在同步信号脉冲的作用下,进行加 1 操作,或者减 1 操作。假设可逆计数器的计数方向由特殊的控制端 updown 控制。则有如下关系:

- 当 updown＝1 时,计数器加 1 操作;
- 当 updown＝0 时,计数器减 1 操作;

下面以 8 位二进制可逆计数器设计为例,其真值表如表 7.3 所列。示例程序如例 7-30 所示。

表 7.3 8 位二进制可逆计数器真值表

CLR	UPDOWN	CLK	Q0 Q1 Q2 Q3 Q4 Q5 Q6 Q7
1	X	X	0000 0000
0	1	上升沿	加 1 操作
0	0	上升沿	减 1 操作

例 7-30 8 位可逆计数器的 VHDL 设计。

```
LIBRARY IEEE;
USE IEEE.STD_LOGIC_1164.ALL;
USE IEEE.STD_LOGIC_UNSIGNED.ALL;
ENTITY count8UP_Dn IS
  PORT (clk,clr,updown: IN STD_LOGIC;
        Q0,Q1,Q2,Q3,Q4,Q5,Q6,Q7:OUT STD_LOGIC);
END count8UP_Dn;
ARCHITECTURE example OF count8UP_Dn IS
SIGNAL count_B:STDa_LOGIC_VECTOR (5 DOWNTO 0);
BEGIN
  Q0 <= count_B(0);
  Q1 <= count_B(1);
  Q2 <= count_B(2);
  Q3 <= count_B(3);
  Q4 <= count_B(4);
  Q5 <= count_B(5);
  Q6 <= count_B(6);
  Q7 <= count_B(7);
    PROCESS (clr,clk)
    BEGIN
    IF (clr=1) THEN
    Count_B <= (OTHERS => 0);
    ELSIF (clk' EVENT AND clk=1) THEN
      IF (updown=1) THEN
        Count_B <= count_B + 1;
      ELSE
        Count_B <= count_B - 1;
      END IF;
    END IF;
  END PROCESS;
END example;
```

7.6 习 题

7-1 VHDL 中的构件有几种？一个完整的源程序中几种基本构件？

7-2 试问 VHDL 中库的种类、特点及其调用方法？

7-3 举例说明 VHDL 中构造体的描述方法和特点。

7-4 实体的端口描述和过程的端口描述有何区别?如何定义两者端口的数据类型?

7-5 举例说明 VHDL 中常用的并行描述语句、顺序描述语句的种类和使用方法。

7-6 使用 VHDL 描述一个 3 位 BCD 码至 8 位二进制的转换器。

7-7 编写一个低位优先的编码器程序:如果两个输入同时有效时,这个编码器总是对最小的数字进行编码。

7-8 用 VHDL 设计 4 选 1 数据选择器,然后用生成语句设计双 4 选 1 数据选择器。

7-9 设计一个 16 位二进制收发器的 VHDL 程序。设电路的输入为 $A[15..0]$ 和 $B[15..0]$。OEN 为使能控制端,当 OEN=0 时电路工作;当 OEN=1 时电路被禁止,$A[15..0]$ 和 $B[15..0]$ 为高阻态。DTR 为收发控制端,当 DTR=1 时,数据由 $A[15..0]$ 发送到 $B[15..0]$;当 DTR=0 时,数据由 $B[15..0]$ 发送到 $A[15..0]$;

7-10 用 VHDL 设计 7 段数码显示器(LED)的十六进制译码器,要求该译码器有三态输出。

7-11 用 VHDL 语言编写一个源程序,产生一个 8 位自启动扭环型计数器。

7-12 用 VHDL 设计 8 位同步二进制加减计数器,输入为时钟端 CLK 和异步清除端 CLR,UPDOWN 是加减控制端,当 UPDOWN 为 1 时执行加法计数,为 0 时执行减法计数;进位输出端为 C。

7-13 利用 D 触发器设计模 8 二进制加法计数器(VHDL 行为描述方法)。

7-14 设计 16 位序列信号检测器,当检测到一组或多组由 16 位二进制码组成的脉冲序列信号时,如果这组码与检测器预先设置的码相同则输出 1,否则输出 0。

7-15 用 VHDL 语言设计一个序列计数器,要求在单个时钟(clk)脉冲时间内,完成对 8bit 二进制数 $D[7..0]$ 的统计,并且要求在整个序列中只能有一串连 0 出现,即 8bit 中 0 是相邻的,此时,我们认为输出有效,并且输出连 0 的个数;否则认为无效,连 0 计数器清零,同时输出错误指示信号。

7-16 简易数字钟实际上是一个对标准 1Hz 秒脉冲信号进行计数的计数电路,秒计数器满 60 后向分计数器进位,分计数器满 60 后向时计数器进位,时计数器按 24 翻 1 规律计数,计数输出经译码器送 LED 显示器,以十进制(BCD 码)形式输出时分秒。用 VHDL 语言设计一个简易数字钟电路。

第 8 章

FPGA 设计基础

8.1 EDA 技术概述

8.1.1 EDA 技术的发展历程

20世纪后半期,随着集成电路和计算机的不断发展,电子技术面临着严峻的挑战。由于电子技术发展周期不断缩短,专用集成电路(ASIC)的设计面临着难度不断提高与设计周期不断缩短的矛盾。为了解决这个问题,要求我们必须采用新的设计方法和使用高层次的设计工具。在此情况下,EDA(Electronic Design Automation,电子设计自动化)技术应运而生,EDA技术就是以计算机为工作平台,以EDA软件工具为开发环境,以硬件描述语言为设计语言,以可编程器件为实验载体,以ASIC、SoC(System on Chip)芯片为目标器件,以数字逻辑系统设计为应用方向的电子产品自动化的设计过程。

随着现代半导体的精密加工技术发展到深亚微米($0.18\sim0.35\,\mu m$)阶段,基于大规模或超大规模集成电路技术的定制或半定制ASIC(Application Specific IC,专用集成电路)器件大量涌现并获得广泛的应用,使整个电子技术与产品的面貌发生了深刻的变化,极大地推动了社会信息化的发展进程。而支撑这一发展进程的主要基础之一就是EDA技术。

EDA技术在硬件方面融合了大集成电路制造技术、IC版图设计技术、ASIC测试和封装技术、CPLD/FPGA技术等;在计算机辅助工程方面融合了计算机辅助设计CAD、计算机辅助制造CAM、计算机辅助测试CAT技术及多种计算机语言的设计概念;而在现代电子学方面则容纳了更多的内容,如数字电路设计理论、数字信号处理技术、系统建模和优化技术等。EDA技术打破了计算机软件与硬件间的壁垒,使计算机的软件技术与硬件实现、设计效率和产品性能合二为一,它代表了数字逻辑设计技术和应用技术的发展方向。

EDA技术伴随着计算机、集成电路、电子系统设计的发展,经历了3个发展阶段。

1. CAD(Computer Aided Design)阶段

20世纪70年代发展起来的CAD阶段是EDA技术发展的早期阶段,这一阶段在集成电路制作方面,MOS工艺得到广泛应用,可编程逻辑技术及其器件已经问世,计算机作为一种运算工具已在科研领域得到广泛应用,人们借助于计算机,在计算机上使用进行电路图输入、存储及 PCB 版图设计的 EDA 软件工具,从而使人们摆脱了用手工进行电子设计时的大量繁重、重复、单调的计算与绘图工作,并逐步取代人工进行电子系统的设计、分析与仿真。

2. 电子设计 CAE(Computer Aided Engineering)阶段

CAE 即计算机辅助工程是 20 世纪 80 年代在 CAD 工具逐步完善的基础上发展起来的。此时集成电路设计技术进入了 CMOS(互补场效应管)时代,复杂可编程逻辑器件已进入商业应用,相应的辅助设计软件也已投入使用。

在这一阶段,人们已将各种电子线路设计工具如电路图输入、编译与链接、逻辑模拟、仿真分析、版图自动生成及各种单元库都集成在一个 CAE 系统中,以实现电子系统或芯片从原理图输入到版图设计输出的全程设计自动化。利用现代的 CAE 系统,设计人员在进行系统设计的时候,已可以把反映系统互连线路对系统性能的影响因素,如板级电磁兼容、板级引线走向等影响物理设计的制约条件一并考虑进去,使电子系统的设计与开发工作更贴近产品实际,更加自动化、更加方便和稳定可靠,大大提高了工作效率。

3. EDA(Electronics Design Automation)阶段

20 世纪 90 年代后期,出现了以硬件描述语言、系统级仿真和综合技术为特征的 EDA 技术。随着硬件描述语言 HDL 的标准化得到进一步的确立,计算机辅助工程、辅助分析、辅助设计在电子技术领域获得更加广泛的应用,与此同时电子技术在通信、计算机及家电产品生产中的市场和技术需求,极大推动了全新的电子自动化技术的应用和发展。特别是集成电路设计工艺步入了深亚微米阶段,百万门以上的大规模可编程逻辑器件的陆续面世,以及基于计算机技术面向用户的低成本大规模 ASIC 设计技术的应用,促进了 EDA 技术的形成。在这一阶段,电路设计者只需要完成对系统功能的描述,就可以由计算机软件进行系列处理,最后得到设计结果,并且修改设计方案如同修改软件一样方便,利用 EDA 工具可以极大地提高设计效率。

8.1.2 EDA 技术的主要内容

EDA 技术涉及面广,内容丰富,从教学和实用的角度看,主要有以下 4 个方面的内容:首先是大规模可编程逻辑器件;其次是硬件描述语言;三是软件开发工具;四是实验开发系统。大规模可编程逻辑器件是利用 EDA 技术进行电子系统设计的载体;硬件描述语言是利用 EDA 技术进行电子系统设计的主要表达手段;软件开发工具是利用 EDA 技术进行电子系统设计的智能化、自动化设计工具;实验开发系统是利用 EDA 技术进行电子系统设计的下载工具及硬件验证工具。利用 EDA 技术进行数字逻辑系统设计,具有以下特点:

(1) 全程自动化:用软件方式设计的系统到硬件系统的转换,是由开发软件自动完成的。

(2) 工具集成化:具有开放式的设计环境,这种环境也称为框架结构(Framework),它在 EDA 系统中负责协调设计过程和管理设计数据,实现数据与工具的双向流动。它的优点是可以将不同公司的软件工具集成到统一的计算机平台上,使之成为一个完整的 EDA 系统。

(3) 操作智能化:使设计人员不必学习许多深入的专业知识,也可免除许多推导运算即可获得优化的设计成果。

(4) 执行并行化:由于多种工具采用了统一的数据库,使得一个软件的执行结果马上可被另一个软件所使用,使得原来要串行的设计步骤变成了同时并行过程,也称为"同时工程(Concurrent Engineering)"。

(5) 成果规范化:都采用硬件描述语言,它是 EDA 系统的一种设计输入模式,可以支持从数字系统级到门级的多层次的硬件描述。

8.1.3 EDA 技术的发展趋势

EDA 技术在进入 21 世纪后,得到了更大的发展,突出表现在以下几个方面:

(1) 使电子设计成果以自主知识产权的方式得以明确表达和确认成为可能。

(2) 使仿真和设计两方面支持标准硬件描述语言、功能强大的 EDA 软件不断推出。

(3) 电子技术全方位纳入 EDA 领域,除了日益成熟的数字技术外,传统的电路系统设计建模理念发生了重大的变化:软件无线电技术的崛起,模拟电路系统硬件描述语言的表达和设计的标准化,系统可编程模拟器件的出现,数字信号处理和图像处理的全硬件实现方案的普遍接受,软、硬件技术的进一步融合等。

(4) EDA 使得电子领域各学科的界限更加模糊,更加互为包容:模拟与数字、软件与硬件、系统与器件、专用集成电路 ASIC 与 FPGA(Field Programmable Gate Array)、行为与结构等的界限更加模糊,更加互为包容。

(5) 更大规模的 FPGA 和 CPLD(Complex Programmable Logic Device)器件的不断推出。

(6) 基于 EDA 工具的 ASIC 设计标准单元已涵盖大规模电子系统及 IP 核模块。

(7) 软件 IP 核在电子行业的产业领域、技术领域和设计应用领域得到进一步确认。

总之,随着系统开发对 EDA 技术的目标器件的各种性能要求的提高,ASIC 和 FPGA 将更大程度相互融合。这是因为虽然标准逻辑器件 ASIC 芯片尺寸小、功能强大、耗电省,但设计复杂,并且有批量生产要求;可编程逻辑器件开发费用低廉,能在现场进行编程,但却体积大、功能有限,而且功耗较大。因此,FPGA 和 ASIC 正在走到一起,互相融合,取长补短。由于一些 ASIC 制造商提供具有可编程逻辑的标准单元,可编程器件制造商重新对标准逻辑单元发生兴趣,而有些公司采取两头并进的方法,从而使市场开始发生变化,在 FPGA 和 ASIC 之间正在诞生一种"杂交"产品,以满足成本和上市速度的要求。例如将可编程逻辑器件嵌入标准单元。

现今也在进行将 ASIC 嵌入可编程逻辑单元的工作。目前,许多 PLD 公司开始为 ASIC 提供 FPGA 内核,PLD 厂商与 ASIC 制造商结盟为 SoC 设计提供嵌入式 FPGA 模块,使未来的 ASIC 供应商有机会更快地进入市场,利用嵌入式内核获得更长的市场生命期。传统 ASIC

和 FPGA 之间的界限正变得模糊。系统级芯片不仅集成 RAM 和微处理器，也集成 FPGA。整个 EDA 和 IC 设计工业都朝着这个方向发展。

8.2　FPGA 设计方法与设计流程

8.2.1　基于 FPGA 的层次化设计方法

在 FPGA 设计中往往采用层次化的设计方法，分模块、分层次地进行设计描述。描述系统总功能的设计为顶层设计，描述系统中较小单元的设计为底层设计。整个设计过程可理解为从硬件的顶层抽象描述向最底层结构描述的一系列转换过程，直到最后得到可实现的硬件单元描述为止。层次化设计方法比较自由，既可采用自顶向下(Top-Down)的设计也可采用自底向上(Bottom-top)设计，可在任何层次使用原理图输入和硬件描述语言 HDL 设计。

1. 自底向上(Bottom-up)设计方法

Bottom-up 设计方法的中心思想是首先根据对整个系统的测试与分析，由各个功能块连成一个完整的系统，由逻辑单元组成各个独立的功能模块，由基本门构成各个组合与时序逻辑单元。

Bottom-up 设计方法的特点：从底层逻辑库中直接调用逻辑门单元；符合硬件工程师传统的设计习惯；在进行底层设计时缺乏对整个电子系统总体性能的把握；在整个系统完成后，要进行修改较为困难，设计周期较长；随着设计规模与系统复杂度的提高，这种方法的缺点更突出。

传统的数字系统的设计方法一般都是自底向上的，即首先确定构成系统的最低层的电路模块或元件的结构和功能，然后根据主系统的功能要求，将它们组成更大的功能块，使它们的结构和功能满足高层系统的要求，以此类推，直至完成整个目标系统的 EDA 设计。

例如，对于一般数字系统的设计，使用自底向上的设计方法，必须首先决定使用的器件类别，如 74 系列的器件、某种 RAM 和 ROM、某类 CPU 以及某些专用功能芯片等，然后是构成多个功能模块，如数据采集、信号处理、数据交换和接口模块等，直至最后利用它们完成整个系统的设计。

2. 自顶向下(Top-Down)设计方法

Top-Down 设计方法的中心思想是：系统层是一个包含输入输出的顶层模块，并用系统级、行为描述加以表达，同时完成整个系统的模拟和性能分析；整个系统进一步由各个功能模块组成，每个模块由更细化的行为描述加以表达；由 EDA 综合工具完成到工艺库的映射。

Top-Down 设计方法的特点：结合模拟手段，可以从开始就掌握实现目标系统的性能状况。随着设计层次向下进行，系统的性能参数将进一步得到细化与确认；可以根据需要及时调整相关的参数，从而保证了设计结果的正确性，缩短了设计周期；当规模越大时，这种方法的优越性越明显；须依赖 EDA 设计工具的支持及昂贵的基础投入；逻辑总合及以后的设计过程的实现，均需要精确的工艺库的支持。

现代数字系统的设计方法一般都采用自顶向下（Top-to-Down）的层次化设计方法，即从整个系统的整体要求出发，自上而下地逐步将系统设计内容细化，把整个系统分割为若干功能模块，最后完成整个系统的设计。系统设计从顶向下大致可分为3个层次：

（1）系统层：用概念、数学和框图进行推理和论证，形成总体方案。

（2）电路层：进行电路分析、设计、仿真和优化，把框图与实际的约束条件与可测性条件结合，实行测试和模拟（仿真）相结合的科学实验研究方法，产生直到门级的电路图。

（3）物理层：真正实现电路的工具。同一个电路可以有多种不同的方法实现。物理层包括PCB、IC、PLD或FPGA和混合电路集成以及微组装电路的设计等。

在电子设计领域，自顶向下的层次化设计方法，只有在EDA技术得到快速发展和成熟应用的今天才成为可能，自顶向下的层次化设计方法的有效应用必须基于功能强大的EDA工具，具备集系统描述、行为描述和结构描述功能为一体的硬件描述语言HDL，以及先进的ASIC制造工艺和CPLD/FPGA开发技术。当今，自顶向下的层次化设计方法已经是EDA技术的首选设计方法，是CPLD/FPGA开发的主要设计手段。

8.2.2　基于FPGA技术的数字逻辑系统设计流程

利用FPGA技术进行数字逻辑系统设计的大部分工作是在EDA软件平台上完成的，其设计流程包含设计输入、设计处理、设计效验和器件编程，以及相应的功能仿真、时序仿真、器件测试。

1. 设计输入

设计输入是由设计者对器件所实现的数字系统的逻辑功能进行描述，主要有原理图输入、真值表输入、状态机输入、波形输入、硬件描述语言输入法等。对初学者推荐使用原理图输入法和硬件描述语言输入法。

(1) 原理图输入法

原理图输入法是基于传统的硬件电路设计思想，把数字逻辑系统用逻辑原理图来表示的输入方法，即在EDA软件的图形编辑界面上绘制能完成特定功能的电路原理图，使用逻辑器件（即元件符号）和连线等来描述设计，原理图描述要求设计工具提供必要的元件库和逻辑宏单元库，如与门、非门、或门、触发器以及各种含74系列器件功能的宏功能块和用户自定义设计的宏功能块。

原理图编辑绘制完成后，原理图编辑器将对输入的图形文件进行编排之后再将其编译，以适用于EDA设计后续流程中所需要的低层数据文件。

用原理图输入法的优点是显而易见的，首先，设计者进行数字逻辑系统设计时不需要增加新的相关知识，如HDL；第二，该方法与Protel作图相似，设计过程形象直观，适用于初学者和教学；第三，对于较小的数字逻辑电路，其结构与实际电路十分接近，设计者易于把握电路全局；第四，由于设计方式属于直接设计，相当于底层电路布局，因此易于控制逻辑资源的耗用，节省集成面积。

然而,使用原理图输入法的缺点同样十分明显,第一,电路描述能力有限,只能描述中、小型系统。一旦用于描述大规模电路,往往难以快速有效地完成;第二,设计文件主要是电路原理图,如果设计的硬件电路规模较大,从电路原理图来了解电路的逻辑功能是非常困难的。而且文件管理庞大且复杂,大量的电路原理图将给设计人员阅读和修改硬件设计带来很大的不便;第三,由于图形设计方式并没有得到标准化,不同 EDA 软件中图形处理工具对图形的设计规则、存档格式和图形编译方式都不同,因此兼容性差,性能优秀的电路模块移植和再利用很困难;第四,由于原理图中已确定了设计系统的基本电路结构和元件,留给综合器和适配器的优化选择空间已十分有限,因此难以实现设计者所希望的面积、速度及不同风格的优化,这显然偏离了 EDA 的本质涵义,而且无法实现真实意义上的自顶向下的设计。

(2) HDL 文本输入法

硬件描述语言 HDL(Hardware Description Language)是用文本形式描述设计,常用的语言有 VHDL,AHDL 和 Verilog HDL。这种方式与传统的计算机软件语言编辑输入基本一致,就是将使用了某种硬件描述语言(HDL)的电路设计文本进行编辑输入。

(3) 混合输入法

在一定条件下,我们会混合使用这两种方法。目前有些 EDA 工具(如 Quartus II)可以把图形的直观表示与 HDL 的优势结合起来。如状态图输入的编辑方式,即用图形化状态机输入工具,用图形的方式表示状态图,当填好时钟信号名、状态转换条件、状态机类型等要素后,就可以自动生成 VHDL/Verilog HDL 程序。又如,在原理图输入方式中,连接用 VHDL 描述的各个电路模块,直观地表示系统总体框架,再用 HDL 工具生成相应的 VHDL/Verilog HDL 程序。总之,HDL 文本输入设计是最基本、最有效和通用的输入设计方法。

2. 设计处理

设计处理是 FPGA 设计流程中的中心环节,在该阶段,编译软件将对设计输入文件进行逻辑优化、综合,并利用一片或多片 CPLD/FPGA 器件自动进行适配,最后产生编程用的数据文件。该环节主要包含设计编译、逻辑综合优化、适配和布局、生成编程文件。

(1) 设计编译

设计输入完成后,立即进行设计编译,EDA 编译器首先从工程设计文件间的层次结构描述中提取信息,包含每个低层次文件中的错误信息,如原理图中信号线有无漏接、信号有无多重来源,文本输入文件中的关键字错误或其他语法错误,并及时标出错误的位置,供设计者排除纠正,然后进行设计规则检查,检查设计有无超出器件资源或规定的限制,并将给出编译报告。

(2) 逻辑综合优化

所谓综合(Synthesis)就是把抽象的实体结合成单个或统一的实体。设计文件编译过程中,逻辑综合就是把设计抽象层次中的一种表示转化为另一种表示的过程。实际上,编译设计文件过程中的每一步都可称为一个综合环节。设计过程通常从高层次的行为描述开始,以最

低层次的结构描述结束,每一个综合步骤都是上一层次的转换,它们分别是:

① 从自然语言转换到 VHDL 语言算法表示,即自然语言综合。

② 从算法表示转换到寄存器传输级(Register Transport Level,RTL),即从行为域到结构域的综合,即行为综合。

③ RTL 级表示转换到逻辑门(包括触发器)的表示,即逻辑综合。

④ 从逻辑门表示转换到版图表示(ASIC 设计),或转换到 FPGA 的配置网表文件,可称为版图综合或结构综合。有了版图信息就可以把芯片生产出来了。有了对应的配置文件,就可以使对应的 FPGA 变成具有专门功能的电路器件。

一般来说,综合仅对应于 HDL 而言。利用 HDL 综合器对设计进行编译综合是十分重要的一步,因为综合过程将把软件设计的 HDL 描述与硬件结构挂钩,是将软件转化为硬件电路的关键,是文字描述与硬件实现的一座桥梁。综合就是将电路的高级语言转换成低级的,可与 CPLD/FPGA 的基本结构相对应的网表文件或程序。

在综合之后,HDL 综合器一般都可以生成一种或多种格式的网表文件,如 EDIF、VHDL、AHDL、Verilog 等标准格式,在这种网表文件中用各种格式描述电路的结构。如在 AHDL 网表文件中采用 AHDL 的语法,用结构描述的风格重新解释综合后的电路结构。

整个综合过程就是将设计者在 EDA 平台上编辑输入的 HDL 文本、原理图或状态图描述,依据给定的硬件结构组件和约束控制条件进行编译、优化、转换和综合,最终获得门级电路甚至更底层的电路描述网表文件。由此可见,综合器工作前,必须给定最后实现的硬件结构参数,它的功能就是将软件描述与给定的硬件结构用某种网表文件的方式对应起来,成为相互对应的映射关系。

(3) 适配和布局

适配器也称结构综合器,它的功能是将由综合器产生的网表文件,配置于指定的目标器件中,使之产生最终的下载文件,如 JEDEC 格式的文件。适配器所选定的目标器件(CPLD/FPGA 芯片)必须属于原综合器指定的目标器件系列。通常,EDA 软件中的综合器可由专业的第三方 EDA 公司提供,而适配器须由 CPLD/FPGA 供应商提供,因为适配器的适配对象直接与器件的结构细节相对应。

逻辑综合通过后,必须利用适配器将综合后的网表文件,针对某一具体的目标器件进行逻辑映射操作,其中包括底层器件配置、逻辑分割、逻辑优化、逻辑布局、布线操作。

适配和布局工作是在设计检验通过后,由 EDA 软件自动完成的,它能以最优的方式对逻辑元件进行逻辑综合和布局,并准确实现元件间的互连,同时 EDA 软件生成相应的报告文件。

(4) 生成编程文件

适配和布局完成后,可以利用适配所产生的仿真文件作精确的时序仿真,同时产生可用于编程使用的数据文件。对 CPLD 来说,是产生熔丝图文件,即 JEDEC 文件;对于 FPGA 来说,则生成流数据文件 BG(Bit-stream Generation)。

3. 设计效验

设计效验过程是对所设计的电路进行检查,以验证所设计的电路是否满足指标要求。验证的方法有 3 种:模拟(又称仿真)、规则检查和形式验证。规则检查是分析电路设计结果中各种数据的关系是否符合设计规则。形式验证是利用理论证明的方法来验证设计结果的正确性(目前此法有待研究)。由于系统的设计过程是分若干层次进行的,每个层次都有设计验证过程对设计结果进行检查。模拟方法是目前最常用的设计验证法,它是指从电路的描述抽象出模型,然后将外部激励信号或数据施加于此模型,通过观测此模型的响应来判断该电路是否实现了预期的功能。

模型检验是数字系统 EDA 设计的重要工具,整个设计中近 80% 的时间是在做仿真,设计效验过程包括功能模拟(COMPILE)、时序模拟(STIMULATE)。功能模拟是在设计输入完成以后,选择具体器件进行编译以前进行的逻辑功能验证,时序模拟是在选择具体器件进行编译以后,进行时序关系仿真。

(1) 功能模拟

功能模拟是直接对 HDL、原理图描述或其他描述形式的逻辑功能进行测试模拟,以了解其实现的功能是否满足原设计的要求的过程,对所设计的电路及输入的原理图进行编译,检查原理图中各逻辑门或各模块的输入、输出是否有矛盾;输入输出是否合理;各单元模块有无未加处理的输入信号端、输出信号端,仿真过程不涉及任何具体器件的硬件特性。

(2) 时序模拟

时序模拟是通过设计输入波形(Vector Weaveform File)或第 3 方工具(如 Modelsim),进行仿真校验。通过仿真校验结果,设计者可对存在的设计错误进行修正。值得一提的是一个层次化的设计中最底层的图元或模块必须首先进行仿真模拟,当其工作正确以后,再进行高一层次模块的仿真模拟,直到最后完成系统设计任务,仿真模拟的结果是可以给出正确的输出波形。

(3) 定时分析(Timing Analyzer)

定时分析(Timing Analyzer)不同于功能模拟(COMPILE)和时序模拟。它只考虑所有可能发生的信号路径的延时,而功能模拟和时序模拟是以特定的输入信号来控制模拟过程的,因而只能检查特定输入信号的传输路径延时。定时分析则可以分析时序电路的性能(延迟、最小时钟周期、最高的电路工作频率),计算从输入引脚到触发器、锁存器和异步 RAM 的信号输入所需要的最少时间和保持时间。

4. 器件编程

把适配后生成的下载数据文件,通过编程电缆或编程器向 CPLD 或 FPGA 进行下载,以便进行硬件调试和验证。编程是指将实现数字系统已编译数据放到具体的可编程器件中,对 CPLD 来说,是将熔丝图文件,即 JEDEC 文件下载到 CPLD 器件中去;对于 FPGA 来说,是将生成流数据文件 BG 配置到 FPGA 中。

器件编程需要一定的条件,如编程电压,编程时序,编程算法等。普通 CPLD 和 OPT FPGA 需要专用的编程器完成器件的编程工作。基于 SRAM 的 FPGA 可由 EPROM 或其他存储器进行配置。在系统可编程器件(ISP PLD)可用计算机通过一条编程电缆现场对器件编程,无需专用编程器。

通常,将对 CPLD 的下载称为编程(Program),对 FPGA 中的 SRAM 进行直接下载的方式称为配置(Configure),但对于 OTP FPGA 的下载和对 FPGA 的专用配置 ROM 的下载仍称为编程。FPGA 与 CPLD 的辨别和分类主要是根据其结构特点和工作原理。通常的分类方法是:

① 将以乘积项结构方式构成逻辑行为的器件称为 CPLD,如 Lattice 的 ispLSI 系列、Xilinx 的 XC9500 系列、Altera 的 MAX7000S 系列和 Lattice(原 Vantis)的 Mach 系列等。

② 将以查表法结构方式构成逻辑行为的器件称为 FPGA,如 Xilinx 的 SPARTAN 系列、Altera 的 FLEX10K 或 Cyclone 系列等。

5. 设计电路硬件调试——实验验证过程

实验验证是将已编程的器件与它的相关器件和接口相连,以验证可编程器件所实现的逻辑功能是否满足整个系统的要求。最后是将含有载入了设计的 FPGA 或 CPLD 的硬件系统进行统一测试,以便最终验证设计项目在目标系统上的实际工作情况,以排除错误,改进设计。

实验验证可以在 EDA 硬件实验开发平台上进行,本书采用 Altera 公司的 DE2-115 开发系统。该开发系统的核心部件包括一片可编程逻辑器件(Cyclone IV E EP4CE115F29C7)、A/D、D/A、RAM、ROM 和高速时钟等。再附加一些输出/输入设备和接口,如按键、数码显示器、指示灯、USB 接口、VGA 接口、USB 和以太网接口等。将设计电路的编程数据下载到目标芯片 EP4CE115F29C7 中,根据 Altera 公司的 DE2-115 开发平台的操作模式要求,进行相应的操作即可。该开发平台的相关资料可从北京航空航天大学出版社网站"下载中心"中的"数字逻辑原理与 FPGA 设计(第 2 版)"处下载。

8.3 FPGA 设计工具 Quartus II 9.1

FPGA 设计是实现具有不同逻辑功能 ASIC 的有效方法,是进行原型设计的理想载体。FPGA 设计是借助 EDA 软件,用原理图、布尔表达式、硬件描述语言等方法,生成相应的目标文件,最后用编程器或下载电缆,由目标器件实现。目前世界上具有代表性的 FPGA 生产厂家有 Altera 公司、Xilinx 公司和 Lattice 公司。其中 Altera 公司的 FPGA 设计软件 Quartus II 是本书所使用的设计工具。

8.3.1 Quartus II 9.1 的特点

Quartus II 9.1 是 Altera 公司 2009 年推出的新一代 PLD 开发集成环境。该软件可在多种平台运行,具有开放性、与结构无关、多平台、完全集成化、丰富的设计库、模块化工具、支持各种 HDL、易学易用等特点。

Quartus II 9.1 功能强,兼容性好。软件提供完善的用户界面设计方式;支持 Altera 的 IP 核,包含 LPM/MegaFunction 宏功能模块库;包含 SignalTapII、Chip Editor 和 RTL View 等设计辅助工具,集成了 SOPC 和 HardCopy ASIC 设计工具;通过 DSP Builder 工具与 Matlab/Simulink 相结合,可以方便实现各种 DSP 应用;支持第三方 EDA 开发工具。其快速重新编译的新特性使 Quartus II 9.1 软件能够进一步缩短设计编译时间,且支持 Altera 最新发布的 Cyclone IV FPGA。由于其 Nios II 软件开发工具开始支持 Eclipse,OS 支持 Linux SUSE 10,使得软件开发效率得到更大提升。

8.3.2　Quartus II 9.1 设计流程

Quartus II 9.1 设计的流程图如图 8.1 所示。开发者可以使用 Quartus II 软件完成设计流程的所有阶段;它是完整且易用的独特解决方案,其设计流程主要包含设计输入、综合、布局布线、仿真、时序分析、编程和配置。

1. 设计输入

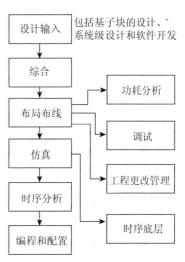

图 8.1　Quartus II 9.1 设计流程

Quartus II 软件的工程由所有设计文件和与设计有关的设置组成。设计者可以使用 Quartus II 框图编辑器、文本编辑器、MegaWizard Plug-InManager（Tools 菜单）和 EDA 设计输入工具,建立包括 Altera 宏功能模块、参数化模块库（LPM）函数和知识产权（IP）函数在内的设计。图 8.2 给出了 Quartus II 常见的设计输入流程。

(1) Quartus II 框图编辑器

Quartus II 框图编辑器应用于以原理图和流程图的形式输入和编辑图形设计信息,读取并编辑原理图设计文件和 MAX+PLUS II 图形设计文件。开发者可以在 Quartus II 软件中打开 MAX+PLUS II 图形设计文件,并将其另存为 Quartus II 的原理图设计文件。

每个原理图设计文件包含块和符号。这些块和符号代表设计中的逻辑。Quartus II 框图编辑器将每个流程图、原理图或符号代表的设计逻辑融合到工程中。

可以更改 Quartus II 框图编辑器的显示选项,如更改导向线和网格间距、橡皮带式生成线、颜色和屏幕元素、缩放以及不同的块和基本单元属性。

Quartus II 软件提供可在 Quartus II 框图编辑器中使用的各种逻辑功能符号,包括基本单元、参数化模块库（LPM）函数和其他宏功能模块。使用 Create/Update 命令（File 菜单）可从当前框图设计文件中建立框图符号文件,然后将其合并到其他框图设计文件中去。

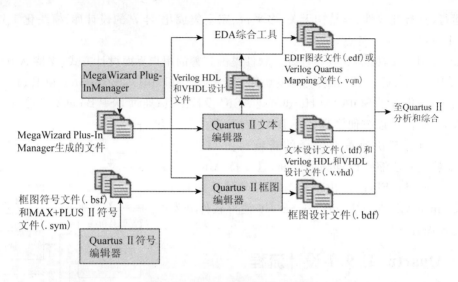

图 8.2　Quartus II 设计输入流程

(2) 文本编辑器

可以使用 Quartus II 文本编辑器或其他文本编辑器,建立文本设计文件、Verilog 设计文件和 VHDL 设计文件,并在层次化设计中将这些文件与其他类型的设计文件相结合。

Verilog 设计文件和 VHDL 设计文件可以包含 Quartus II 支持的语法语义的任意组合。它们还可以包含 Altera 提供的逻辑功能,包括基本单元和宏功能模块,以及用户自定义的逻辑功能。在文本编辑器中,使用 Create/Update 命令(File 菜单)从当前的 Verilog HDL 或 VHDL 设计文件建立框图符号文件,然后将其合并到框图设计文件中。

(3) 配置编辑器

建立工程和设计之后,可以使用 Quartus II 软件中 Assignments 菜单下的 Settings 对话框指定初始设计的约束条件,例如,引脚分配、器件选项、逻辑选项和时序约束条件。

Assignment Editor 用于在 Quartus II 软件中建立和编辑分配的界面。开发者在设计中可为逻辑指定各种选项和设置,包括位置、I/O 标准、时序、逻辑选项、参数、仿真和引脚分配。使用 Assignment Editor 可以选择分配类别。使用 Quartus II Node Finder 选择要分配的特定节点和实体。使用它们可显示有关特定分配的信息,添加、编辑或删除选定节点的分配。还可以向分配添加备注,查看出现分配的设置和配置文件。

2. 综合(Synthesis)

Quartus II 软件的全程编译包含综合(Analysis & Synthesis)过程,也可以单独启动综合过程。Quartus II 软件还允许在不运行内置综合器的情况下进行 Analysis & Elaboration。可以使用 Compiler 的 Quartus II Analysis & Synthesis 模块分析设计文件和建立工程数据库。Analysis & Synthesis 使用 Quartus II 内置综合器综合 Verilog 设计文件(.v)或 VHDL

设计文件(.vhd)。也可以使用其他 EDA 综合工具综合 Verilog HDL 或 VHDL 设计文件,然后生成可以与 Quartus II 软件配合使用的 EDIF 网表文件(.edf)或 VQM 文件(.vqm)。表 8.1 给出了 Quartus II 软件支持的设计文件类型。

表 8.1　Quartus II 软件支持的设计文件类型

类型	描述	扩展名
框图设计文件	使用 Quartus II 框图编辑器建立的原理图设计文件	.bdf
EDIF 输入文件	使用任何标准 EDIF 网表编写程序生成的 200 版 EDIF 网表文件	.edf;.edif
图形设计文件	使用 MAX+plus II Graphic Editor 建立的原理图设计文件	.gdf
文本设计文件	以 Altera 硬件描述语言(AHDL)编写的设计文件	.tdf
Verilog 设计文件	包含使用 Verilog HDL 定义的设计逻辑的设计文件	.v;.vlg;.verilo
VHDL 设计文件	包含使用 VHDL 定义的设计逻辑的设计文件	.vh;vhd;.vhdl
波形设计文件	建立和编辑用于波形或文本格式仿真的输入向量,描述设计中的逻辑行为	.vwf
逻辑分析仪文件	Signal TapII 逻辑分析仪文件,记录设计的内部信号波形	.stp
编译文件	编译结果文件.sof,下载到 FPGA 上可执行;.pof 用于修改 FPGA 加电启动项	.sof;.pof
接口文件	SOPC Builder 对 Nios-III-DE 的接口文件,用于生成 System.h	.ptf
配置文件	SOPC Builder 配置文件,记录 SOPC 系统中的各器件配置信息	.sopc
路径文件	SOPC 路径指定文件,用于记录自定义 SOPC 模块的路径	.qif

3. 布局布线(Fitter)

布局布线的输入文件是综合后的网表文件。Quartus II Fitter 即 PowerFit Fitter,执行布局布线功能,在 Quartus II 软件中可参考 fitting 项。Fitter 使用由 Analysis & Synthesis 建立的数据库,将工程的逻辑和时序要求与器件的可用资源相匹配。它将每个逻辑功能分配给最好的逻辑单元位置进行布线和时序分析,并选择相应的互连路径和引脚分配。

4. 仿真(Simulation)

仿真分为功能(Functional)仿真与时序(Timing)仿真。功能仿真主要验证可以使用 EDA 仿真工具或 Quartus II Simulator 进行设计的功能与时序仿真。Quartus II 软件支持向量波形文件(.vwf)、向量表输出文件(.tbl)、向量文件(.vec)和仿真基准文件(.tbl)格式的波形文件。

功能仿真流程:

① 选择 Processing→Simulator Tool 菜单项,在 Simulation mode 中选择 Functional。

② 在 Simulation input 中指定矢量波形源文件和 Simulation period。单击 Generate Functional Simulation Netlist,生成不包含时序信息的功能仿真。

③ 单击 Start 命令,启动功能仿真。

时序仿真流程:

① 选择 Processing→Simulator Tool 菜单项,在 Simulation mode 中选择 Timing。

② 在 Simulation input 中指定矢量波形源文件和 Simulation period。

③ 单击 Start 命令,启动时序仿真。

Quartus II 软件可通过 NativeLink 功能使时序仿真与 EDA 仿真工具完美集成。NativeLink 功能允许 Quartus II 软件将信息传递给 EDA 仿真工具,并具有从 Quartus II 软件中启动 EDA 仿真工具的功能。

Altera 为使用 Altera 宏功能模块以及标准参数化模块(LPM)功能库的设计提供功能仿真库。Altera 还为 ModelSim 软件中的仿真提供了 altera_mf 预编译的版本和 220model 库的。表 8.2 给出了与 EDA 仿真工具配合使用的功能仿真库。对于 VHDL 设计,Altera 为具有 Altera 特定的参数化功能的设计提供 VHDL 组件申明文件,有关信息请参阅表 8.3。

表 8.2 功能仿真库

库名称	描 述
220model.v;220model.vhd;220model_87.vhd	LPM 功能的仿真模型(220 版)
220pack.vhd	220model.vhd 的 VHDL 组件声明
altera_mf.v;altera_mf.vhd altera_mf_87.vhd;altera_mf_components.vhd	Altera 特定宏功能模块的仿真模型和 VHDL 组件声明
sgate.v;sgate.vhd;sgate_pack.vhd	用于 Altera 特定的宏功能模块和知识产权功能的仿真模型

表 8.3 更多信息

相关信息	参 见
时序仿真库	《Quartus II Help》中的 Altera Postrouting Libraries
功能仿真库	《Quartus II Help》中的 Altera Functional Simulation Libraries
使用 ModelSim 或 ModelSim-Altera 软件进行仿真	Altera 网站上的 Quartus II 手册的第 3 卷第 1 章 Mentor Graphics ModelSim Support
使用 VCS 软件进行仿真	Altera 网站上的 Quartus II 手册的第 3 卷第 2 章 Synopsys VCS Support
使用 NC-Sim 软件进行仿真	Altera 网站上的 Quartus II 手册的第 3 卷第 3 章 "Cadence NC-Sim Support

5. 时序分析

Quartus II 的时序分析工具对所设计的所有路径延时进行分析,并与时序要求进行对比,以保证电路在时序上的正确性。Quartus II 9.1 提供了两个时序分析工具,一个是 Classic Timing Analyzer,另一个是 TimeQuest Timing Analyzer。

Timing Analyzer 是 Quartus II 默认的时序分析工具,可用于分析设计中的所有逻辑,并有助于指导 Fitter 达到设计中的时序要求。时序分析前首先要指定时序要求,使用 Settings 对话框的 Timing Analysis Settings 页面设置时序要求。指定工程全局范围的时序分配后,通过完全编译单独运行 Classic Timing Analyzer 来进行时序分析。如果未指定时序要求,Classic Timing Analyzer 将使用默认的设置进行时序分析。默认情况下,Timing Analyzer 作为全编译的一部分自动运行,分析和报告时序信息,例如,每个输入寄存器的建立时间(t_{SU})、保持时间(t_H)、时钟至输出延时和最小时钟至输出延时(t_{CO})、引脚至引脚延时和最小引脚至引脚延时(t_{PD})、最大时钟频率(f_{MAX})以及设计的其他时序特性。

TimeQuest Timing Analyzer 采用 Synopsys Design Constraints(SDC)文件格式作为时序约束输入,不同于 Timing Analyzer 采用的 Quartus Settings File(QSF)约束文件。这正是 TimeQuest 的优点。采用行业通用的约束语言而不是专有语言,有利于设计约束从 FPGA 向 ASIC 设计流程迁移,有利于创建更细致深入的约束条件。其具体使用流程可参照文献[10]。

6. 编程和配置(Programming & Configuration)

使用 Quartus II 软件成功编译项目工程之后,就可以对 Altera 器件进行编程或配置。Quartus II Compiler 的 Assembler 模块生成编程文件,Quartus II Programmer 可以用它与 Altera 编程硬件一起对器件进行编程或配置。还可以使用 Quartus II Programmer 的独立版本对器件进行编程和配置。Assembler 自动将 Fitter 的器件、逻辑单元和引脚分配转换为该器件的编程图像。这些图像以目标器件的一个或多个 Programmer 对象文件(.pof)或 SRAM 对象文件(.sof)的形式存在。可以在包括 Assembler 模块的 Quartus II 软件中启动全程编译,也可以单独运行,还可以指示 Assembler 或 Programmer 通过以下方法生成其他格式的编程文件。

① Device & Pin Options 对话框可以从 Settings 对话框(如图 8.3 所示)的 Device 页进入。指定所选编程文件的格式,例如,十六进制(Intel 格式)输出文件(.hexout)、表格文本文件(.ttf)、原二进制文件(.rbf)、Jam 文件(.jam)、Jam 字节代码文件(.jbc)、串行向量格式文件(.svf)和系统配置文件(.isc)。

② Create/Update | Create JAM, SVF, or ISC File 命令(File 菜单)可生成 Jam 文件、Jam 字节代码文件、串行向量格式文件或系统配置文件。

③ Create/Update | Create/Update IPS File 命令(File 菜单)可显示 ISP CLAMP State Editor 对话框。它能够创建或升级包含指定器件引脚状态信息 I/O 、引脚状态文(.ips)。它在编程过程中用于配置引脚状态。

④ Convert Programming Files 命令(File 菜单)可将一个或多个设计的 sof 格式文件和 pof 格式文件组合起来,并转换为其他辅助编程文件格式。这些辅助编程文件可以用于嵌入式处理器类型的编程环境。而且对于一些 Altera 器件而言,它们还可以由其他编程硬件使用。

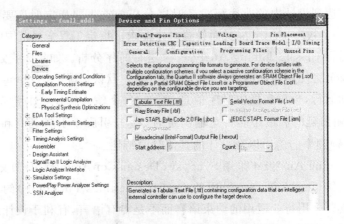

图 8.3 Device & Pin Options 对话框

8.4 Quartus II 9.1 设计入门

本小节参考 8.3 节中 Quartus II 9.1 的设计输入流程,以一位全加器电路图(如图 8.4 所示)的输入设计为例,介绍 Quartus II 9.1 的基本使用方法。

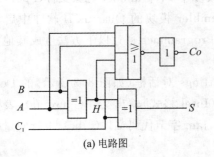

C_i	B_i	A_i	S_i	C_o
0	0	0	0	0
0	0	1	1	0
0	1	0	1	0
0	1	1	0	1
1	0	0	1	0
1	0	1	0	1
1	1	0	0	1
1	1	1	1	1

(a) 电路图　　　　　　　　　　　(b) 真值表

图 8.4 一位全加器电路图

8.4.1 启动 Quartus II 9.1

选择"开始"→"所有程序"→Altera→Quartus II 9.1 的图标,即可呈现如图 8.5 所示的 Quartus II 9.1 图形用户界面。该界面由标题栏、菜单栏、工具栏、资源管理窗、编译状态显示窗、信息显示窗和工程工作区等部分组成。

1. 标题栏

第一栏标题栏显示当前工程项目的路径和工程项目的名称。

FPGA 设计基础

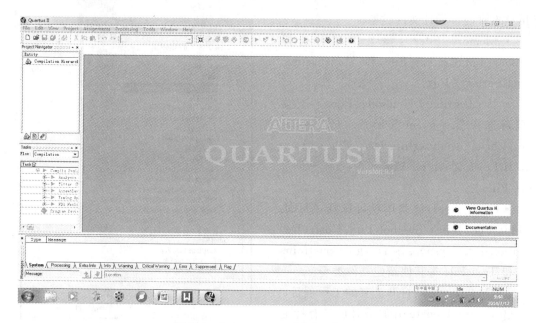

图 8.5 Quartus II 9.1 图形用户界面

2. 菜单栏

菜单栏由文件(File)、编辑(Edit)、视窗(View)、工程(Project)、资源分配(Assignments)、操作(Processing)、工具(Tools)、窗口(Window)和帮助(Help)等 9 个菜单项组成。限于篇幅,本节仅介绍几个核心菜单项。

(1) 文件(File)菜单

该菜单项中包含如下几个常见的对话框。

① 新建输入文件对话框(New),如图 8.6 所示。

New 对话框中包含如下菜单项。

• New Quartus II Project：新建工程向导。此向导将引导设计者如何创建工程、设置定层设计单元、引用设计文件、器件设置等。

• SOPC Builder System：SOPC Builder System 是 EDA 系统开发工具,可以有效简化、建立高性能 SOPC 设计的任务。SOPC Builder 与 Quartus II 软件一起,为建立 SOPC 设计提供标准化的图形环境。SOPC 设计由 CPU、存储器接口、标准外设和用户定义的外设等组件组成,并允许选择和自定义系统模块的各个组件和接口。SOPC Builder 将这些组件组合起来,生成对这些组件进行实例化的单个系统模块,并自动生成必要的总线逻辑,以将这些组件连接到一起。

• Design Files：该菜单项可选择 AHDL File、Block Diagram/Schematic File、EDIF File、State Machine File、Tcl Script File、SystemVerilog HDL File、Verilog HDL File 和 VHDL

File 这 8 种硬件设计文件类型。

• Memory Files：该菜单项可选择 Memory Initalization File 和 Hexadecimal (Intel-Format) File。

• Verification/Debugging Files：该菜单项可选择 In-System Sources and Probes File、Logic AnalyzerInterface File、Signal Tap II Logic Analyzer File 和 Vector Waveform File。

• Other Files：该菜单项可选择 AHDL Include File、Block Symbol File、Chain Description File、Sysnopsys Design Constrains File 和 Text File 等其他新建文件类型。

② Open Project：打开已有的工程项目。

③ Create/Update：用户设计的具有特定应用功能的模块须经过模拟仿真和调试，证明无误后，方可执行该命令。建立一个缺省的图形符号（Create Symbol Files for Current File）后再放入用户的设计库中，供后续的高层设计调用。

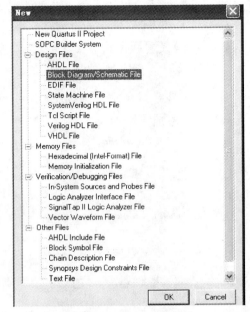

图 8.6 新建输入文件对话框

(2) 工程(Project)菜单

该菜单的主要功能如下所述。

① Add Current File to Project：将当前文件加入到工程中。

② Revisions：创建或删除工程，在其弹出的窗口中单击 Create 按钮创建一个新的工程；或者在创建好的几个工程中选一个，单击 Set Current 按钮，即把选中的工程置为当前工程。

③ Archive Project：为工程归档或备份。

④ Generate Tcl File for Project：为工程生成 Tcl 脚本文件。

⑤ Generate Powerplay Early Power Estimatior File：生成功率分析文件。

⑥ Locate：将 Assignment Editor 中的节点或源代码中的信号在 Timing Closure Floorplan、编译后的布局布线图、Chip Editor 或源文件中定位。

⑦ Set as Top-level Entity：把工程工作区打开的文件，设为定层文件。

⑧ Hierarchy：打开工程工作区源文件的上一层或下一层源文件及定层文件。

(3) 资源分配(Assignments) 菜单

该菜单的主要功能是对工程的参数进行配置，如引脚分配、时序约束和参数设置等。

① Device：设置目标器件型号。

② Pins：打开分配引脚对话框，给设计的信号分配 I/O 引脚。

③ Classic Timing Analysis Settings：打开典型时序约束对话框。
④ EDA Tool Settings：设置 EDA 工具。
⑤ Settings：打开参数设置页面，可切换到使用 Quartus II 软件开发流程中所需的参数设置页面。
⑥ Assigment Editor：分配编辑器，用于分配引脚、设定引脚电平标准、设定时序约束等。
⑦ Remove Assigments：删除设定的类型分配。
⑧ Demote Assigments：降级使用当前不严格的约束，使编译器更高效地编译分配和约束。
⑨ 允许用户在工程中反标引脚、逻辑单元、LogicLock、结点和布线分配。
⑩ Import Assigments：将 excel 格式的引脚分配文件.csv 导入当前工程中。

(4) 操作(Processing)菜单

该菜单包含了对当前工程执行的各种设计流程，如开始编译(Start Compilation)、开始行布局布线(Fitter)、开始运行仿真(Start Simulation)、对设计进行时序分析(Timing Analyzer)以及设置 Powerplay Power Analyzer 等。

(5) 工具(Tools) 菜单

调用 Quartus II 中的集成工具，如 MegaWizard Plug-In Manager(IP 核及宏功能模块定制向导)、Chip Editor(底层编辑器)、RTL View、SignalTap II Logic Analyzer(逻辑分析仪)、In System Memory Contant Rditor(在系统存储器内容编辑器)、Programmer(编程器)和 Liscense Setup(安装许可文件)。

① MegaWizard Plug-In Manager：为了方便设计者使用 IP 核及宏功能模块，Quartus II 软件提供了此工具(亦称为 MegaWizard 管理器)。该工具可以帮助设计者建立或修改包含自定义宏功能模块变量的设计文件，并为自定义宏功能模块变量指定选项，定制需要的功能。

② Chip Editor：Altera 在 Quartus II 4.0 及其以上的版本中提供该工具。它是在设计后端对设计进行快速查看和修改的工具。Chip Editor 可以查看编译后布局步线的详细信息。它允许设计者利用资源特性编辑器(Resource Properties Editor)直接修改布局步线后的逻辑单元(LE)、I/O 单元(IOE)或 PLL 单元的属性和参数，而不是修改源代码。这样一来，就避免了重新编译整个设计过程。

③ RTL View：在 Quartus II 中，设计者只须运行完 Analysis and Elaboration(分析和解析，检查工程中调用的设计输入文件及综合参数设置)命令，即可观测设计的 RTL 结构。RTL View 显示了设计中的逻辑结构，使其尽可能地接近源设计。

④ SignalTap II Logic Analyzer：它是 Quartus II 中集成的一个内部逻辑分析软件。使用它可以观察设计的内部信号波形，方便设计者查找引起设计缺陷的原因。SignalTap II 逻辑分析仪是第二代系统级调试工具，可以捕获和显示实时信号行为，允许观察系统设计中硬件和软件之间的交互作用。Quartus II 允许选择要捕获的信号、开始捕获信号的时间以及要捕获

多少数据样本。还可以选择将数据从器件的存储器块通过 JTAG 端口送至 SignalTap II 逻辑分析器，或是经 I/O 引脚供外部逻辑分析器或示波器使用。可以使用 MasterBlaster、ByteBlasterMV、ByteBlaster II、USB-Blaster 或 EthernetBlaster 通信电缆下载配置数据到器件上。这些电缆还用于将捕获的信号数据，从器件的 RAM 资源上传至 Quartus II 软件。

⑤ In-System Memory Contant Rditor：In-System Memory Content Editor 使设计者可以在运行时查看和修改设计的 RAM、ROM，或独立于系统时钟的寄存器内容。调试节点使用标准编程硬件通过 JTAG 接口与 In-System Memory Content Editor 进行通信。可以通过 MegaWizard Plug-In Manager（Tools 菜单）使用 In-System Memory Content Editor 来设置和实例化 lpm_rom、lpm_ram_dq、altsyncram 和 lpm_constant 宏功能模块。或通过使用 lpm_hint 宏功能模块参数，直接在设计中实例化这些宏功能模块。该菜单可用于捕捉并更新器件中的数据。可以在 Memory Initialization File（.mif）、十六进制（Intel-Format）文件（.hex）以及 RAM 初始化文件（.rif）格式中导出或导入数据。

⑥ Programmer：通过该菜单可完成器件的编程和配置。

⑦ Liscense Setup：该页面将给出一选项来指定有效许可文件。

3. 工具栏(Tool Bar)

工具栏中包含了常用命令的快捷图标。将鼠标移到相应图标时，在鼠标下方出现此图标对应的含义。而且每种图标在菜单栏均能找到相应的命令菜单。设计者可以根据需要，将自己常用的功能定制为工具栏上的图标。

4. 资源管理窗

资源管理窗用于显示当前工程中所有相关的资源文件。资源管理窗左下角有三个标签，分别是结构层次（Hierarchy）、文件（Files）和设计单元（Design Units）。结构层次窗口在工程编译前只显示顶层模块名。工程编译后，此窗口按层次列出了工程中所有的模块，并列出了每个源文件所用资源的具体情况。顶层可以是设计者生成的文本文件，也可以是图形编辑文件。文件窗口列出了工程编译后所有的文件。文件类型如图 3.7 所示。

5. 工程工作区

在 Quartus II 中实现不同的功能时，此区域将打开相应的操作窗口，显示不同的内容，进行不同的操作。

6. 编译状态显示窗

编译状态显示窗用于显示模块综合、布局布线过程及时间。其中模块（Module）列出工程模块，过程（Process）显示综合、布局布线进度条，时间（Time）表示综合、布局布线所耗费的时间。

7. 信息显示窗

信息显示窗显示 Quartus II 软件综合、布局布线过程中的信息，如开始综合时调用源文件、库文件、综合布局布线过程中的定时、告警、错误等。如果是告警和错误，则会给出具体的原因，方便设计者查找及修改错误。

8.4.2 设计输入

一个 Quartus II 的项目是由所有设计文件和与设计有关的设置组成。设计者可以使用 Quartus II Block Editor、Text Editor、MegaWizard Plug-InManager（Tools 菜单）和 EDA 设计输入工具建立包括 Altera 宏功能模块、参数化模块库（LPM）函数和知识产权（IP）函数在内的设计。其设计步骤如下。

1. 建立工作库目录文件夹以便设计工程项目的存储

EDA 设计是一个复杂的过程。项目的管理很重要。良好清晰的目录结构可以使工作更有条理性。图 8-7 是工程文件目录结构图。任何一项设计都是一项工程（Project），都必须首先建立一个放置于此工程相关的所有文件的文件夹。此文件夹将被 EDA 软件默认为工作库（Work Library）。不同的设计项目最好放在不同的文件夹中。同一工程的所有文件都必须放在同一文件夹中（注意：文件夹名不能用中文，且不可带空格）。

图 8.7　目录文件结构图

① fulladder_G 表示工程名。该目录下存放工程所有相关文件。

② core 目录用于存放集成环境下 ram、pll 和 rom 的初始化列表。

③ dev 目录用于存放编译后的结果和中间的过程文件。

④ doc 目录用于存放和 EDA 相关的设计文档资料。

⑤ sim 目录用于存放功能仿真和时序仿真的有关文件。

⑥ src 目录用于存放源代码。

2. 编辑设计文件，输入源程序

① 打开 QuartusII，选择 File→New。在弹出的对话框中选择 Design Files，再选择硬件设计文件类型为 Block Diagram/Schematic File，可得到如图 8.8 所示的图形编辑窗口。

② 在原理图空白处双击（或右击选择 Inster→Symbol），弹出 Symbol 窗口，如图 8.9 所示。展开 Libraries 框中的层次结构，可以发现在 Logic 库中包含了基本的逻辑电路。为了设计一位全加器，可参考图 8.4(a)，分别选择元件与门 AND2（2 个）、异或门 XOR（2 个）和或门 OR（1 个）。

③ 按同样的步骤，从 primitives/pin 库中选择 input 和 output。然后分别在 input 和 output 的 PIN NAME 上双击使其变黑，再分别输入引脚名：Ai（加数）、Bi（被加数）、Ci（低位进位输入）、S（和输出）和 Co（向高位进位输输出）。

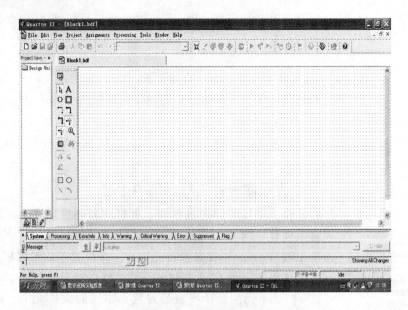

图 8.8　图形编辑窗口

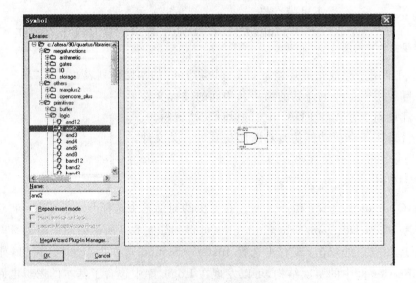

图 8.9　元件选择窗口

④ 用连线按图 8.4(a)电路图连接各节点。当两条线相连时,在连接点会出现一个圆点。如果连线有误,可用鼠标选中错误的连线,按 Del 键删除。连完线后,选择聪明连线工具,可拖动、删除连线和符号。完成之后的原理图如图 8.10 所示。

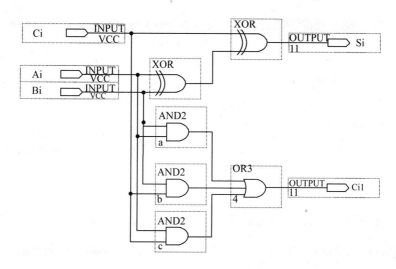

图 8.10 设计输入完成之后的一位全加器原理图

⑤ 选择 File→Save As,找到已设立的文件夹 E:/chapter8/fuall_add1/,存盘文件名为 fuall_add1.bdf。然后根据提示,按下述步骤进入建立工程项目流程。

3. 建立工程项目

使用 New Project Wizard(File 菜单)建立新工程。建立新工程时,可以为工程指定工作目录、工程名称以及顶层设计实体的名称。还可以指定要在工程中使用的设计文件、其他源文件、用户库、EDA 工具以及目标器件。其详细步骤如下。

① 选择 File·New Project Wizard,即打开新建工程对话框。单击对话框最上方的"…"按钮,找到项目所在的文件夹。选中已存盘的文件 fuall_add1.bdf(一般应该设定该层设计文件为工程),再单击"打开"按钮。图形框中第 1 行表示工程所在的工作库目录文件夹;第 2 行表示该工程的工程名 fuall_add1,此工程名可自定义,也可以用顶层文件实体名作为工程名;第 3 行是顶层文件的实体名,此处即为 fuall_add1。

② 单击 Next 按钮,在弹出的对话框中单击 File 栏中的"…",选择与工程相关的所有文件(本例中只有一个图形文件 fuall_add1.bdf)。单击 Add 按钮加入此工程即可。

③ 选择目标芯片(用户必须选择与开发板相对应的 FPGA 器件型号)。这时弹出选择目标芯片的窗口。首先在 Family 栏选择目标芯片系列,在此选择 Cyclone II 系列,如图 8.11 所示。再次单击 Next 按钮,选择此系列的具体芯片 EP2C70F896C6。这里 EP2C70 表示 Cyclone II 系列及此器件的规模,F 表示 FBGA 封装,C6 表示速度级别。

图 8.11 选择目标芯片

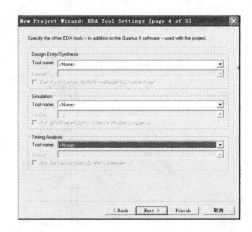

图 8.12 仿真器和综合器选择界面

④ 选择仿真器和综合器。单击图 8.12 中 Next 按钮，可从弹出的窗口中选择仿真器和综合器类型。如果都选 None，表示选择 Quartus II 中自带的仿真器和综合器。

⑤ 结束设置。最后单击 Finish 按钮，即表示已设定好此工程，并弹出 fuall_add1 的工程管理窗口。该窗口主要显示该工程项目的层次结构和各层次的实体名，如图 8.13 所示。

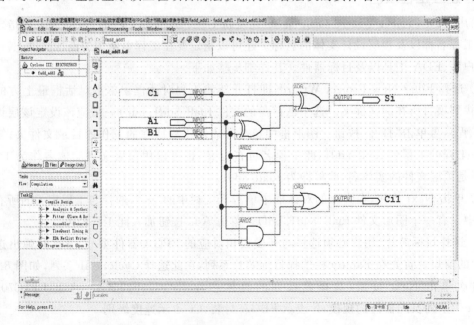

图 8.13 工程管理窗口

Quartus II 将工程信息文件存储在工程配置文件(.qsf)中。它包括设计文件、波形文件、SignalTap II 文件、内存初始化文件以及构成工程的编译器、仿真器的软件构建设置等有关 Quartus II 工程的所有信息。

8.4.3 编译综合

Quartus II 默认把所有编译结果放在工程根目录中。为了让 Quartus II 像 Visual Studio 等 IDE 一样把编译结果放在一个单独的目录中,需要指定编译结果的输出路径。选择 Assignments→device,选中 Compilation Process Settings 选项卡,选择 Save Project output files in specified directory,输入路径 dev,如图 8.14 所示。

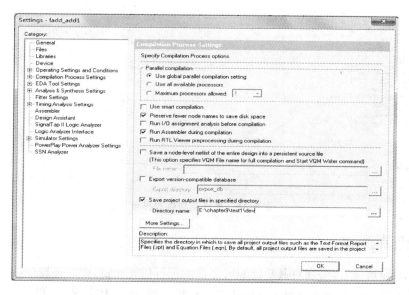

图 8.14 指定单独的编译结果文件目录

Quartus II 编译器是由一系列处理模块构成。这些模块负责对设计项目检错,时序分析以及对逻辑综合和结构综合和输出结果进行编辑配置。在这一过程中将设计项目适配到 CPLD/FPGA 器件中,同时产生多种用途的输出文件,如功能和时序仿真、器件编程的目标文件等。而后将这些层次构建一个结构化的、以网表文件表达的电路原理图文件,并把各层次中所有文件结合成一个数据包,以便更有效地处理。

编译前,设计者可以通过各种不同的设置,告诉编译器使用不同的综合和适配技术,以便提高设计项目的工作速度,优化器件的资源利用率。在编译过程中及编译完成后,设计者可从编译报告窗中获取详细的编译结果,以便及时调整设计方案。

上面所有工作做好后,在 Quartus II 界面中选择 Processing→Star Compilation,启动全程编译。编译过程中应注意工程管理窗下方 Processing 栏中的编译信息。编译成功后的界面如

图 8.15 所示。此界面左上角是工程管理窗口,显示此工程的结构和使用的逻辑宏单元数。最下栏是编译处理信息。中间(Compilation Report 选项卡)是编译报告项目选择菜单。单击其中各项可了解编译和分析结果,最右边的 Flow Summary 观察窗口,用于显示硬件耗用的统计报告。

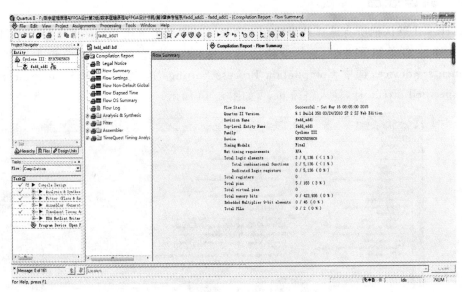

图 8.15 编译成功后的界面

8.4.4 仿真测试

该工程编译通过后,必须对其功能和时序性能进行仿真测试,以验证设计结果是否满足设计要求。整个时序仿真测试流程一般包括建立波形文件、输入信号节点、设置波形参数、编辑输入信号、波形文件存盘、运行仿真器和分析仿真波形等步骤。现给出以 .vwf 文件方式进行仿真测试的具体步骤。

1. 建立仿真测试波形文件

在 Quartus II 界面选择 File→New。在弹出的文件类型编辑对话框中选择 Verification/Debugging File→Vector Weaveform File,单击 OK 按钮,即出现如图 8.16 所示的波形文件编辑界面。

2. 设置仿真时间区域

对于时序仿真测试来说,将仿真时间设置在一个合理的时间区域内是十分必要的。通常时间区域的长短将视具体的设计项目而定。

本例设计中整个仿真时间区域设为 1 μs,时间轴周期为 50 ns。设置步骤是在 Edit 菜单

图 8.16 矢量波形编辑器窗口

中选择 End Time,在弹出的对话框中 Time 处填入 1,单位选择 μs。同理在 Edit 选菜单中选择 Gride Size 的 Time period 输入 50 ns,单击 OK 按钮,设置结束。

3. 输入工程的信号节点

选择 Edit→Insert Node or Bus,即可弹出如图 3.17 所示的对话框。在此对话框 Name 项中直接输入节点的名字,并单击 OK 按钮添加电路的节点。更方便的方法是用 Nodes Found 工具。单击图 8.17 中 Node Finder 按钮,打开如图 8.18 所示窗口。在下拉框中选择所要寻找节点的类型。这里选择 Pins:All。然后单击 List 按钮,在下方的 Nodes Found 窗口中将出现该工程设计中的所有端口引脚名。然后单击 ≫ 按钮,如图 8.18 所示。此后单击 OK 按钮,关闭 Nodes Finder 窗口即可。

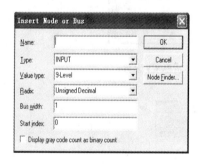

图 8.17 Insert Node or Bus 对话框

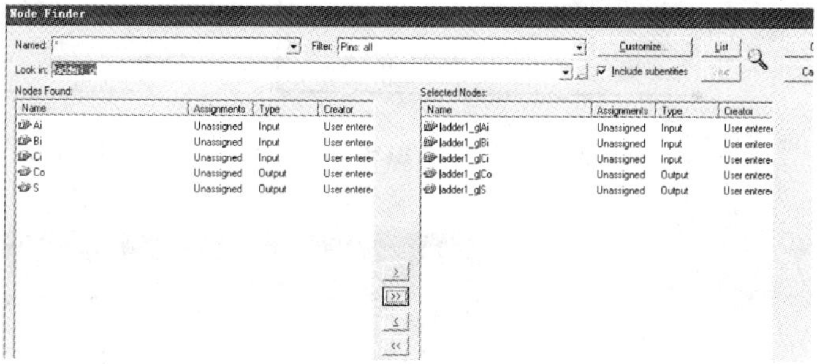

图 8.18 Node Finder 界面

4. 设计输入信号波形

可用选择工具和波形编辑工具绘制输入信号。单击图 8.19 所示界面的输入信号 Ai,使之变成蓝色条。再右击选择 Value→Count Value,设置 Ai 为无符号十进制值,初始值为 0。Timing 表的设置结果如图 8.20 所示。同理可设置输入波形 Bi、Ci,如图 8.21、图 8.22 所示。最后得到的波形编辑结果如图 8.23 所示。选择 File→Save as,将波形文件以默认文件名 fuall_add1.vwf 存盘即可。

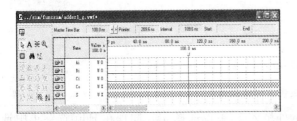

图 8.19 需要仿真的节点

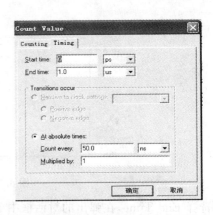

图 8.20 输入波形 Ai 设置

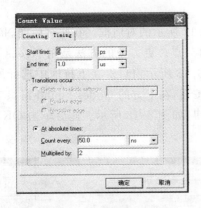

图 8.21 输入波形 Bi 设置

图 8.22 输入波形 Ci 设置

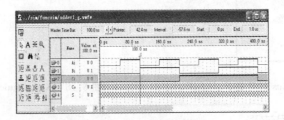

图 8.23 波形编辑结果

5. 仿真器参数设置

在 Quartus II 界面中选择 Assignments→Settings→Simulator Settings 设置仿真器。指定要仿真的类型、仿真涵盖的时间段、激励向量以及其他仿真选项。如图 8.24 所示,可以进行如仿真激励文件、毛刺检测、功耗估计和输出等设置。一般情况下选默认值。

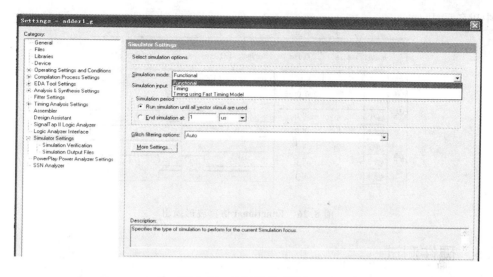

图 8.24 仿真设置对话框

6. 启动仿真器,观察仿真结果

所有设置完成后,选择 File→Save as,将波形文件以默认名存盘,即可启动仿真器。选择 Processing→Start Simulation,直到出现 Simulation was successful,仿真结束。

Quartus II 9.1 中默认 Simulation mode 为 Timing(时序仿真)。仿真波形输出文件 Simulation Report 将自动弹出如图 8.25 所示的界面。时序仿真比较复杂,考虑了信号传输延时。通过该图可查看实际设计的电路运行时是否满足延时要求。图 8.26 为 Functional(功能)仿真波形输出。功能仿真认为 CPLD/FPGA 中的逻辑单元和连线是完美的,信号传输不存在延时,一般用来考查电路功能的正确性。观察仿真结果可知电路设计是否正确。

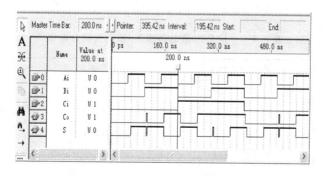

图 8.25 Timing 仿真波形输出

分析仿真结果正确无误后,选择 File→Create /update→Create Symbol Files for Current-File,将当前文件变成了一个包装好的单一元件(fuall_adder1.bsf),并放置在工程路径指定的目录中以备后用。

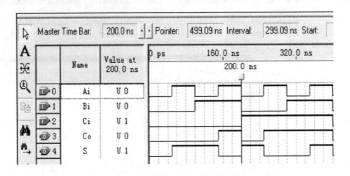

图 8.26 Functional 仿真波形输出

8.4.5 硬件测试

为了能对所设计的"一位全加器电路"进行硬件测试,应将其输入/输出信号锁定在开发系统的目标芯片引脚上,并重新编译。然后对目标芯片进行编程下载,完成 EDA 的最终开发。为不失一般性,本设计选用的 EDA 开发平台为 DE2-115,其详细流程如下:

1. 确定引脚编号

在前面的编译过程中,Quartus II 自动为设计选择输入/输出引脚。而在 EDA 开发平台上,CPLD/FPGA 与外部的连线是确定的。要让电路在 EDA 平台上正常工作,就必须为设计分配引脚。这里选择 DE2-115 开发板,目标芯片为 EP4C115F29C7。一位全加器电路输入/输出引脚分配表,如表 8.1 所列。用 SW0、SW1、SW2 模拟二进制输入序列 Ai、Bi、Ci。输出 S 与进位输出 Co 分别用 DE2-115 开发板上的红色发光二级管 LEDR[0] 和 LEDR[1] 表示,如表 8.4 所列。

表 8.4 一位全加器电路输入/输出引脚分配表

信号名	引脚号 PIN	对应器件名称
Ai	PIN_AB28	SW[0](加数)
Bi	PIN_AC28	SW[1](被加数)
Ci	PIN_AC27	SW[2](进位输入)
S	PIN_E21	发光二级管 LEDG[0](和)
Co	PIN_E22	发光二级管 LEDG[1](进位输出)

2. 引脚锁定

引脚锁定的方法有 3 种,分别是手工分配、使用 qsf 文件和使用 csv 文件导入。

(1)手工分配引脚锁定的方法

① 在 Assignments 菜单中,选择 Assignments Editor,弹出对话框 Assignment Editor 编辑窗(如图 8.27 所示),在该对话框 Category 栏中选中右方的 Pin。

② 在 TO 栏下方的≪New≫右击,在 Node Finde 对话框中选择输入输出节点。

③ 双击 TO 栏下方的≪New≫,在弹出的下拉栏中选择本工程要锁定的信号名 Ai,再双击其右侧 Location 栏的≪New≫,在弹出的下拉栏中选择本工程要锁定的信号名 Ai 对应的引脚号 PIN_AA23,依此类推,锁定所有 3 个输入引脚;同样可将输出锁定在红色发光二级管引脚,引脚号见表 8.4 所列。

④ 执行 File 菜单下的 Save 存盘命令,引脚锁定后,必须再编译一次,将引脚锁定信息编译进下载文件.sof 中。

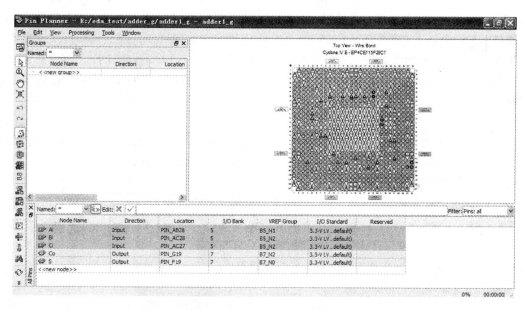

图 8.27 Pin 引脚编辑窗

(2)基于 qsf 文件进行引脚锁定的方法

引脚分配的结果可导出到 fuall_add1.qsf 文件中,用于其他工程的引脚分配。对引脚较多的情况可以用 qsf 文件进行引脚锁定。使用 qsf 文件进行引脚锁定只需要全程编译一次即可(Star Compilation),方法如下。

用记事本打开 fuall_add1.qsf,将以下命令添加到该文件中即可完成引脚锁定。

```
set_location_assignment PIN_AB28 -toAi     --SW[2]
set_location_assignment PIN_AC28 -toBi     --SW[1]
set_location_assignment PIN_AC27 -toCi     --SW[0]
```

```
set_location_assignment PIN_E22 - toCo        -- LEDG[1]
set_location_assignment PIN_E21 - toS         -- LEDG[0]
```

(3) 导入 csv 文件进行引脚锁定的方法

在界面中选择 Assignments→Import Assignments，再选择导入 DE2-115 系统光盘中名为 De2_115_pin_assignment.csv 的引脚配置文件。如果要用文件中的引脚配置，需要在图形文件中将节点 Ai 改为 sw[0]，Bi 改为 s[1]，Ci 改为 sw[2]，S 改为 LEDR[0]，Co 改为 LEDR[1]，并重新编译。如引脚配置文件中含有大量本实验没有用到的引脚，在编译时将会出现大量警告，此时删除多余引脚即可。

3. 编程与配置 FPGA

完成引脚锁定工作后，选择编程模式和配置文件。DE2-115 平台上内嵌了 USB Blaster 下载组件，可以通过 USB 线与 PC 机相连，并且通过两种模式配置 FPGA：一种是 JTAG 模式，通过 USB Blaster 直接配置 FPGA，但掉电后，FPGA 中的配置内容会丢失，再次上电需要用 PC 对 FPGA 重新配置；另一种是在 AS 模式下，通过 USB Blaster 对 DE2-115 平台上的串行配置器件 EPCS64 进行编程，平台上电后，EPCS64 自动配置 FPGA。JTAG 模式的下载步骤如下。

① 打开电源

为了将编译产生的下载文件配置进 FPGA 中进行测试，首先将 DE2-115 实验系统和 PC 机之间用 USB-Blaster 通信线连接好，RUN/PROG 开关拨到 RUN，打开电源即可。

② 打开编程窗和配置文件

执行 Tool 菜单中 Programmer 命令，在弹出界面的 Mode 栏中有 4 种编程模式可以选择：JTAG、Passive Serial、Active Serial Programing 和 In-Socket Programing。为了直接对 FPGA 进行配置，这里选 JTAG 模式。选中下载文件右侧第一小方框。如果文件没有出现或有错，单击左侧 Add File 按钮，选择下载文件标识符 fuall_adder1.sof。

③ 选择编程器

若是初次安装的 Quartus II，在编程前必须进行编程器的选择操作。究竟选择哪一种编程方式 ByteBlasterMV 或 USB-Blaster[USB-0] 取决于 Quartus II 对实验系统上的编程口的测试。在编程窗中，单击 Setup 按钮可设置下载接口方式，这里选择 USB-Blaster [USB-0]。方法是单击界面上的 Hardware Setup，选择 Hardware settings 选项卡，再双击此页中的选项 USB-Blaster[USB-0]之后，单击 Close 按钮，关闭对话框即可。

④ 文件下载

最后单击下载标识符 Start 按钮。当 Progress 显示 100%，且在底部的处理栏中出现 Configuration Succeeded 时，表示编程成功。

4. 硬件测试

成功下载文件 fuall_adder1.sof 后，通过 DE2-115 实验板上的输入开关 sw[0]、sw[1]

和 sw[2] 得到不同的输入。观测 LEDR[1]、LEDR[0] 红色 LED 的输出,对照真值表 3-1 检查一位全加器电路的输出是否正确。

8.5 习　题

8-1　简述 EDA 技术的发展历程?
8-2　EDA 技术主要内容与发展趋势是什么?
8-3　在 EDA 技术中 Top to Down 自顶向下的设计方法意义何在?如何理解"顶"的含义。
8-4　简述 FPGA 的设计流程。
8-5　FPGA 在 ASIC 设计中有什么用处?
8-6　简述 Quartus II 的特点、基本功能、支持的器件、系统配置和支持的操作系统。
8-7　举例说明 Quartus II 的设计流程。
8-8　登录 www.altera.com.cn 网站,下载最新版本的 Quartus II 软件,并说明其特点和功能。

第 9 章

数字逻辑实验指南

本章共安排 4 个 Quartus II 设计实例,10 个基本的数字逻辑教学实验,每个实验 2 学时,既有验证型实验又有教学型实验,这些实验可与理论教学同步进行,也可以独立实验课的方式进行。实验内容是以 Altera 公司的 Quartus II 9.1 为工具软件,完成设计电路原理图或 VHDL 文本的编辑、编译、引脚锁定和编程下载等操作。下载目标芯片选择 Altera 公司的 Cyclone IV E 系列的 EP4CE115F29C7 芯片,并利用 DE2-115 实验平台实现对实验结果的硬件测试。

9.1 基于原理图输入设计 4 位加法器

9.1.1 设计提示

实现多位二进制数相加的电路称为加法器。4 个全加器级联,每个全加器处理两个一位二进制数,则可以构成两个 4 位二进制数相加的并行加法器。加法器结构图如图 9-1 所示。由于进位信号是一级一级地由低位向高位逐位产生,故又称为行波加法器。这种加法器速度很低。最坏的情况是进位从最低位传送至最高位。

4 位行波加法器的最大运算时间为:

$$T_{ADD} = T_{COUT} + 4 \cdot T_{CINCOUT} + T_{CINS}$$

其中:T_{COUT} 是最低位全加器中由 A_0 和 B_0 产生进位 C_{out} 的延迟时间,$T_{CINCOUT}$ 是中间位全加器中由 C_{in} 产生 C_{out} 的延迟时间,T_{CINS} 是最高位全加器中由 C_{in} 产生 $S[3..0]$ 的延迟时间。

9.1.2 Quartus II 设计流程

1. 建立设计工程项目

首先建立工作库目录文件夹以便设计工程项目的存储。启动 Quartus II 9.1,选择 File→Project→name,输入待设计的项目所在的目录及项目名称。此项目名称将被默认为以后所有文件的主名。

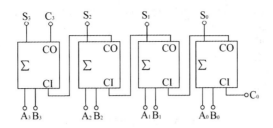

图 9-1 4 位行波加法器结构图

2. 设计文件输入

打开 Quartus II,选择 File→New 菜单项,在弹出界面中的 Device Design Files 中选择硬件设计文件类型为 Block Diagram/Schematic File,单击 OK 后进入 Quartus II 图型编辑窗。按图 9.1 输入 4 位并行加法器逻辑原理图,调出 4 个 8.4 节中产生的一位全加器元件 fuall_add1.sym 及相应的输入引脚 input 和输出引脚 output,并按图 9.2 所示连接好。

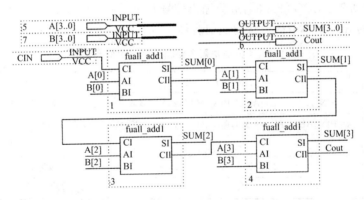

图 9.2 4 位并行加法器逻辑原理图

3. 设计文件存盘与编译

完成 4 位加法器逻辑电路的原理图输入设计后,就可对其进行存盘与编译。选择 File→Save 菜单项,选择为此工程建立的目录 h:\chapter9\adder4,将已设计好的图文件取名为:adder4.bdf,并存盘在此目录下。在 Quartus II 界面选择 Compiler,打开编译器窗口,单击 Start 按钮开始编译。

4. 设计项目校验

在编译完全通过后,接下来应该测试设计项目的正确性,即波形仿真(注意:进行波形仿真时选择的目标芯片为 EP3C16F484C6)。首先打开波形编辑窗建立波形文件 exampler9_1.vwf(详细步骤可参见 8.4 节内容),正确的仿真波形应如图 9.3 所示。

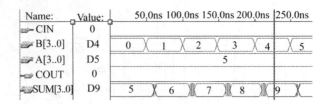

图 9.3 4 位加法器逻辑仿真波形

图 9.3 中两个 4 位二进制数 A[3..0]和 B[3..0]为输入,CIN 为进位输入位,加法和输出为 SUM[3..0],Cout 为进位输出位。分析结果可知,当 CIN=0,A[3..0]=5,B[3..0]=4 时,SUM [3..0]=A[3..0]+B[3..0]=5+4=9,Cout=0。仿真结果正确,因此该电路设计正确。

5. 引脚锁定

对于 DE2-115 实验平台,目标器件是 Cyclone IV E 系列的芯片 EP4CE115F29C7。可用键 SW[7..0]作为输入信号 A[3..0]、B[3..0]。键 8 作为进位输入信号 CIN,输出 SUM [3..0]接发光二级管 LEDG[3..0],进位输出信号 Cout 接发光二级管 LEDG[4]。引脚分配如表 9.1 所列。按 8.4.4 小节的方法完成引脚锁定。

表 9.1 4 位加法器电路输入输出引脚分配表

信号名	引脚号 PIN	对应器件名称
A[3..0]	PIN_AD27,PIN_AC27,PIN_AC28,PIN_AB28	按键 SW[3..0](加数)
B[3..0]	PIN_AB26,PIN_AD26,PIN_AC26,PIN_AB27	按键 SW[7..4](被加数)
CIN	PIN_AC25	按键 SW8(进位输入)
SUM[3..0]	PIN_E24,PIN_E25,PIN_E22,PIN_E21	发光二级管 LEDG[3..0](和)
Cout	PIN_H21	发光二级管 LEDG[4](进位输出)

6. 器件编程下载与硬件测试

根据 8.4.5 小节所提供的步骤可将 4 位加法器文件下载到 DE2-115 实验箱的目标芯片中。拨动实验板上滑动开关 SW[3..0](加数) SW[7..4](被加数)的高低电平输入按钮可得到不同的输入组合。观测输出发光二级管 LEDG[3..0]的显示结果,检查 4 位全加器的输出是否正确,从而完成硬件测试。

9.2 基于 VHDL 文本输入设计 7 段数码显示译码器

9.2.1 设计提示

在一些电子设备中,需要将 8421 码代表的十进制数显示在数码管上。数码管内的各个笔划段由 LED(发光二极管)制成。每一个 LED 均有一个阳极和一个阴极。当某 LED 的阳极接高电平、阴极接地时,该 LED 就会发光。对于共阳极数码管,各个 LED 的阳极全部连在一起,接高电平;阴极由外部驱动,故驱动信号为低电平有效。共阴数码管则相反,使用时必须注意。DE2-115 使用的是共阳极数码管。

9.2.2 Quartus II 设计流程

1. 建立工程文件夹

建立工作库目录文件夹为 F:/example/chapter9,以便设计工程项目的存储。任何一项设计都是一项工程(Project),都必须首先为此工程建立一个专有的文件夹。此文件夹将被 EDA 软件默认为工作库(Work Library)。不同的设计项目最好放在不同的文件夹中。同一工程的所有文件都必须放在同一文件夹中。

2. 输入源程序

打开 Quartus II,选择 File→New 菜单项,在弹出界面的 Device Design Files 中选择设计文件类型为 VHDL File。然后在 VHDL 文本编辑窗中输入 7 段数码显示译码器的 VHDL 源程序,如图 9.4 所示。

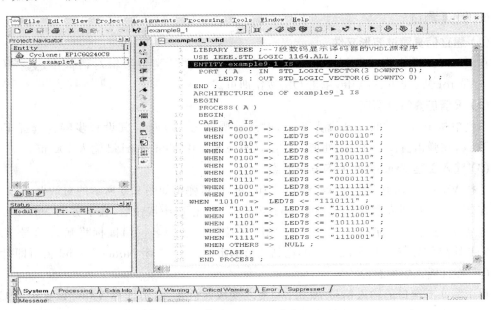

图 9.4 VHDL 文本编辑窗示例

3. 文件存盘

选择 File→Save As,找到已设立的文件夹 G:/example/chapter9/。存盘文件名应与实体名一致,即 example9_1.vhd。然后按下述步骤进入建立工程项目流程。

4. 建立工程项目

选择 File→New Project Wizard,即打开建立新工程对话框,如图 9.5 所示。找到项目所在的文件夹 F:/example/chapter9,选中已存盘的文件 example9_1.vhd(一般应该设定该层设计文件为工程),再单击打开按钮,即出现图 9.5 所示的设置情况。其中第一行的 F:/example/chapter9 表示工程所在的工作库目录文件夹;第二行表示该工程的工程名,此工程名可自定义,也可以用顶层文件实体名作为工程名;第三行是顶层文件的实体名,此处即为 example9_1。

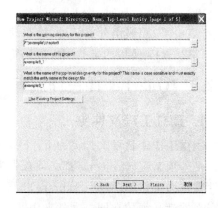

图 9.5 建立新工程对话框

5. 编译综合

上面所有工作做好后,选择 Processing→Star Compilation,启动全程编译,直至没有错误信息出现。

6. 仿真测试

(1) 建立仿真测试波形文件

在 Quartus II 主窗口选择 File→New。在弹出的文件类型编辑对话框中,选择 Other Files→Vector Weaveform File,单击 OK 按钮即可。

(2) 设置仿真时间区域

本例中整个仿真时间区域设为 2 μs,时间轴周期为 100 ns。其设置步骤为选择 Edit→End Time,在弹出窗口中 Time 处填入 2 μs,Gride Size 中 Time period 输入 100 ns。

(3) 输入工程 Example9_1 的信号节点

选择 View→Utility Windows→Node Finder,即可弹出如图 9.6 所示的对话框。

在 Filter 下拉列表框中选择 Pins:unassigned。单击 List 按钮后,在下方的 Nodes Found 窗口中将出现设计中的 example9_1 工程所有端口的引脚名。用鼠标将输入信号节点 A[3..0]和输出信号节点 LED7S[6..0]拖到波形编辑窗口,再关闭 Nodes Found 窗口即可。

(4) 设计输入信号波形

单击图 9.6 窗口的输入信号 A[3..0]使之变成蓝色条,右击选择 Value 设置中的 Count Value 项,设置 A[3..0]的初始值为"0",且为连续变化的十六进制值,如图 9.7 所示。

(5) 文件存盘

选择 File→Save as 菜单项,将波形文件以默认名 example9_1.vwf 存盘即可。

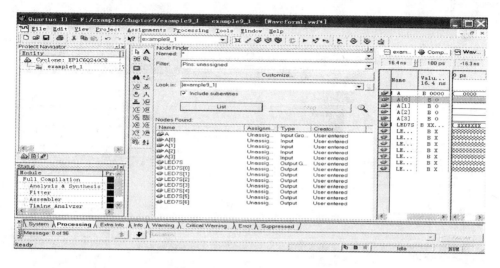

图 9.6 波形编辑器输入信号窗口

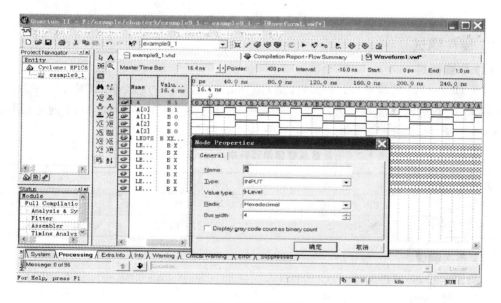

图 9.7 波形编辑结果

(6) 启动仿真器,观察仿真结果

所有设置完成后,即可启动仿真器。选择 Processing→Start Simulation,直到出现 Simulation was successful,仿真结束。仿真波形输出文件 example9_1 Simulation Report 将自动弹出,如图 9.8 所示请读者自行分析仿真结果的正确性。

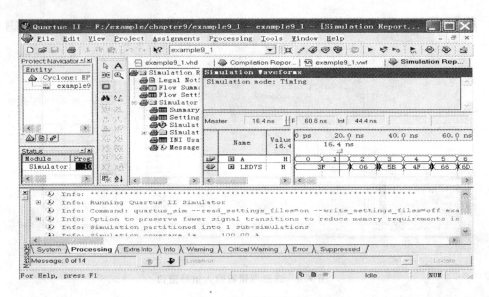

图 9.8 仿真波形输出

7. 硬件测试

(1) 引脚锁定

对于 DE2-115 实验平台,目标器件是 Cyclone IV E 系列的芯片 EP4CE115F29C7。可用键 SW[3..0]作为输入信号 A[3..0],译码输出 LED7S[6..0]接 DE2-115 的七段数码管 HEX0[6..0]。引脚分配如表 9.2 所列,按 8.4 小节的方法完成引脚锁定。

表 9.2 七段数码管显示译码电路输入输出引脚分配表

信号名	引脚号 PIN	对应器件名称
A[3..0]	PIN_AD27,PIN_AC27,PIN_AC28,PIN_AB28	开关 SW[3..0]
LED7S[6..0]	PIN_H22,PIN_J22,PIN_L25,PIN_L26,PIN_E17,PIN_F22,PIN_G18	七段数码管 HEX0[6..0]

(2) 再次编译

引脚锁定后,必须再编译一次(选择 Processing→Start Compilation),将引脚锁定信息编译进下载文件 example9_1.SOF 中。

(3) 编程下载

完成引脚锁定工作后,选择编程模式和配置文件。单击下载标识符 Start 按钮,当 Progress 显示 100%,以及在底部的处理栏中出现 Configuration Succeeded 时,表示编程成功。

(4) 硬件测试

成功下载文件 example9_1.SOF 后,通过 DE2-115 实验板上的输入开关键 3,键 2,键 1,键 0 得到不同的输入序列。观测数码管 HEX0 的输出,检查译码器的输出是否正确。

9.3 基于原理图输入设计 M=12 加法计数器

9.3.1 设计提示

计数器的原理图输入设计方法可分为：基于 SSI 芯片的 EDA 设计和基于 MSI 芯片的 EDA 设计。为不失一般性，本设计采用基于 MSI 芯片的 EDA 设计。可选用 74161(4 位二进制加法计数器)，利用同步反馈置数法设计一个 12 分频计数器。当 N=12 时，状态 S_{N-1} 的二进制代码 $S_{N-1}=S_{11}=1011$，其归零逻辑 $\overline{LDN}=\overline{Q_3^n Q_1^n Q_0^n}$。原理图如图 9.9 所示。

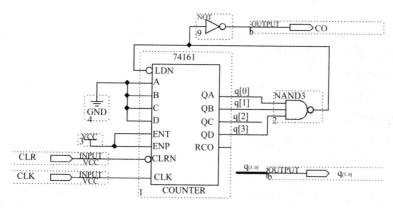

图 9.9　12 分频计数器原理图

9.3.2 Quartus II 设计流程

1. 设计输入

在 Quartus II 中打开一个新的原理图编辑界面。在该界面中双击，将弹出的 Enter Symbol 元件对话框。选择 maxplus2→max2lib→mf 元件库，并从中调出 4 位二进制加法计数器 74161，3 输入与非门 NAND3，输入引脚 INPUT 和输出引脚 OUTPUT 并连接好。图 9.9 中，CLK 为计数时钟输入，CLR 为计数复位信号，CO 为进位输出。4 位计数输出 q[3]、q[2]、q[1]、q[0] 合并成总线输出 q[3..0]。

2. 设计项目校验

在编译完全通过后，接下来应该测试设计项目的正确性，即逻辑仿真。具体步骤如下。

(1) 建立波形文件

选择 File→New→Vector Waveform File，打开波形编辑界面。在波形编辑界面上选择菜单 Node。在下拉菜单中选择输入信号结点项 Enter Nodes from SNF。在弹出的对话框中首先单击 List 按钮。这时左侧窗口列出该设计所有信号节点。单击⇒按钮,将需要检查的信号选到右侧列表中。然后单击 OK 按钮,可得到 12 分频计数器电路的输入/输出波形编辑窗,并将此波形文件保存为默认名 conter4.scf。

(2) 设置波形参量

① 首先设定相关的仿真参数。在波形编辑界面的 Options 菜单下选择 Grid Size 为 50 ns,仿真时间 End Time 选 10 μs 以便有足够长的观察时间。

② 对输入信号赋值。现在可以为输入信号 CLK 和 CLR 设定测试电平了。CLR 信号设为高电平,第一个周期为低电平。CLK 信号周期设为 50 ns。

③ 选择 File→Save,单击 OK 按钮,以 conter4.scf 为波形文件名存盘。

(3) 运行仿真器

选择仿真器项 Simulator,单击弹出的仿真器对话框中的 Start 按钮,可得到如图 9.10 所示的 12 分频计数器电路的输出仿真波形。

(4) 观察分析波形

检查 12 分频计数器电路的输出仿真波形。当输出为 $(11)_{10} = (B)_{16}$ 时,进位输出 CO 为高电平,整个计数周期为 12,因此设计结果正确。

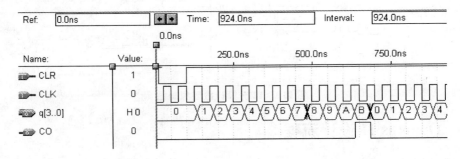

图 9.10 12 分频计数器电路的输出仿真波形

3. 引脚锁定

如果目标器件是 EP4CE115F29C7,并在 DE2-115 实验平台上,设定其引脚分配如表 9.3 所列。根据 8.4 小节步骤完成引脚锁定。

表 9.3 12 分频计数器电路输入输出引脚分配表

信号名	引脚号 PIN	对应器件引脚名称
CLK	PIN_M23	按钮开关 KEY[0]
CLR	PIN_AB28	SW[0]
q[3]q[2]q[1]q[0]	PIN_F21,PIN_E19,PIN_F19,PIN_G19	LEDR[3]LEDR[2]LEDR[1]LEDR[0]
CO	PIN_F18	发光二级管 LEDR[4]

4. 器件编程下载与硬件测试

完成引脚锁定工作,再次对设计文件进行编译且正确无误后,将 12 分频计数器设计文件下载到芯片中。操作 DE2-115 实验平台上的 KEY[0] 和 SW[0],得到 CLK 和 CLR 不同的输入组合。观测发光二级管 LEDR[3..0] 输出结果是否正确。

9.4 基于 Altera 宏功能模块 LPM_ROM 的 4 位乘法器设计

9.4.1 设计提示

Altera 宏功能模块是复杂或高级构建模块,可以在 Quartus II 设计文件中与门电路和触发器等基本单元一起使用。Altera 提供了可参数化的宏功能模块和 LPM 功能,并都针对 Altera 器件结构做了优化。必须使用宏功能模块,才可以使用一些 Altera 特定器件的功能。设计者可以使用 File 菜单下的 MegaWizard Plug-In Manager 功能,创建 Altera 宏功能模块模块 LPM 功能模块,作为 EDIF 标准的一部分,LPM 的形式得到了 EDA 工具的广泛支持。目前 LPM 库已经包含多种功能模块,每个模块都是参数化的。表 9.4 提供了可以通过 MegaWizard Plug-In Manager 创建 Altera 提供的宏功能模块和 LPM 功能模块。LPM 宏库所在的目录是\maxplus2\max2lib\mega_lpm。

表 9.4 Altera 提供的部分 LPM 宏功能模块名与功能

类型描述	名 称	说 明
arithmetic (运算器库)	LPM_ABS	取绝对值电路
	LPM_ADD_SUB	加减法电路
	LPM_COMPARE	比较器
	LPM_COUNTER	计数器
	LPM_DIVIDE	除法器
	LPM_MULT	乘法器
gates (基本门电路)	LPM_AND	多输入与门
	LPM_BUSTRI	多位双向三态缓冲器
	LPM_CLSHIFT	桶形移位电路、组合逻辑移位电路
	LPM_CONSTANT	常量电路
	LPM_DECODE	多位译码器
	LPM_INV	倒相电路
	LPM_MUX	多路选择器
	LPM_OR	或门
	LPM_XOR	异或门

续表 9.4

类型描述	名 称	说 明
Storage （存储器）	DUAL_PORT_RAM FIFO LPM_FF LPM_LATCH LPM_RAM_IO LPM_ROM LPM_SHIFTREG	双端口 RAM 先进先出寄存器堆栈 触发器 寄存器 单 I/O 端口 RAM 只读存储器 通用移位寄存器

9.4.2 Quartus II 设计流程

1. 设计输入

硬件乘法器有多种设计方法。由高速 ROM 构成的乘法表方式的乘法器，运算速度最快；还可以使用 mega_lpm 库中的参数可设置的乘法器模块 lpm_mult；也可利用只读存储器 lpm_rom。这里介绍利用 mega_lpm 库中的只读存储器 lpm_rom。通过 ROM 查询表的方法设计的 4 位乘法器。所谓 ROM 查表法，就是把乘积放在存储器 ROM 中，使用操作数作为地址访问存储器，得到的输出就是乘法的运算结果。其设计流程如下。

在 Quartus II 中打开一个新的原理图编辑窗，从 maxplus2\max2lib\mega_lpm 中调出 lpm_rom，如图 9.11 所示。该模块提供的功能很丰富。对于某些功能，可以选择使用(used) 或不使用(unused)。当某功能选择为不使用时，对应的功能引线就不会在图中出现。

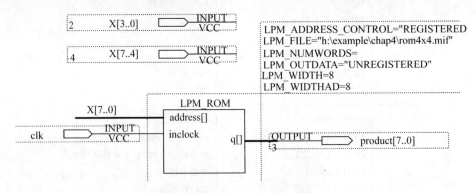

图 9.11 lpm_rom 乘法器原理图

其对话框中的参数可设置如下。

LPM_WIDTH：ROM 的输出数据位数，本例指定为 8 位；

LPM_WIDTHAD：地址线位宽为 8；

LPM_ADDRESS_CONTROL=REGISTERED：地址输入由时钟 inclock 的上升沿打入；
LPM_OUTDATA=UNREGISTERED：输出为非寄存方式；
LPM_FILE：指定数据文件的路径和文件名为 h:\example\chapter9\rom4x4.mif，该数据文件中是为 ROM 配置的 4×4 乘法表数据。

2. 设计文件存盘与编译

完成 lpm_rom 乘法器原理图输入设计后，可对其进行存盘与编译。

3. 编制 ROM 初始化数据文件 rom4x4.mif

Quartus II 常用的编制 ROM 初始化数据文件 *.mif 的方法有两种：一种是用文本编辑器编辑 mif 文件；另一种是用初始化存储器界面 Initialize Memory 编辑 mif 文件。为不失一般性，先介绍用初始化存储器窗口 Initialize Memory 编辑.mif 文件的方法。

(1) 在图 9.11 的电路设计完成后，打开仿真器界面 Simulate，选择 Initialize→Initialize Memory，即可打开 Initialize Memory 编辑界面。

(2) 在 Initialize Memory 界面中完成乘法表数据填充工作，如图 9.12 所示。地址(Address)高 4 位和低 4 位分别看成是乘数和被乘数，输出数据则为其乘积。下面举例说明地址和数据的表达方式和含义。如地址(Address)28 表示乘数为 2，被乘数为 8。乘积 16 则填充在 Value 框中对应的位置上，其余以此类推。

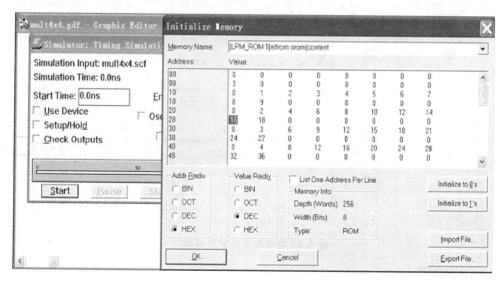

图 9.12 在 Initialize Memory 界面中编辑九九乘法表地址/数据

(3) 完成数据编辑后，选择 Export File，将文件以 rom4x4.mif 的形式存入相应文件夹中。rom4x4.mif 文件格式如图 9.13 所示。文件中关键词 WIDTH(ROM 数据的宽度)设置为 8，即 8 位地址线宽度;DEPTH(ROM 数据的深度)设置为 2^8(256),即为 8 位数据的数量;ADDRESS_RADIX = HEX 和 DATA_RADIX = HEX 表示设置数据的表达格式为 16 进制。其数据格式共有 4 种,分别是二进制(BIN)、八进制(OCT)、十进制(DEC)和十六进制(HEX)。此外,为节省篇幅,表中的数据都横排了。实用中应该以每一分号为一行来展开。

(4)数据导出后,单击 OK。对该工程项目再次编译无误后,进入下一步设计项目校验。

4. 设计项目校验

在编译完全通过后,接下来应该测试设计项目的正确性,即逻辑仿真。首先,打开波形编辑界面建立波形文件 mult4X4.vwf。其次,设定相关的仿真参数。在波形编辑界面的 Options 菜单下选择 Grid Size = 50 ns。设置输入时钟信号 clk 的周期为 50 ns。仿真时间域 End Time = 1 μs。其仿真波形如图 9.14 所示。

```
WIDTH = 8 ;
DEPTH = 256 ;
ADDRESS_RADIX = HEX ;
DATA_RADIX = HEX ;
CONTENT BEGIN
00:00 ; 01:00 ; 02:00 ; 03:00 ; 04:00 ; 05:00 ; 06:00 ; 07:00 ; 08:00 ; 09:00 ;
10:00 ; 11:01 ; 12:02 ; 13:03 ; 14:04 ; 15:05 ; 16:06 ; 17:07 ; 18:08 ; 19:09 ;
20:00 ; 21:02 ; 22:04 ; 23:06 ; 24:08 ; 25:10 ; 26:12 ; 27:14 ; 28:16 ; 29:18 ;
30:00 ; 31:03 ; 32:06 ; 33:09 ; 34:12 ; 35:15 ; 36:18 ; 37:21 ; 38:24 ; 39:27 ;
40:00 ; 41:04 ; 42:08 ; 43:12 ; 44:16 ; 45:20 ; 46:24 ; 47:28 ; 48:32 ; 49:36 ;
50:00 ; 51:05 ; 52:10 ; 53:15 ; 54:20 ; 55:25 ; 56:30 ; 57:35 ; 58:40 ; 59:45 ;
60:00 ; 61:06 ; 62:12 ; 63:18 ; 64:24 ; 65:30 ; 66:36 ; 67:42 ; 68:48 ; 69:54 ;
70:00 ; 71:07 ; 72:14 ; 73:21 ; 74:28 ; 75:35 ; 76:42 ; 77:49 ; 78:56 ; 79:63 ;
80:00 ; 81:08 ; 82:16 ; 83:24 ; 84:32 ; 85:40 ; 86:48 ; 87:56 ; 88:64 ; 89:72 ;
90:00 ; 91:09 ; 92:19 ; 93:27 ; 94:36 ; 95:45 ; 96:54 ; 97:63 ; 98:72 ; 99:81 ;
END ;
```

图 9.13 rom4x4.mif 文件格式

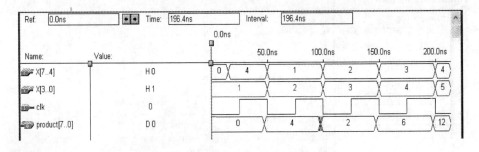

图 9.14 乘法器仿真输出波形

5. 引脚锁定

如果目标器件是 EP4CE115F29C7,并在 DE2-115 实验平台上,设定其引脚分配如表 9.5 所列。根据 8.4 节步骤完成引脚锁定。

表 9.5　乘法器电路输入输出引脚分配表

信号名	引脚号 PIN	对应器件引脚名称
CLK	PIN_Y2	CLOCK_50
X[3..0]	PIN_AD27,PIN_AC27,PIN_AC28,PIN_AB28	按键 SW[3..0](乘数)
X[7..4]	PIN_AB26,PIN_AD26,PIN_AC26,PIN_AB27	按键 SW[7..4](被乘数)
product[7..4]	PIN_H19,PIN_J19,PIN_E18,PIN_F18	LEDR[7]LEDR[6] LEDR[5]LEDR[4]
product[3..0]	PIN_F21,PIN_E19,PIN_F19,PIN_G19	LEDR[3]LEDR[2] LEDR[1]LEDR[0]

6. 器件编程下载与硬件测试

完成引脚锁定工作后,再次对设计文件进行编译。可根据 8.4 节的流程进行编程下载和硬件测试。

9.5　数字逻辑基础型实验

9.5.1　实验 1　加法器的 FPGA 设计

(1) 实验目的

熟悉利用 Quartus Ⅱ 的原理图输入方法,设计简单的组合电路。通过设计一个 8 位加法器,掌握使用 EDA 软件进行数字逻辑设计的详细流程。学会对 DE2-115 实验板上的 FPGA 进行编程下载,硬件验证自己的设计项目。

(2) 原理提示

一个 8 位加法器,可以由 8 个 1 位全加器构成。加法器间的进位可以用串行方式实现。即,将低位加法器的进位输出 C_{i1} 与相临的高位加法器的最低进位输入信号 Ci 相接。而一个 1 位全加器可以按照第 8.5 节介绍的方法来设计完成。也可以利用 Altera 的宏功能模块两片 74283(4 位并行进位加法器)或 LPM_ADD_SUB 构成。

(3) 实验内容 1

完全按照本章介绍的方法与流程,利用 8 个 1 位全加器完成 8 位串行加法器的设计。包括原理图输入、编译、综合、适配和仿真,并将此全加器电路设置成一个硬件符号入库。

(4) 实验内容 2

为了提高加法器的速度,可改进以上设计的进位方式为并行进位。即,利用 74283 和 LPM_ADD_SUB 分别设计一个 8 位并行加法器。通过 Quartus Ⅱ 的时间分析器和 Report 文件比较两种加法器的运算速度和资源耗用情况。

(5) 实验报告

详细叙述 8 位加法器的设计原理及 EDA 设计流程;给出各层次的原理图及其对应的仿

真波形图；给出加法器的延时情况；最后给出硬件测试流程和结果。

9.5.2　实验2　译码器的FPGA设计

(1) 实验目的

熟悉利用 Quartus II 的原理图输入方法设计组合电路。掌握 EDA 设计的方法。利用 EDA 的方法设计并实现一个译码器的逻辑功能。了解译码器的应用。

(2) 原理提示

把代码状态的特定含义翻译出来的过程称为译码。实现译码操作的电路称为译码器。译码器的种类很多，常见的有二进制译码器、码制变换器和数字显示译码器。

常见的 MSI 二进制译码器有 2-4 线译码器(2 输入 4 输出，如 74139)、3-8 线译码器(3 输入 8 输出，如 74138)译码器和 4-16 线译码器(4 输入 16 输出)等。

(3) 实验内容1

用 74138 按图 9.15 设计一个 4-16 线译码器。包括原理图输入、编译、综合、适配和仿真，并将此电路设置成一个硬件符号入库。

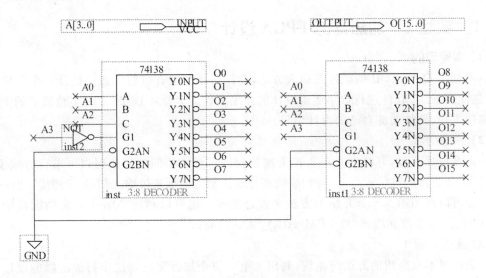

图 9.15　4-16 线译码原理图

(4) 实验内容2

在数字信号传输过程中，有时要把数据传送到指定输出端，即进行数据分配。所以译码器可作为数据分配器使用。请利用 4-16 线译码器和一个 16 选 1 多路选择器 161MUX 设计一个 4 位二进制数等值比较器。包括原理图输入、编译、综合、适配和仿真。

(5) 实验报告

详细给出各器件的原理图、工作原理、电路的仿真波形图和波形分析。

详述实验过程和实验结果。

9.5.3 实验 3 计数器的 FPGA 设计

(1) 实验目的

利用 Quartus II 软件设计并实现一个计数器的逻辑功能,通过电路的仿真和硬件验证,进一步了解计数器的特性和功能。

(2) 原理提示

计数器的种类很多,通常有不同的分类方法。按其工作方式可分为同步计数器和异步计数器;按其进位制可分为二进制计数器、十进制计数器和任意进制计数器;

按其功能又可分为加法计数器、减法计数器和加/减可逆计数器等。n 个触发器可以构成模 m 的计数器,其中:$m \leqslant 2^n$。计数器的具体设计方法参见第 5 章内容。

(3) 实验内容 1

用 D 触发器设计 2 位二进制加法计数器,具有计数清零 CLR 和进位输出 COUT 功能。按图 9.16 完成 2 位二进制加法计数器原理图的设计、输入、编译、综合、适配、仿真、引脚锁定、下载和硬件测试。

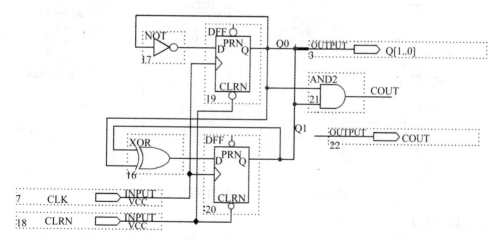

图 9.16 2 位二进制同步加法计数器的逻辑原理图

(4) 实验内容 2

用中规模集成电路 74161 设计模 10 加法计数器。包括原理图设计输入、编译、综合、适配、仿真、引脚锁定、下载和硬件测试。

(5) 实验报告

详细给出各器件的原理图、工作原理、电路的仿真波形图和波形分析。
详述硬件实验过程和实验结果。

9.5.4 实验 4 100 分频十进制加法计数器 FPGA 设计

(1) 实验目的

熟悉各种常用的 MSI 计数器芯片的逻辑功能和使用方法。利用多片 MSI 计数器芯片级连和功能扩展技术,设计并实现一个计数器的逻辑功能。通过电路的仿真和硬件验证,进一步了解计数器的特性和功能。

(2) 原理提示

多片 MSI 计数器芯片可级联应用,构成模为 2^n 或 10^n 的计数器芯片(可参见 5.7.3 小节内容)。如图 9.17 所示,为用 74160 设计的 100 分频的计数器。其中 CLK 为计数时钟,CIR 为异步清零信号,CNT_en 为计数使能,CARY 为进位输出。

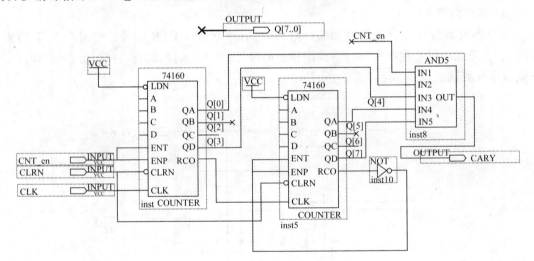

图 9.17 100 分频加法计数器原理图

(3) 实验内容 1

用中规模集成电路 74160 设计模 100 加法计数器。包括原理图设计输入、编译、综合、适配、仿真、引脚锁定、下载和硬件测试。将此计数器电路设置成一个硬件符号入库。

(4) 实验内容 2

给所设计的 100 分频加法计数器设计显示输出电路。该电路中用 74374 做数据锁存器,7447 作七段 BCD 译码器。两片 74374 八位输出可直接与两片七段共数阳码管相连。7447 输出为低电平有效,且 L[6..0] 显示个位,H[6..0] 显示十位。请完成原理图设计输入、编译、综合、适配、仿真、引脚锁定、下载和硬件测试。

(5) 实验报告

详细给出各层次的原理图、工作原理、电路的仿真波形图和波形分析。详述硬件实验过程和实验结果。

9.5.5 实验5 伪随机信号发生器FPGA设计

(1) 实验目的

通过实验掌握 Quartus II 宏功能函数 LPM_SHIFTTEREG 的使用。通过电路的仿真和验证,进一步了解移位寄存器的功能、特性及其在数字通信中的应用。

(2) 原理提示

在雷达和数字通信中,常用伪随机信号(称 C)作为信号源,来对通信设备进行调试或检修。伪随机信号的特点是,可以预先设置初始状态,且序列信号重复出现。如图 9.18 电路,shift4 为 4 位右移移位寄存器。shiftin = $Q[3] \oplus Q[2]$,其输出序列能周期性地输出 0110 1011 1101 序列。此时设置初始状态 D[3..0]=8。电路中的或非门可保证电路具有自启动功能。

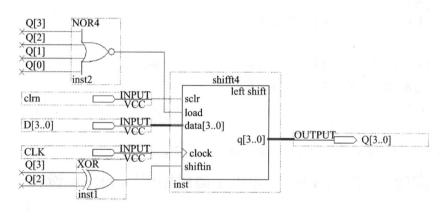

图 9.18 移位型 M 序列伪随机信号发生器原理图

(3) 实验内容 1

在 Quartus II 中利用 MegaWizard Plug-In Manager 功能向导设计一个 4 位右移位寄存器 shift4,并仿真验证设计结果。

(4) 实验内容 2

利用实验 1 所生成的 shift4 设计 M 序列脉冲发生器。包括原理图设计输入、编译、综合、适配、仿真、引脚锁定、下载和硬件测试。

(5) 实验报告

详细给出各层次的原理图、工作原理、电路的仿真波形图和波形分析,详述硬件实验过程和实验结果。

9.5.6 实验 6 应用 VHDL 完成简单组合电路 FPGA 设计

(1) 实验目的

熟悉利用 Quartus II 的文本输入方法设计简单组合电路。掌握 FPGA 层次化设计方法。通过设计一个 8 位加法器,掌握利用 VHDL 语言进行多层次电路设计的流程。学会对实验板上的 FPGA 进行编程下载,用硬件验证自己的设计项目。

(2) 原理提示

一个 8 位加法器可以由 8 个一位加法器构成。加法器间的进位可以串行方式实现,即将低位加法器的进位输出 COUT 与相临的高位加法器的最低进位输入信号 CIN 相接。首先利用 VHDL 语言设计一个一位全加器,然后利用例化语句完成 8 位加法器的设计。

(3) 实验内容 1

完成一位全加器的 VHDL 输入设计。该一位全加器具有进位输入信号 CIN 和进位输出 COUT。完成其仿真测试,并给出仿真波形。

(4) 实验内容 2

将一位全加器看作一个元件,利用例化语句完成 8 位加法器的设计。完成文本设计输入、编译、综合、适配、仿真、引脚锁定、下载和硬件测试。

(5) 实验报告

详细叙述 8 位加法器的设计原理及 VHDL 设计流程。包括程序设计、软件编译、硬件测试,给出各层次仿真波形图。最后给出硬件测试流程和结果。

9.5.7 实验 7 应用 VHDL 完成简单时序电路 FPGA 设计

(1) 实验目的

熟悉利用 Quartus II 的文本输入方法设计简单时序电路。掌握 VHDL 设计的方法,设计并实现一个 D 触发器、JK 触发器的逻辑功能。

(2) 原理提示

参见 7.5.1 小节和 7.5.2 小节的内容。

(3) 实验内容 1

编写带置位和复位控制的 D 触发器的 VHDL 程序。该触发器为上升沿触发,并带有两个互补的输出,包括 VHDL 文本输入、编译、综合、适配和仿真。将此电路设置成一个硬件符号入库。

(4) 实验内容 2

编写带置位和复位控制的主从 JK 触发器的 VHDL 程序。该触发器下降沿触发,并带有两个互补的输出,包括 VHDL 文本输入、编译、综合、适配和仿真。将此电路设置成一个硬件符号入库。

(5) 实验报告

详细给出各器件的 VHDL 程序的说明、工作原理、电路的仿真波形图和波形分析。详述实验过程和实验结果。

9.5.8 实验 8 基于 VHDL 语言的 4 位多功能加法计数器 FPGA 设计

(1) 实验目的

利用 VHDL 语言设计并实现一个计数器的逻辑功能。该计数器具有计数使能、异步复位和计数值并行预置功能。通过电路的仿真和硬件验证,进一步了解计数器的特性和功能。

(2) 原理提示

例 9-1 是基于 VHDL 描述的示例程序。RST 是异步清零信号,高电平有效;CLK 是锁存信号;D[3..0] 是 4 位数据输入端。当 ENA 为"1"时,多路选择器将加 1 计数器的输出值加载于锁存器的数据端 D[3..0],完成并行置数功能;当 ENA 为"0"时将"0000"加载于锁存器 D[3..0]。

例 9-1 示例程序

```
LIBRARY IEEE;
USE IEEE.STD_LOGIC_1164.ALL;
USE IEEE.STD_LOGIC_UNSIGNED.ALL;
ENTITY counter4b IS
    PORT (CLK,RST,ENA : IN STD_LOGIC;
                    OUTY : OUT STD_LOGIC_VECTOR(3 DOWNTO 0);
                    COUT : OUT STD_LOGIC     );
    END counter4b;
ARCHITECTURE behav OF counter4b IS
    SIGNAL CQI : STD_LOGIC_VECTOR(3 DOWNTO 0);
BEGIN
P_REG: PROCESS(CLK, RST, ENA)
        BEGIN
        IF RST = '1' THEN    CQI <= "0000";
            ELSIF CLK'EVENT AND CLK = '1'THEN    IF ENA = '1'THEN    CQI <= CQI + 1;    END IF;
        END IF;
      END PROCESS P_REG ;
    COUT <= CQI(0) AND CQI(1) AND CQI(2) AND CQI(3);    OUTY <= CQI ;
END    behav;
```

(3) 实验内容 1

在 Quartus II 上对例 9-1 进行编辑、编译、综合、适配、仿真,并说明源程序中各语句的作用。详细描述该示例的功能特点,给出所有信号的时序仿真波形。

(4) 实验内容 2

实验内容 1 基础上完成引脚锁定以及硬件下载测试。完成引脚锁定后再进行编译、下载和硬件测试实验。将仿真波形,实验过程和实验结果写进实验报告。

(5) 实验报告

详细给出实验原理、设计步骤、编译的仿真波形图和波形分析。详述硬件实验过程和实验结果。

9.5.9 实验 9 移位运算器 FPGA 设计

(1) 实验目的

利用 VHDL 语言设计一个具有移位控制的组合功能的移位运算器,通过电路的仿真和硬件验证,进一步了解移位运算的特性和功能。

(2) 原理提示

移位运算实验原理图如图 9.19 所示,其输入/输出端分别与键盘/显示器 LED 连接。电路连接、输入数据的按键、输出显示数码管的定义如图 9.19 右上角所示。

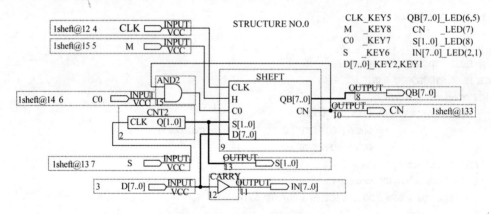

图 9.19 移位运算实验原理图

CLK:时钟脉冲,通过 KEY[3] 产生 01 计数脉冲;

M:工作模式,M=1 时带进位循环移位,由 SW[8] 控制;

C0:允许带进位移位输入,由 SW[9] 控制;

S:移位模式 0~3,由 SW[6] 控制,显示在数码管 LEDR[10..9] 上;

D[7..0]:移位数据输入,由 SW[7..0] 控制,显示在数码管 LEDR[7..0] 上;

QB[7..0]：移位数据输出，显示在数码管 LEDG[7..0]上；

CN：移位数据输出进位，显示在数码管 LEDG[8]上；

移位运算器 SHEFT 可由移位寄存器构成。移位运算器的具体功能见表 9.6 所列。在时钟信号到来时状态产生变化，CLK 为其时钟脉冲。由 S_0、S_1、M 控制移位运算的功能状态，如数据装入、数据保持、循环右移、带进位循环右移、循环左移和带进位循环左移等功能。

表 9.6 移位运算器的功能表

G	S1	S0	M	功　能
0	0	0	任意	保持
0	1	0	0	循环右移
0	1	0	1	带进位循环右移
0	0	1	0	循环左移
0	0	1	1	带进位循环左移
任意	1	1	任意	加载待移位数

移位寄存器 SHEFT 参考程序，如例 9-2 所示。

例 9-2 移位寄存器 SHEFT 参考程序

```
LIBRARY   IEEE;
USE IEEE.STD_LOGIC_1164.ALL;
ENTITY SHIFT IS
PORT (CLK,M,C0 : IN STD_LOGIC;
S   : IN STD_LOGIC_VECTOR(1 DOWNTO 0);
D   : IN STD_LOGIC_VECTOR(7 DOWNTO 0);
QB  :OUT STD_LOGIC_VECTOR(7 DOWNTO 0);
CN  :OUT STD_LOGIC);
END ENTITY;
ARCHITECTURE BEHAV OF SHIFT IS
SIGNAL ABC: STD_LOGIC_VECTOR(2 DOWNTO 0);
BEGIN
ABC <= S & M;
PROCESS (CLK,S)
VARIABLE REG8 : STD_LOGIC_VECTOR(8 DOWNTO 0);
VARIABLE CY : STD_LOGIC;
BEGIN
IF CLK'EVENT AND CLK = '1'THEN
IF ABC = "010"   THEN
     CY: = REG8(8);
```

```
            REG8(8 DOWNTO 1) := REG8(7 DOWNTO 0);
            REG8(0) := CY;
        END IF;
        IF ABC = "011" THEN
            CY := REG8(8);
            REG8(8 DOWNTO 1) := REG8(7 DOWNTO 0);
            REG8(0) := C0;
        END IF;
        IF ABC = "100" THEN
            REG8(7 DOWNTO 1) := REG8(6 DOWNTO 0);
        END IF;
        IF ABC = "101" THEN
            CY := REG8(0);
            REG8(7 DOWNTO 0) := REG8(8 DOWNTO 1);
            REG8(8) := CY;
        END IF;
        IF ABC = "110" OR ABC = "111" THEN
            REG8(7 DOWNTO 0) := D(7 DOWNTO 0);
        END IF;
        QB(7 DOWNTO 1) <= REG8(7 DOWNTO 1);
    END IF;
    QB(7 DOWNTO 0) <= REG8(7 DOWNTO 0);
    CN <= REG8(8);
END PROCESS;
END BEHAV;
```

4 位可自加载加法计数器 CNT2 的示例程序如例 9-3 所示。

例 9-3 可自加载 2 位加法计数器 CNT2 的示例程序

```
LIBRARY IEEE;
USE IEEE.STD_LOGIC_1164.ALL;
USE IEEE.STD_LOGIC_UNSIGNED.ALL;
ENTITY CNT2 IS
PORT (    CLK      : IN STD_LOGIC;
          Q        : OUT STD_LOGIC_VECTOR (1 DOWNTO 0));
END CNT2;
ARCHITECTURE behav OF CNT2 IS
    SIGNAL COUNT : STD_LOGIC_VECTOR (1 DOWNTO 0);
BEGIN
    PROCESS( CLK )
```

```
     BEGIN
         IF CLK'EVENT AND CLK = '1' THEN
             COUNT <= COUNT + 1;
         END IF;
         Q <= COUNT;
     END PROCESS;
END behav;
```

(3) 实验内容 1

在 Quartus II 上分别对例 9-2、例 9-3 进行编辑、编译、综合、适配和仿真。说明源程序中各语句的作用。详细描述该示例的功能特点。给出所有信号的时序仿真波形。

(4) 实验内容 2

在实验内容 1 的基础上完成引脚锁定以及硬件下载测试。将仿真波形、实验过程和实验结果写进实验报告。

① 通过 SW[7..0]向 D[7..0]键入待移位数据 01101011(6BH,显示于数码管 2 和 1)。

② 将 D[7..0]装入移位运算器 QB[7..0]。键 6 设置(S1,S0)=3,键 8 设置 M=0,(S&M=6,允许加载待移位数据,显示于数码管 8);此时用 KEY[3]产生 CLK(0-1-0),将数据装入(加载进移位寄存器,显示于数码管 6 和 5)。

③ 对输入数据进行移位运算。再用键 6 设置 S 为(S1,S0)=2(S&M=4,显示于数码管 8,允许循环右移);连续按键 5,产生 CLK,输出结果 QB[7..0](显示于数码管 6 和 5)将发生变化:6BH→B5H→DAH。

④ 键 8 设置 M=1(允许带进位循环右移),观察带进位移位允许控制 C0 的置位与清零对移位的影响。

⑤ 根据表 9.6,通过设置(M、S1、S0)验证移位运算中带进位和不带进位的移位功能。

(5) 实验报告

详细给出实验原理、设计步骤、编译的仿真波形图和波形分析。详述硬件实验过程和实验结果。

9.5.10　实验 10　循环冗余校验(CRC)模块 FPGA 设计

(1) 实验目的

利用 VHDL 语言设计一个在数字传输中常用的校验、纠错模块:循环冗余校验 CRC 模块。学习使用 FPGA 器件完成数据传输中的差错控制。

(2) 原理提示

CRC 即 Cyclic Redundancy Check 循环冗余校验,是一种数字通信中的信道编码技术。经过 CRC 方式编码的串行发送序列码,可称为 CRC 码。CRC 码共由两部分构成:k 位有效信

息数据和 r 位 CRC 校验码。其中 r 位 CRC 校验码是通过 k 位有效信息序列被一个事先选择的 $r+1$ 位"生成多项式"相"除"后得到（r 位余数即是 CRC 校验码）。这里的除法是"模 2 运算"。CRC 校验码一般在有效信息发送时产生，拼接在有效信息后被发送。在接收端，CRC 码用同样的生成多项式相除。除尽表示无误，弃掉 r 位 CRC 校验码，接收有效信息；反之，则表示传输出错，纠错或请求重发。本设计将完成 12 位信息加 5 位 CRC 校验码发送、接收。该设计由两个模块构成，CRC 校验生成模块（发送）和 CRC 校验检错模块（接收）。采用输入、输出都为并行的 CRC 校验生成方式。其原理图如图 9.20 所示。

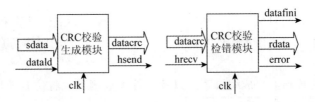

图 9.20 CRC 校验生成模块（发送）和 CRC 校验检错模块（接收）原理图

图 9.20 中 sdata 为 12 位的待发送信息；datald 为 sdata 的装载信号；clk 为时钟信号。

Datacrc 为附加上 5 位 CRC 校验码的 17 位 CRC 码（在生成模块被发送，在接收模块被接收）；Rdata 为接收模块（检错模块）接收的 12 位有效信息数据；hsend、hrecv 为生成、检错模块的握手信号，协调相互之间关系；error 为误码警告信号；datafini 表示数据接收校验完成。

为不失一般性，假设图 9.20 中采用的 CRC 生成多项式为 $X^5+X^4+X^2+1$，校验码为 5 位，有效信息数据为 12 位。其示例 VHDL 程序文件如例 9-4 所示。

例 9-4 CRC 示例 VHDL 程序

```
LIBRARY IEEE;
USE IEEE.STD_LOGIC_1164.ALL;
USE IEEE.STD_LOGIC_UNSIGNED.ALL;
USE IEEE.STD_LOGIC_ARITH.ALL;
    ENTITY crcm IS
      PORT (clk       : IN std_logic;
            sdata     : IN std_logic_vector(11 DOWNTO 0);
            datald    : IN std_logic;
            datacrco  : OUT std_logic_vector(16 DOWNTO 0);
            datacrci  : IN std_logic_vector(16 DOWNTO 0);
            rdata     : OUT std_logic_vector(11 DOWNTO 0);
            datafini  : OUT std_logic;
            ERROR,hsend : OUT std_logic;
            hrecv     : IN std_logic);
    END crcm;
```

```vhdl
ARCHITECTURE comm OF crcm IS
CONSTANT multi_coef : std_logic_vector(5 DOWNTO 0) := "110101";  -- 多项式系数，MSB 一定为 '1'
    SIGNAL   cnt     : std_logic_vector(4 DOWNTO 0);
    SIGNAL   dtemp   : std_logic_vector(11 DOWNTO 0);
    SIGNAL   sdatam  : std_logic_vector(11 DOWNTO 0);
    SIGNAL   rdtemp  : std_logic_vector(11 DOWNTO 0);
    SIGNAL   rdatacrc: std_logic_vector(16 DOWNTO 0);
    SIGNAL   rcnt    : std_logic_vector(4 DOWNTO 0);
    SIGNAL   st      : std_logic;
    SIGNAL   rt      : std_logic;
BEGIN
PROCESS(clk)
    VARIABLE crcvar : std_logic_vector(5 DOWNTO 0);
BEGIN
    IF(clk'event AND clk = '1') THEN
        IF(st = '0' AND datald = '1') THEN
            dtemp <= sdata;    sdatam <= sdata;
            cnt <= (OTHERS => '0');
            hsend <= '0';    st <= '1';
        ELSIF(st = '1' AND cnt < 7) THEN
cnt <= cnt + 1;
            IF(dtemp(11) = '1') THEN
                crcvar := dtemp(11 DOWNTO 6) XOR multi_coef;
                dtemp <= crcvar(4 DOWNTO 0) & dtemp(5 DOWNTO 0) & '0';
            ELSE  dtemp <= dtemp(10 DOWNTO 0) & '0';
            END IF;
        ELSIF(st = '1' AND cnt = 7 ) THEN
            datacrco <= sdatam & dtemp(11 DOWNTO 7);
            hsend <= '1';    cnt <= cnt + 1;
        ELSIF(st = '1' AND cnt = 8) THEN
            Hsend <= '0';    st <= '0';
        END IF;
    END IF;
END PROCESS;
PROCESS(hrecv,clk)
    VARIABLE rcrcvar : std_logic_vector(5 DOWNTO 0);
BEGIN
    IF(clk'event AND clk = '1') THEN
        IF(rt = '0' AND hrecv = '1') THEN
```

```
                    rdtemp <= datacrci(16 DOWNTO 5);
                    rdatacrc <= datacrci;   rcnt <= (OTHERS =>'0');
                    ERROR <= '0';    rt <= '1';
                ELSIF(rt = '1' AND rcnt < 7) THEN
                    datafini <= '0';   rcnt <= rcnt + 1;
                    rcrcvar := rdtemp(11 DOWNTO 6) XOR multi_coef;
                    IF(rdtemp(11) = '1') THEN
        rdtemp <= rcrcvar(4 DOWNTO 0) & rdtemp(5 DOWNTO 0) &'0';
                    ELSE  rdtemp <= rdtemp(10 DOWNTO 0) &'0';
                    END IF;
                ELSIF(rt = '1'AND rcnt = 7) THEN
                    datafini <= '1';
                    rdata <= rdatacrc(16 DOWNTO 5);
                    rt <= '0';
                    IF(rdatacrc(4 DOWNTO 0) /= rdtemp(11 DOWNTO 7)) THEN
                        ERROR <= '1';
                    END IF;
                END IF;
            END IF;
        END IF;
    END PROCESS;
END comm;
```

(3) 实验内容 1

在 Quartus Ⅱ 上对例 9-4 进行编辑、编译、综合、适配和仿真。说明源程序中各语句的作用。详细描述该示例的功能特点。给出所有信号的时序仿真波形。

(4) 实验内容 2

建立一个新的设计(建议引入复位信号 CLR),调入 crcm 模块,把其中的 CRC 校验生成模块和 CRC 校验查错模块连接在一起,协调工作。引出必要的观察信号,锁定引脚,并在 DE2-115 实验平台上的 FPGA 目标器件中实现。

(5) 实验报告

描述 CRC 校验的工作原理,根据以上的实验内容写出实验报告。包括设计原理、程序设计、程序分析、仿真分析、硬件测试和详细实验过程。

9.6 习题

9-1 在 Quartus Ⅱ 中用 4 位二进制并行加法器设计一个 4 位二进制并行加法/减法器。

9-2 试设计一 8 路安全监视系统,来监视 8 个门的开关状态。每个门的状态可通过 LED 显示。为减少长距离内铺设多根传输线,可组合使用多路选择器和多路分配器实现该系统。

9-3 在 Quartus II 中,利用 DFF 设计模 4 环形计数器。

9-4 在 Quartus II 中,利用优先权编码器 74147 设计一个计算器键盘编码电路。该键盘有 0～9 共 10 个按键,开关常态下是断开的。该电路将使 4 位十进制数通过数字键顺序输入,将其编码为 BCD 码,然后存储在寄存器中。

9-5 用一片 74194 和适当的逻辑门构成产生序列 10011001 的序列发生器,并用 MAX+plus II 软件仿真验证其正确性。

9-6 利用 3-8 线译码器 74138 和一个 8 选 1 多路选择器 81mux 设计一个 3 位二进制数等值比较器。包括原理图输入、编译、综合和适配和仿真。

9-7 在 Quartus II 中利用与非门设计一个同步 RS 触发器。包括原理图输入、编译、综合、适配和仿真。

9-8 在 Quartus II 中利用 8D 锁存器 74373、模 8 计数器和数据选择器 74151 设计一个 8 位的并串转换器。

9-9 用 EP4CE115F29C7 器件设计一个 2 位数字显示的频率计电路。

9-10 基于 VHDL 设计一个 n 位加法器/减法器,并给出 n=4 时的仿真结果。

9-11 基于 VHDL 库元件 DFF 在 Quartus II 中设计一个模 8 异步计数器,并给出仿真结果。

9-12 基于 VHDL 设计移位相加 8 位乘法器,并给出仿真结果。

第 10 章 数字系统的 FPGA 设计

数字系统是指由若干数字电路和逻辑部件构成的能够处理或传送、存储数字信息的设备。数字系统通常可以分为 3 个部分,即系统输入输出接口、数据处理器和控制器。数字系统结构框图如图 10.1 所示。

(1) 控制器部分:控制器接收外输入和处理器的各个子系统的反馈输入,然后综合为各种控制信号,分别控制各个子系统在定时信号到来时完成某种操作,并向外输出控制信号,是数字电子系统的核心部分。它由记录当前逻辑状态的时序电路和进行逻辑运算的组合电路组成。根据控制器的外部输入信号、执行部分送回的反馈信号以及控制部分的当前状态控制逻辑运算的进程,并向执行部分和系统外部发送控制命令。

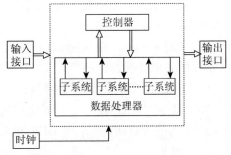

图 10.1 数字系统结构框图

(2) 数据处理器部分:它由组合电路和时序电路组成。它接收控制命令,执行相应的动作。同时,还要将自身的状态反馈给控制部分。逻辑功能可分解为若干个子处理单元,通常称为子系统,例如译码器、运算器等都可作为一个子系统。该部分的输入信号:控制部分的外部输入信号,作为控制部分的参数或控制;输出信号:由控制部分产生的送到外部的控制信号;反馈信号:由执行部分产生,反映执行部分状态的信号;输入数据送到数字系统的待处理数据;输出数据:由数字系统处理过的输出到外部的数据。

(3) 时钟:为整个系统提供时钟、同步信号。

(4) 输入接口电路:为系统的输入信号提供预处理功能。

(5) 输出接口电路:输出系统的各类信号、信息。

有没有控制器是区别功能部件(数字单元电路)和数字系统的标志。凡是有控制器,且能按照一定程序进行数据处理的系统,不论其规模大小,均称之为数字系统;否则,只能是功能部件或是数字系统中的子系统。现在的数字系统设计已经逐渐向片上系统 SOC(System on Chip)发展。从芯片的功能和规模来讲,一个芯片就是一个完整的数字电子系统,也称之为系统芯片。在数字电子技术领域中,"系统芯片"的基本定义是:这种芯片含有一个或多个主要功能块(CPU 核心,数字信号处理器核心和其他的专门处理功能模块)。它还含有其他功能块,如静态 RAM、ROM、EPROM、闪存或动态 RAM 以及通用或专用 I/O 功能块。尽管如此,没有两种系统芯片是完全相同的。大多数系统芯片都经过功能调整,使之专门适合指定的用途。

本章将通过一些数字系统开发实例说明怎样利用层次化结构的设计方法来构造大型系统。通过这些实例,逐步讲解设计任务的分解、层次化结构设计的重要性、可重复使用的库、程序包参数化的元件引用等方面的内容。

10.1 数字钟的 FPGA 设计

10.1.1 设计要求

本例在 Quartus II 开发系统中用可编程逻辑器件完成数字钟的 FPGA 设计,具体要求如下。

(1) 数字钟功能:数字钟的时间为 24 h 一个周期;数字钟须显示时、分、秒。

(2) 校时功能:可以分别对时、分、秒进行单独校时,使其调整到标准时间。

(3) 扩展功能:整点报时系统。设计整点报时电路,每当数字钟计时到 59 min 50 s 时开始报时,并发出鸣叫声,到达整点时鸣叫结束,鸣叫频率为 100 Hz。

10.1.2 功能描述

数字钟实际上是一个对标准 1 Hz 信号进行计数的电路,图 10.2 为数字钟的系统框图。秒计数器满 60 后向分计数器进位,分计数器满 60 后向时计数器进位,时计数器按 24 翻 1 规律计数,计数输出经译码器送到 LED 显示器,由于计数的起始时间不可能与标准时间(如北京时间)一致,故需要在电路上加上一个校时电路,该数字钟除用于计时外,还能利用扬声器进行整点报时,除校时功能外,数字钟处于其他功能状态时并不影响数字钟的运行,其输入输出功能键定义如下。

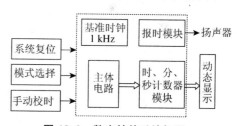

图 10.2 数字钟的系统框图

(1) 输 入

① K1:模式选择键,第一次按 K1 按钮时为校秒状态,按第二次为校分状态,按第三次为校时状态,按第四次为计时状态,系统初始状态为计时状态。

② K2:手动校时调整键,当按住该键不放时,表示调整时间直至校准的数值,松开该键则停止调整。

③ 基准时钟 1 kHz:1 000 Hz 的基准时钟输入,该信号 10 分频后作为整点报时所需的音频信号的输入时钟,1 000 分频后作为数字钟输入时钟。

(2) 输　出

HH$_{[1..0]}$ HL$_{[3..0]}$ 为 BCD 码小时输出显示；MH$_{[2..0]}$ ML$_{[3..0]}$ 为 BCD 码分输出显示；SH$_{[2..0]}$ SL$_{[3..0]}$ 为 BCD 码秒输出显示；alarm 为报时输出。

10.1.3　数字钟的层次化设计方案

根据上述功能描述，可以把多功能数字式电子钟系统划分为 3 部分：时钟源（即标准秒钟的产生电路）、时分秒计数器模块、数字钟模块、校时模块、数字秒表模块、闹钟和报整点模块。

1. 时钟源-晶体振荡器电路

(1) 原理说明

如精度要求不高可选用 555 构成的多谐振荡器，设其振荡频率为 $f_0=1\,\mathrm{kHz}$，电路原理图如图 10.3 所示，而后通过分频器电路（1 000 分频）即可产生 1 Hz 的方波信号供秒计数器进行计数，分频器电路可由 3 片十进制计数器级联而得，本设计选用图 10.3 所示的多谐振荡器电路的输出作为数字钟的基准时钟输入，基准时钟输入一方面用于定时报时和报整点时所需的音频信号。另一方面该信号 10 分频后作为数字秒表的输入时钟，经 1 000 分频后作为数字钟输入时钟。

(2) 时钟电路子模块 counterlk 的设计

时钟电路子模块可由 3 个十进制计数器 74160 级联而成，输出有 10 分频输出 clk_10，1 000 分频输出 clk_1 Hz，其原理图如图 10.4 所示。

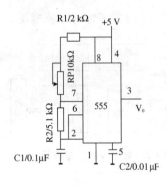

图 10.3　多谐振荡器电路

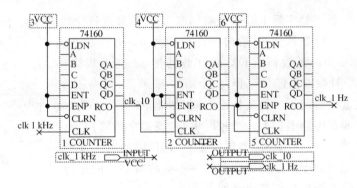

图 10.4　时钟电路子模块原理图

2. 时、分、秒计数器模块

(1) 原理说明

时分秒计数器模块由秒个位、十位计数器、分个位、十位计数及时个位、十位计数电路构成。其中：秒个位和秒十位计数器、分个位和分十位计数为六十进制计数器，而根据设计要求时个位和时十位构成的为二十四进制计数器。

(2) 秒计数器模块的 FPGA 设计

秒计数器模块的输入来自时钟电路的秒脉冲 clk_1 Hz。为实现六十进制可预置 BCD 码的秒计数器的功能,可采用两级 BCD 码计数器同步级联而成。第一级属于秒个位,用来计数和显示 0～9 s,BCD 码计数器每秒数值加 1,当这一级达到 9 s 时,BCD 码计数器使其进位输出信号 T_c 有效,在下一个时钟脉冲有效沿,秒个位计数器复位到 0。

根据分析,可用两片 74160 同步级联设计成六十进制计数器。74160 为同步可预置 4 bit 十进制加法计数器,它具有同步载入、异步清零的功能。构成该计数器的所有触发器都由时钟脉冲同步,在时钟脉冲输入波形上升沿同时触发。这些计数器可以使用置数输入端(LDN)进行预置,即当 LDN=0 时,禁止计数,输入 ABCD 上的数据在时钟脉冲上升沿被预置到计数器上;如果在时钟脉冲上升沿来到以前 LDN=1,则计数工作不受影响。两个高电平有效允许输入(ENP 和 ENT)和行波进位(RCO)输出使计数器容易级联,ENT、ENP 都为高电平时,计数器才能计数。

图 10.5 为六十进制计数器模块的原理图,由前面的分析知分和秒计数器都是模 $M=60$ 的计数器,其规律为 00→01→…→58→59→00,此底层计数器模块的设计中保留了一个计数使能端 CEN、异步清零端 CLRN 和进位输出端 T_c,这 3 个引脚是为了实现各计数器模块之间进行级联,以便实现校时控制而预留的。

根据计数器置数清零法的原理,第一级计数器置数输入端的逻辑表达式为:

$$T_{c1} = \text{not}(D_1 \cdot D_3 \cdot CEN) \tag{10-1}$$

第二级计数器置数输入端的逻辑表达式为:

$$T_{c2} = \text{not}(D_1 \cdot D_3 \cdot D_4 \cdot D_6 \cdot CEN) \tag{10-2}$$

图 10.5 中,当秒计数到 01011001(59)时将产生一个进位输出 T_c,此输出分别通过 T_{c1} 和 T_{c2} 反馈至其置数输入端(LDN)实现 0 置数。

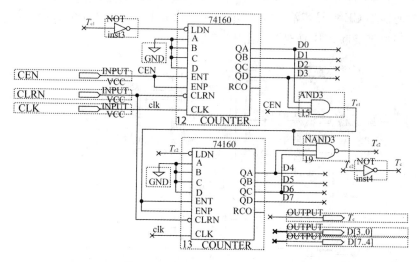

图 10.5 六十进制进制计数器原理图

在 Quartus Ⅱ 中,利用原理图输入法完成源程序的输入、编译和仿真。六十进制计数器子模块

count60_160.bdf 的仿真输出波形文件如图 10.6(a)所示。分析知仿真结果,当计数输出 D[7..0]=59 时,进位输出 T_c=1,结果正确无误。可将以上设计的六十进制可预置 BCD 码计数器子模块设置成可调用的元件 count60_160.sym,以备在高层设计中使用,其元件符号图如图 10.6(b)所示。

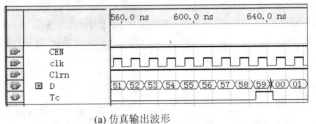

(a) 仿真输出波形

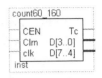

(b) 元件符号图

图 10.6 六十进制计数器子模块

(3) 分计数器模块的设计

分计数器模块和秒计数器模块的设计完全相同。

(4) 时计数器模块的设计

时计数器模块由分和秒级使能,每小时只产生一个脉冲。当该条件满足时,74160 的 ENT 变为高电平,即分和秒级为"59 分 59 秒"。时计数器模块能计数和显示 0~23h。同样可用两片 74160 同步级联设计成二十四进制计数器。由前面的分析知时计数器是模 $M=24$ 的计数器,其规律为 00→01→…→22→23→00…,即当数字种运行到"23h59min59s"时,在下一个秒脉冲作用下,数字钟显示"00h00min00s"。为实现校时控制,时计数器模块的设计中仍保留了一个计数使能端 CEN、异步清零端 CLRN 和进位输出端 T_c,这 3 个引脚也是为了实现各计数器模块之间进行级联。其原理图如图 10.7 所示。

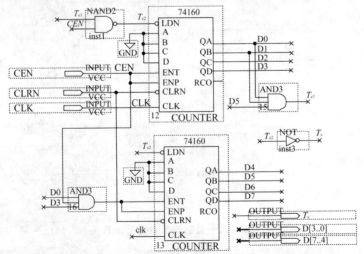

图 10.7 二十四进制时计数器模块原理图

二十四进制时计数器子模块 count24_160.bdf 的仿真输出波形文件如图 10.8(a) 所示。分析知仿真结果，当计数输出 $D[7..0]=23$ 时，进位输出 $T_c=1$，结果正确无误。可将以上设计的六十进制可预置 BCD 码计数器子模块设置成可调用的元件 count24_160.sym，以备在高层设计中使用，其元件符号图如图 10.8(b) 所示。

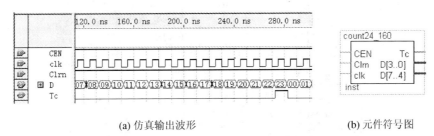

(a) 仿真输出波形　　　　　　　　(b) 元件符号图

图 10.8　二十四进制计数器子模块

3. 数字钟校时单元电路模块

(1) 原理说明

当刚接通电源或走时出现误差时都需要对时间进行校正，对时间的校正是通过正常的计数通路而用频率较高的方波信号加到其需要校正的计数单元的输入端，这样可以很快使校正的时间调整到标准时间的数值，这时再将选择开关打向正常时就可以准确走时了。在校时电路中，其实现方法是采用高速计数脉冲和计数使能来实现校时的，整个校时单元电路模块可分为两个部分，一个是模式计数译码器子模块，一个是输出使能选择子模块。

(2) 模式计数译码器子模块的设计

模式计数译码器子模块的输入数字中的功能设置键 Mode 按钮，第 1 次按 Mode 按钮时为校秒状态，按第 2 次为校分状态，按第 3 次为校时状态，按第 4 次为计时状态，如此循环。刚刚通电时 MODE=0 为计时状态。为了选择不同的功能设置，模式计数译码器子模块由宏模块 74160 组成的两位二进制计数器和一个 2-4 译码器，形成了计数译码器，该电路产生时分秒计数单元设置计数值的使能控制信号，其相应的功能如表 10.1 所列，另外在对分进行校时时应不能影响时计数，当校分时如果产生进位应该不影响时计数。

根据表 10.1 可得输出信号的逻辑表达式如下：

$$SEL = \overline{Q_1 + Q_2};$$
$$S\_EN = \overline{Q_2} \cdot Q_1;$$
$$M\_EN = Q_2 \cdot \overline{Q_1};$$
$$H\_EN = = Q_2 \cdot Q_1 \quad (10-3)$$

表 10.1　计数单元选择功能表

Mode 按钮	输入	输出				功能
	$Q_2\ Q_1$	S_EN	M_EN	H_EN	SEL	
1	00	0	0	0	1	计时
2	01	1	0	0	0	校秒
3	10	0	1	0	0	校分
4	11	0	0	1	0	校时

据此可在 Quartus II 中设计出模式计数译码器子模块的原理图,如图 10.9 所示。

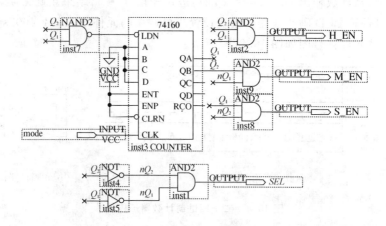

图 10.9 模式计数译码器子模块的原理图

图 10.9 中 SEL 为功能选择信号,当 SEL＝1 时,系统执行正常计时功能;当 SEL＝0 时,系统执行校时功能。H_EN、M_EN、S_EN 分别时分秒计数单元设置计数值的使能选择信号,高电平有效。图 10.10 为其编译仿真后的输出时序波形图和生成的元件符号图。

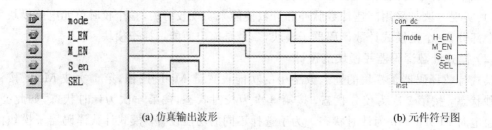

(a) 仿真输出波形　　　　　　　　　　　　　　(b) 元件符号图

图 10.10 模式计数译码器子模块

(3) 数字钟校时单元顶层电路模块设计

根据校时单元的功能特性,可利用时钟基准输出的 100 Hz 信号自动校时,在功能设置键 Mode 按钮的选择下,拨动一个校时开关 KEY 后(KEY＝1 时开始校时;KEY＝0 时停止校时,100 Hz 信号分别作用于时分秒计数器,使之自动递增,直至增加到希望的值后,再将校时开关 KEY 拨回初始状态即可。其原理图如图 10.11 所示,图 10.11 中 21mux 为 2 选 1 电路($S=0$ 时选 $Y=B$,$S=1$ 时选 $Y=A$),用于选择正常计时状态和校时状态下时分秒计数器的计数使能信号和时钟基准信号。T_s 和 T_m 分别为秒计数器和分计数器的进位输出。

4. 整点报时电路的设计

报时电路就是当在整点前 10s 时,整点报时电路输出为高电平(或低电平),驱动蜂鸣电路

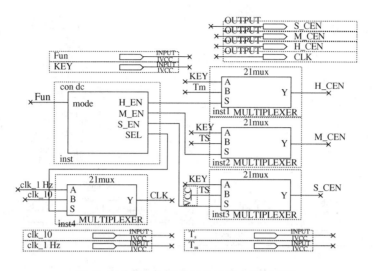

图 10.11 时、分、秒校时的校时电路逻辑图

工作,当时间到整点时蜂鸣电路停止工作。当时间为 59 min 50 s～59 min 59 s 时与非门输出低电平,用与非门的输出驱动蜂鸣器蜂鸣,当到整点时报时结束,其逻辑表达式为:

$$\text{Alarm} = (m_6 \cdot m_4 \cdot s_6 \cdot s_4 \cdot m_3 \cdot m_0) \text{ and clk\_10} \qquad (10-4)$$

式中,m_6、m_4 为分十位计数器的输出;m_3、m_0 为分个位计数器的输出;s_6、s_4 为秒十位计数器的输出;clk_10 为送至蜂鸣器的 100 Hz 音频信号。

10.1.4 数字钟的顶层设计和仿真

(1) 数字钟的顶层设计输入

按照层次化设计思路,在 Quartus Ⅱ 图形编辑器中分别调入前面的设计方案中所设计的低层模块的元件符号,根据图 10.2 可得数字钟的顶层原理图,如图 10.12 所示。

(2) 仿真设计

本设计中要仿真的对象为数字钟,需设定一个 1 kHz 的输入时钟信号和一个校时开关 K2,模式的设置开关信号 K1 的波形如图 10.13 所示。为了能够看到合适的仿真结果,所设计的输入信号的频率和实际的 1 Hz 信号的频率是不同的,本设计中假定网格时间(Grid Size)为 10 ns,总模拟时间(END TIME)为 1 s。

10.1.5 硬件测试

为了能对所设计的多功能数字钟进行硬件测试,应将其输入输出信号锁定在开发系统的目标芯片引脚上,并重新编译,然后对目标芯片进行编程下载,完成数字钟的最终开发,其硬件

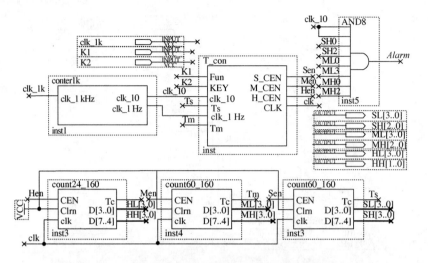

图 10.12 数字钟的顶层原理图

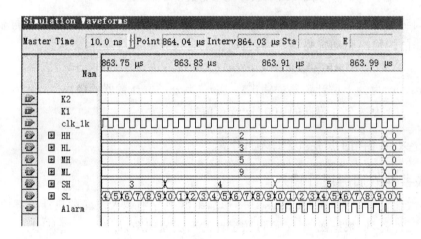

图 10.13 数字钟 23 h 59 min 59 s 状态时的仿真结果

测试示意图如图 10.14 所示,请读者根据采用的开发板完成硬件测试工作。

1. 确定引脚编号

在目标芯片引脚锁定前,应首先确定选用的 EDA 开发平台及相应电路的工作模式,在此选择 GW48EDA 系统的电路工作模式为 No.7。

(1) 1 kHz 接系统的 clock0(接 1 kHz),其对应目标芯片 EP1C6 的引脚号为 179。

(2) Alarm 接时钟报警 SPEAKER,其对应目标芯片 EP1C6 的引脚号为 174。

(3) HH[1..0] 由数码管 8 显示,对应目标芯片 EP1C6 的引脚是 158、141;HL[3..0] 由数码管 7 显示,其对应目标芯片 EP1C6 的引脚是 140、139、138、137;MH[2..0] 由数码管 5 显示,其

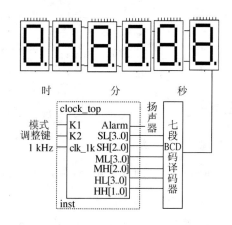

图 10.14 硬件测试示意图

对应目标芯片 EP1C6 的引脚是 135、134、133；ML[3..0] 由数码管 4 显示，其对应目标芯片 EP1C6 的引脚是 132、128、41、21；SH[2..0] 由数码管 2 显示，对应的目标芯片 EP1C6 的引脚分别是 19、18、17；SL[3..0] 由数码管 1 显示，对应的目标芯片 EP1C6 的引脚分别是 16、15、14、13。

（4）用键 8、键 5 表示模式选择键和调整键，此两键所对应的目标芯片 EP1C6 的引脚分别是 240、237。

2. 引脚锁定

根据第 9 章 9.3 节的流程即可完成引脚锁定工作。

3. 编程下载和硬件测试

完成引脚锁定工作后，再次对设计文件进行编译，排查错误并生成编程下载文件 clock_top.SOF。执行 QuartusII 主窗口 Tools 菜单下 Programmer 命令或者直接单击"Programmer 按钮进入设置编程方式窗口，将配置文件下载到 GW48 EDA 系统的目标芯片 EP1C6 上。按实验板上的输入按钮"键 8、键 5"，观测数码管输出，即可检查数字钟的输出是否正确。

10.2 乐曲演奏电路 FPGA 设计

10.2.1 设计要求

利用 DE2-115 开发板和可编程逻辑器件 FPGA，设计一个乐曲硬件演奏电路。由键盘输入控制音响，同时可自动演奏乐曲。演奏时可选择手动输入的乐曲或者已存入的乐曲，并配以一个小扬声器。其结构如图 10.15 所示，该设计产生的音乐选自《两只老虎》片段。

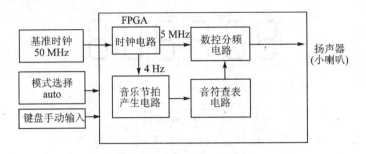

图 10.15　乐曲演奏电路结构方框图

10.2.2　原理描述

产生音乐的两个因素是音乐频率和音乐的持续时间。以纯硬件完成演奏电路比利用微处理器(CPU)来实现乐曲演奏要复杂的多。如果不借助于功能强大的 EDA 工具和硬件描述语言,仅凭借传统的数字逻辑技术,即使最简单的演奏电路也难以实现。根据 10.2.1 小节的设计要求,乐曲硬件演奏电路系统主要由数控分频器和乐曲存储模块组成。数控分频器对 FPGA 的基准频率进行分频,得到与各个音阶对应的频率输出。乐曲存储模块产生节拍控制和音阶选择信号,即在此模块中可存放一个乐曲曲谱真值表。由一个计数器来控制此真值表的输出,而由计数器的计数时钟信号作为乐曲节拍控制信号。

(1) 音名与频率的关系

音乐的十二平均率规定:每两个八度音(如简谱中的中音 1 与高音 1)之间的频率相差一倍。在两个八度音之间,又可分为十二个半音。另外,音名 A(简谱中的 6)的频率为 440 Hz。音名 B 到 C 之间,E 到 F 之间为半音。其余为全音,由此可以计算出简谱中从低音 1 到高音 1 之间每个音名的频率,如表 10.2 所列。

表 10.2　简谱中的音名与频率的关系

音　名	频率/Hz	音　名	频率/Hz
1(C 调)	261.63	高音 1(C 调)	532.25
2(D 调)	293.67	高音 2(D 调)	587.33
3(E 调)	329.63	高音 3(E 调)	659.25
4(F 调)	349.23	高音 4(F 调)	698.46
5(G 调)	391.99	高音 5(G 调)	783.99
6(A 调)	440	高音 6(A 调)	880
7(B 调)	493.88	高音 7(B 调)	987.76

由于音阶频率多为非整数,而分频系数又不能为小数,故必须将得到的分频数四舍五入取

整。若基准频率过低,则由于分频系数过小,四舍五入取整后的误差较大;若基准频率过高,虽然误码差变小,但分频结构将变大。实际的设计应综合考虑两方面的因素,在尽量减小频率误差的前提下取舍合适的基准频率。本例中选取 5 MHz 的基准频率。实际上,若无 5 MHz 的时钟频率。只要各个音名间的相对频率关系不变,C 作 1 与 D 作 1 演奏出的音乐听起来都不会"走调"。

各音阶频率及相应的分频系数如表 10.3 所列。为了减少输出的偶次谐波分量,最后输出到扬声器的波形应为对称方波。因此在到达扬声器之前,有一个二分频的分频器。表 10.3 中的分频系数就是在 5 MHz 频率二分频得到的 2.5 MHz 频率基础上计算得出的。

由于最大的分频系数为 9 555,故采用 14 位 $(10\ 000)_{10} = (10011100010000)_2$ 二进制计数器来满足分频要求。表 10.3 除给出了分频比以外,还列出了对应于各个音阶频率时计数器不同的初始值。对于乐曲中的休止符,要将分频系数设为 0,即初始值为 10 000 即可,此时扬声器将不会发声。对于不同的分频系数,加载不同的初始值即可。用加载初始值而不是将分频输出译码反馈,可以有效地减少本设计占用可编程逻辑器件的资源,也是同步计数器的一个常用设计技巧。

表 10.3 各音阶频率对应的分频值

音 名	分频系数	初始值	音 名	分频系数	初始值
1(C 调)	9 555	445	高音 1(C 调)	4 697	5 303
2(D 调)	8 513	1 487	高音 2(D 调)	4 257	5 743
3(E 调)	7 584	2 416	高音 3(E 调)	3 792	6 208
4(F 调)	7 159	2 841	高音 4(F 调)	3 579	6 421
5(G 调)	6 378	3 622	高音 5(G 调)	3 189	6 811
6(A 调)	5 682	4 318	高音 6(A 调)	2 841	7 159
7(B 调)	5 062	4 938	高音 7(B 调)	2 531	7 469

(2) 控制音长的节拍发生器

该电路演奏的乐曲是《两只老虎》片段,其最小的节拍为 1 拍。将 1 拍的时长定为 0.25 s,则只需要再提供一个 4 Hz 的时钟频率即可产生 1 拍的时长。演奏时间的控制通过 ROM 查表的方式来完成。占用时间较长的节拍(一定是拍的整数倍),如全音符为 4 拍(重复 4),2/4 音符为 2 拍(重复 2),1/4 音符为 1 拍(重复 1)。

若要求演奏时能循环进行,则需另外设置一个时长计数器。当乐曲演奏完成时,保证能自动从头开始演奏。该计数器控制真值表能按顺序输出简谱。

10.2.3 乐曲硬件演奏电路的层次化设计方案

根据层次化的设计思路,可把乐曲硬件演奏电路分为三个模块:音乐节拍发生器 Notetabs 模块、音符译码电路 Tonetaba 模块和数控分频模块（Speaker）。下面给出其 FPGA 设计过程。

(1) 基准时钟电路 Clockmod

由于 DE2-115 开发板提供的时钟信号只有 50 MHz 这一种信号，所以为了得到满足实验要求的基准频率，必须增加一个时钟电路，用于将 DE2-115 开发板提供的 50 MHz 频率 10 分频，得到 5 MHz 的基准频率。同样为了得到节拍发生电路所需的频率，仍然将 DE2-115 开发板提供的 50 MHz 频率 12.5 M 分频，得到 4 Hz 的时钟频率。

其 VHDL 源程序如下：

```
library ieee;
use ieee.std_logic_1164.all;
use ieee.std_logic_unsigned.all;
entity Clockmod is
    port( clock: IN STD_LOGIC;
          clk4:out std_logic;
clk5M  :  out std_logic);
endClockmod;
ARCHITECTURE one OFClockmod is
    signal clkt : std_logic;
signal clktt : std_logic;
BEGIN
    U1:PROCESS(clock)
       VARIABLE count: std_logic_vector(25 DOWNTO 0);
    BEGIN
      IF CLOCK'EVENT AND CLOCK = '1' THEN
        if count = 12500000 then
          count := count - count;
          clkt <= '1';
        else
          count := count + 1;
          clkt <= '0';
        end if;
      END if;
    END process;
    clk4 <= clkt;
U2: PROCESS(clock)
       VARIABLE countt: std_logic_vector(3 DOWNTO 0);
    BEGIN
        IF CLOCK'EVENT AND CLOCK = '1' THEN
```

```
            if countt = 10 then
                countt : = countt - countt;
                clktt <= '1';
            else
                countt : = countt + 1;
                clktt <= '0';
            end if;
        END if;
    END process;
    clk5M <= clktt;
END one;
```

(2) 音乐节拍发生器 Notetabs

该模块将利用 FPGA 的片内 ROM 存放乐曲简谱真值表。该乐曲数据存储器 ROM 的地址发生器由一个二进制计数器产生。该计数器的计数时钟为 4 Hz,即每一计数值的停留时间为 0.25 s。随着 Notetabs 中计数器按 4 Hz 的时钟频率作加法计数时,在地址值递增时,乐曲数据 ROM 中的音符数据将根据地址值从 ROM 中查表获取乐曲简谱频率值。所存储乐曲就根据地址的数据产生输出音频。二进制计数器的位数将根据所存放乐曲简谱基本节拍数来决定。乐曲《两只老虎》片段其最小节拍数为 64,即选择计数器的位数为 6。另外在此模块上增加一手动/自动选择按扭 auto。auto=1 时为自动演奏;auto=0 时为手动输入。

其设计流程如下:

① 利用 MegaWizard Plug-In Manager 定制音符数据存储器 music

在 Quartus Ⅱ 主窗口 Tools 菜单中选择 MegaWizard Plug-In Manager 命令。熟悉 LPM_ROM 定制流程的同学,即可完成 music 模块的定制工作。

在定制中选择 ROM 的数据位宽为 4,地址位宽为 6(共计 64 个字)。ROM 的类型选择为 Auto,并指定其初始化数据文件名为 data1.mif。该数据文件指向工程文件夹里 musicdata 文件夹。

② 定制 ROM 模块的初始化数据文件 data1.mif

在 Quartus Ⅱ 中选择 File→New→Other Files→Memory Initialization File。单击 OK 按钮后,进入 ROM 初始化数据文件大小编辑界面。在编辑界面中,根据设计的要求,可选 ROM 的数据数(number of words)为 64 字,数据位宽度(word size)为 4。

在数据文件编辑界面中,单击 OK 按钮,将出现图 10.16 所示的 mif 数据表格。在表格中将《梁祝》片段的音符数据(共 36 个)以十进制数形式填入此表中。最后保存此数据文件名为 data1.mif,存盘路径为 x:/.../musicdata(即第一步创建好的 musicdata 文件夹)。

③ 音乐节拍发生器 Notetabs 的 VHDL 设计

其 VHDL 源程序如下:

Addr	+0	+1	+2	+3	+4	+5	+6	+7
0	8	8	9	9	10	10	8	0
8	8	8	9	9	10	10	8	8
16	10	10	11	11	12	12	12	12
24	10	10	11	11	12	12	12	12
32	12	13	12	11	10	10	8	8
40	12	13	12	11	10	10	8	8
48	9	9	5	5	8	8	8	8
56	9	9	5	5	8	8	8	0

图 10.16 数据存储器 music 的初始化数据文件内容

```vhdl
library ieee;
use ieee.std_logic_1164.all;
use ieee.std_logic_unsigned.all;
entity Notetabs is
    port ( clk4Hz,auto       : in std_logic;
           index2            : in std_logic_vector (3 downto 0);
           tone              : out std_logic_vector (3 downto 0));
end ;
architecture one of Notetabs is
component MUSIC
    port ( address           : in std_logic_vector(5 downto 0);
           clock             : in std_logic;
           q                 : out std_logic_vector(3 downto 0));
end component;
    signal counter           : std_logic_vector(5 downto 0);
    signal index1            : std_logic_vector(3 downto 0);
    begin
cnt8: process(clk4Hz,counter)
        begin
            if counter = 64 then counter <= "000000";
            elsif (clk4Hz'event and clk4Hz = '1') then counter <= counter + 1;
            end if;
        end process cnt8;
u1: music port map(address => counter,clock => clk4Hz,q => index1);
mux: process(auto)
        begin
            if auto = '0' then  tone <= index2;
            else tone <= index1;
```

```
        end if;
    end process mux;
    end one;
```

在源程序中 tone 是音乐节拍发生器输出的音符数据（即为音符对应的分频比）；clk4Hz 是计数时钟输入端,该信号作为输出音符的快慢信号（此处选择 4 Hz 频率,即每一计数值的停留时间为 0.25 s 计 1 拍,四四拍的四分音符的持续时间为 1 s。频率越高,时钟的输出节拍速度就快,演奏的速度就越快,反之演奏的速度就变慢；index2 为手控输入的音符数据；auto 为手动/自动选择按扭（auto＝1 时为自动演奏,auto＝0 时为手动输入）。音乐节拍发生器的仿真输出波形文件如图 10.17(a)所示。分析可知仿真结果正确无误。将以上设计的音乐节拍发生器电路设置成可调用的元件,以备高层设计中使用,其元件符号如图 10.17(b)所示。

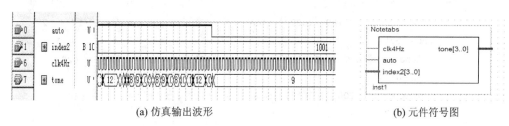

(a) 仿真输出波形　　　　　　　　　(b) 元件符号图

图 10.17　音乐节拍发生器

(3) 音符译码电路 Tonetaba 模块

音符译码电路即音调发生器,实际上是一个查表电路,放置 21 个音乐简谱对应的频率表。根据该表为数控分频模块（Speaker）提供所发音符频率的初始值（该初始值可参照表 10.3）,而此数在数控分频模块入口的停留时间即为此音符的节拍数。为不失一般性,以下 VHDL 程序中仅设置了《梁祝》乐曲全部音符所对应的音符频率的初始值,共 16 个。每个音符停留时间由音乐节拍发生器的时钟频率决定,在此为 4 Hz 信号。这 16 个值的输出由对应于音符译码电路的 4 位输入值 Index[3..0]确定。该值中音符的停留时间由音乐节拍发生器中的音符数据决定。该数据重复的次数为该音符的节拍数,如为 2 则为四二拍,如为 4 则为四四拍即全音符。其 VHDL 源程序如下所示：

```
library ieee;
use ieee.std_logic_1164.all;
entity Tonetaba is
    port (  index   : in    std_logic_vector(3 downto 0);
            code:     out std_logic_vector(6 downto 0);
            hight   : out std_logic;
            Tone    : outstd_logic_vector(13 downto 0)
        );
```

```vhdl
end Tonetaba;
architecture one of Tonetaba is
        signal code1:std_logic_vector(3 downto 0);
begin
        u1:process(index)
        begin
        case index is
                when "0000" =>
                  Tone <= "10011100010000";code1 <= "0000";hight <= '0';  --10000
                when "0001" =>
                  Tone <= "01010010110111";code1 <= "0001";hight <= '0';  --5303 1
                when "0010" =>
                  Tone <= "01011001110000";code1 <= "0010";hight <= '0';  --5744  2
                when "0011" =>
                  Tone <= "01100001000000";code1 <= "0011";hight <= '0';  --62083
                when "0100" =>
                  Tone <= "01100100010101";code1 <= "0100";hight <= '0';  --64214
                when "0101" =>
                  Tone <= "01101010011011";code1 <= "0101";hight <= '0';  --68115
                when "0110" =>
                  Tone <= "01101111110111";code1 <= "0110";hight <= '0';  --71596
                when "0111" =>
                  Tone <= "01110100101101";code1 <= "0111";hight <= '0';  --74697
                when "1000" =>
                  Tone <= "01110110111011";code1 <= "0001";hight <= '1';  --76118
                when "1001" =>
                  Tone <= "01111011000000";code1 <= "0010";hight <= '1';  --78729
                when "1010" =>
                  Tone <= "01111110101000";code1 <= "0011";hight <= '1';  --810410
                when "1011" =>
                  Tone <= "10000000010011";code1 <= "0100";hight <= '1';  --821111
                when "1100" =>
                  Tone <= "10000011010110";code1 <= "0101";hight <= '1';  --840612
                when "1101" =>
                  Tone <= "10000110000100";code1 <= "0110";hight <= '1';  --858013
                when "1110" =>
                  Tone <= "10001000011111";code1 <= "0111";hight <= '1';  --873514
                WHEN OTHERS => NULL;
        end case;
```

```
          end process;
      u2:PROCESS(code1)
      BEGIN
          CASE code1 IS
              WHEN "0000" => code <= "1000000";
              WHEN "0001" => code <= "1111001";
              WHEN "0010" => code <= "0100100";
              WHEN "0011" => code <= "0110000";
              WHEN "0100" => code <= "0011001";
              WHEN "0101" => code <= "0010010";
              WHEN "0110" => code <= "0000010";
              WHEN "0111" => code <= "1111000";
              WHEN "1000" => code <= "0000000";
              WHEN "1001" => code <= "0010000";
              WHEN "1010" => code <= "0001000";
              WHEN "1011" => code <= "0000011";
              WHEN "1100" => code <= "1000110";
              WHEN "1101" => code <= "0100001";
              WHEN "1110" => code <= "0000110";
              WHEN "1111" => code <= "0001110";
              WHEN OTHERS => NULL;
          END CASE;
      END PROCESS;
  end one;
```

音符译码电路 Tonetaba 模块的仿真输出波形如图 10.18 所示。由于选用的乐曲是《两只老虎》,其简谱涉及到的音符可以简化为中音及高音的 14 个音符之间。index[3..0]是音乐节拍发生器输出的音符数据。四位二进制能表示 16 个数,因而满足电路条件。tone[13..0]是为数控分频模块提供的音符频率初始值。为方便测试,特设置一个音名代码显示输出 CODE[3..0]和音高指示信号 high。可以通过一个数码管或 LED 来显示乐曲演奏时对应的音符和高音名。例如当输入 Index=(0010)$_2$,即表示输入中音 2,产生的分频系数便是 4 257。CODE 输出对应该音阶简谱的显示数码 2。high 输出为低电平,指示音阶为中音,high 输出为高电平时则指示音阶为中音,分析可知仿真结果正确无误。将以上设计的音符译码电路 Tonetaba 设置成可调用的元件,以备高层设计中使用,其元件符号如图 10.18(b)所示。

(4) 数控分频模块(Speaker)设计

数控分频器对 FPGA 的基准频率进行分频,得到与各个音阶对应的频率输出。数控分频模块是由一个初值可变的 14 位加法计数器构成。该计数器的模为 10 000。当计数器计满时,产生一个进位信号 Spk。该信号就是用作发音的频率信号(其频率值参见表 10.2)。在计数

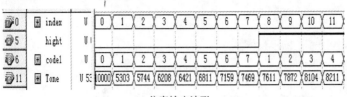
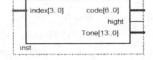

(a) 仿真输出波形　　　　　　　　　　　(b) 元件符号图

图 10.18　音符译码电路 Tonetaba

器的预置端给定不同的初值,其输出将产生不同的频率信号。频率信号初值 Tone 就是前级音符译码电路 Tonetaba 的输出。它计满所需要的分频比可由下式决定。

$$\text{Tone}[13..0] + \text{分频比} = 10\ 000 \geqslant \text{产生进位信号 fullspk} \qquad (10-5)$$

结合表 10.3,分析式(10-5)可知,低音时,Tone 值小,分频比大,进位信号 fullspk 的周期长,扬声器发出的声音低,Tone 随音乐的乐谱而变化,自动控制分频比,从而实现数控分频。发生信号的频率与 Tone 成正比,这就是利用数控分频器自动演奏音乐的原理。

数控分频器的输入时钟频率为 5 MHz。通过分频后,其进位信号 fullspk 是一个周期脉冲信号。为有利于驱动扬声器,在音调输出时再进行二分频得到新的信号 Spk。将脉冲展宽,使之占空比为 50%,这样扬声器就有足够的发声功率。其 VHDL 源程序如下。

```
library ieee;
use ieee.std_logic_1164.all;
use ieee.std_logic_unsigned.all;
entitySpeaker is
    port (    clk : IN STD_LOGIC;
              tone : IN STD_LOGIC_VECTOR(13 DOWNTO 0);
              spk : OUT STD_LOGIC);
ENDSpeaker;
ARCHITECTURE BEHAVIOUR OFSpeaker IS
    SIGNAL fullspk,COUNT2 : STD_LOGIC;
BEGIN
    PROCESS(CLK,TONE)
        VARIABLE COUNT14 : STD_LOGIC_VECTOR(13 DOWNTO 0);
    BEGIN
    IF CLK'EVENT AND CLK = '1' THEN
        IF COUNT14 = "10011100010000" THEN
            COUNT14 := TONE;
            FULLSPK <= '1';
        ELSE
            COUNT14 := COUNT14 + 1;
            FULLSPK <= '0';
        END IF;
```

```
        END IF;
    END PROCESS;

    PROCESS(fullspk)
        -- VARIABLE COUNT2 : STD_LOGIC;
    BEGIN
        IF FULLSPK'EVENT AND FULLSPK = '1' THEN COUNT2 <= NOT COUNT2;
        END IF;
    END PROCESS;
        SPK <= COUNT2;
END BEHAVIOUR;
```

该 VHDL 程序的第一个进程是对 5 MHz 的时基脉冲按照 tone 输入的分频系数对 5 MHz 的脉冲分频,得到两倍的所需要的音符频率;第二个进程的作用是将前一步的音调再进行二分频,得到实际音符所需的频率,同时将脉冲展宽,使扬声器有足够发声功率。

10.2.4 乐曲硬件演奏电路顶层电路的设计和仿真

乐曲硬件演奏电路顶层电路分为 5 个模块:基准时钟电路 Clockmod 模块、音乐节拍发生器 NoteTabs 模块、音符译码电路 Tonetaba 模块、数控分频模块(Speaker)。其顶层设计的 VHDL 程序如下。

```
LIBRARY IEEE;
USE IEEE.STD_LOGIC_1164.ALL;
ENTITY M_TOP IS
    PORT (  clk,auto    : IN STD_LOGIC;                       -- 时钟频率信号
            index       : IN STD_LOGIC_VECTOR (3 DOWNTO 0);   -- 简谱码手动输入
            CODE        : OUT STD_LOGIC_VECTOR (6 DOWNTO 0);  -- 简谱码输出显示
            hight       : OUT STD_LOGIC;                      -- 高 8 度指示
            spk         : OUT STD_LOGIC );                    -- 声音输出
END M_TOP;
ARCHITECTURE one OF M_TOP IS
    COMPONENT Clockmod is
      port ( clock  : IN STD_LOGIC;
             clk4:     out std_logic;
             clk5M    :out std_logic);
      END COMPONENT;
        COMPONENT Notetabs
      port ( clk4Hz,auto:in std_logic;
             index2 : in std_logic_vector (3 downto 0);
             tone : out std_logic_vector (3 downto 0));
```

```
    END COMPONENT;
    COMPONENT Tonetaba
        PORT ( index:  IN    STD_LOGIC_VECTOR (3 DOWNTO 0);
               code:   OUT   STD_LOGIC_VECTOR (6 DOWNTO 0);
               hight:  OUT   STD_LOGIC;
               tone:   OUT   STD_LOGIC_VECTOR (13 DOWNTO 0));
    END COMPONENT;
    COMPONENT Speaker
        PORT ( clk    : IN STD_LOGIC;
               tone   : IN STD_LOGIC_VECTOR (13 DOWNTO 0);
               spk    : OUT STD_LOGIC  );
    END COMPONENT;
    SIGNAL   CLK4,CLK5M:STD_LOGIC;
        SIGNAL   Tone : STD_LOGIC_VECTOR (13 DOWNTO 0);
        SIGNAL   Toneindex : STD_LOGIC_VECTOR (3 DOWNTO 0);
BEGIN
    u1 : Clockmod PORT MAP (clock = >CLK,clk4 = >CLK4,clk5M = >CLK5M);
    u2: Notetabs PORT MAP (clk4Hz = >CLK4,auto = >auto,index2 = >Index,tone = >Toneindex);
    u3: Tonetaba PORT MAP (index = >Toneindex,tone = >Tone,CODE = >CODE,hight = >hight);
    u4: Speaker  PORT MAP (clk = >CLK5M,tone = >Tone, spk = >spk );
    END;
```

该程序中 CLK 音调频率信号为 5 MHz。clk4Hz 是乐曲硬件演奏电路节拍频率信号为 4 Hz。index 为手控输入的音符数据。auto 为手动/自动选择按扭。auto=1 时为自动演奏；auto=0 时为手动输入。code 简谱码输出显示。high 为高 8 度指示。spk 为声音频率输出。

10.2.5　硬件测试

为了能对所设计的乐曲硬件演奏电路进行硬件测试，应将其输入/输出信号锁定在开发系统的目标芯片引脚上，并重新编译。然后对目标芯片进行编程下载，完成乐曲硬件演奏电路的最终开发，其硬件测试示意图如图 10.19 所示。本设计选用的开发工具为 DE2-115 开发板，选择目标器件为 EP3C16F484C6 芯片，并且附加一个外设喇叭。

锁定引脚时将 clk 连至 CLOCK_50M(接受 50 MHz 的时钟频率)；spk 接 GPIO1_D[28]，作为喇叭的输入端之一；简谱码手动输入 index[3..0]同 SW3～SW0 相连；auto 接 SW[9]；code[6..0]接七段译码管 HEX0，显示输出的简谱码；hight 接发光二级管 LEDG0，用于指示高 8 度音。引脚锁定完毕后将配置数据下载到 DE2-115 开发板中。扬声器一端插在 DE2-115 的 GPIO 中的 30 号端口(GND)，另一端插在 33 号(PIN_AH22)端口(GPIO[28])。拨动开关 SW9(auto)，切换至自动模式(auto = 1)，即可自动播放音乐。

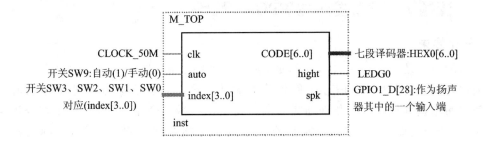

图 10.19　乐曲演奏电路硬件测试示意图

10.3　数字系统设计课题

10.3.1　课题 1　多功能运算器 FPGA 设计

1. 设计任务

设计一个能实现两种算术运算和两种逻辑运算的 8 位运算器。参加运算的 8 位二进制代码分别存放在 4 个寄存器 R1、R2、R3 和 R4 中,在选择变量控制下完成如下 4 种基本运算:

① 实现 A 加 B,显示运算结果并将结果送寄存器 R1。
② 实现 A 减 B,显示运算结果并将结果送寄存器 R2。
③ 实现 A 与 C,显示运算结果并将结果送寄存器 R3。
④ 实现 A 异或 D,显示运算结果并将结果送寄存器 R4。

2. 原理说明

根据设计任务,为了区分 4 种不同的运算,需设置两个运算控制变量。设运算控制变量为 S_1 和 S_0,可列出运算器的功能,如表 10.4 所列。

根据功能描述可得出运算器的原理框图,如图 10.20 所示。整个电路可由传输控制电路、运算电路和显示电路组成。

表 10.4　运算器的功能

$S_1 S_0$	功能	说明
00	$A+B \rightarrow A$	A 加 B,结果送至 R1
01	$A-B \rightarrow A$	A 减 B,结果送至 R2
10	$A \cdot B \rightarrow A$	A 与 C,结果送至 R3
11	$A \oplus B \rightarrow A$	A 异或 B,结果送至 R4

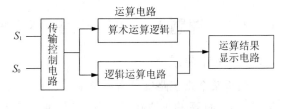

图 10.20　运算器的原理框图

10.3.2 课题 2 时序发生器 FPGA 设计

1. 设计要求

计算机的工作是按照时序分步执行的,能产生周期节拍、时标脉冲等时序信号的部件称之为时序发生器,因此时序信号是使计算机能够准确、迅速、有条不紊地工作的时间基准。计算机每取出并执行一条指令所需要的时间通常叫做一个指令周期,一个指令周期一般由若干个 CPU 周期(通常定义为从内存中读取一个指令字的最短时间,又称为机器周期)组成。时序信号的最简单体制是节拍电位—节拍脉冲二级体制。一个节拍电位表示一个 CPU 周期的时间,在一个节拍电位中又包含若干个节拍脉冲,节拍脉冲表示较小的时间单位。时序信号发生器的功能就是产生一系列的节拍电位和节拍脉冲,它一般由时钟脉冲源、时序信号产生电路、启停控制电路等部分组成。请设计一个用于实验系统的时序信号发生器,功能如下:

① 由时钟脉冲源提供频率稳定的方波信号作为系统的主频信号(即时序发生器的输入信号),要求系统的主频信号可以在 2 MHz、1 MHz、250 kHz 等 4 种不同频率之间进行选择。

② 为了保证系统可靠地启动和停止,必须对时序信号进行有效的控制。此外,由于启动信号和停止信号都是随机产生的,考虑到节拍脉冲的完整性,所以要求时序信号发生器启动时从第一个节拍脉冲的前沿开始工作,停止时在第四个节拍脉冲的后沿关闭。

2. 原理说明

根据设计要求可知,时序信号发生器由时钟脉冲源、时序信号产生电路、启停控制电路 3 个模块组成,其结构框图如图 10.21 所示。假定节拍脉冲信号用 T_1、T_2、T_3、T_4 表示,则该时序信号发生器产生的波形如图 10.22 所示。

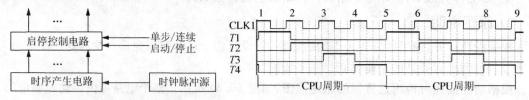

图 10.21 时序发生器结构框图　　　图 10.22 时序信号发生器产生的输出波形

10.3.3 课题 3 设计一个具有 3 种信号灯的交通灯控制系统

1. 设计要求

假设某个十字路口是由一条主干道和一条次干道汇合而成,在每个方向设置红绿黄 3 种信号灯,红灯亮禁止通行,绿灯亮允许通行。黄灯亮允许行驶中车辆有时间停靠到禁止线以外。用传感器检测车辆是否到来。其具体要求如下:

① 主干道处于常允许通行状态,次干道有车来时才允许通行。

② 主次干道均有车时,两者交替允许通行,考虑到主次干道车辆数目的不同,主干道每次放行时间较长,次干道每次放行时间较短,当绿灯换成红灯时,黄灯需要亮一小段时间作为信号过渡,以便车辆有时间停靠到禁止线以外。

③ 要求主干道每次放行时间为 45 s,次干道每次放行时间为 25 s。

④ 每次主干道或次干道绿灯变红灯时,黄灯先亮 5 s。

2. 原理说明

根据设计要求和层次化设计思想,整个系统可分为定时模块、控制模块和信号灯译码模块。控制模块接收系统时钟信号 clk 和主次干道传感器信号 A、B,定时模块向控制电路发出 45 s(T45)、25 s(T25)、5 s(T5)的定时信号,信号灯译码模块在控制模块的控制下,改变信号灯状态。用 T45,T25,T5 表示 45 s,25 s,5 s 定时信号,R1、Y1、G1 分别表示主干道红、黄、绿三色灯,R2、Y2、G2 分别表示次干道红、黄、绿三色灯,定时模块产生 3 个时间间隔后,向控制电路发出时间已到的信号,控制电路根据定时模块及传感器信号 A、B 决定是否进行状态转移,如果肯定,则控制电路将给出状态转移使能控制信号到定时模块,定时模块开始计时。其系统框图如图 10.23 所示。

10.3.4 课题 4 设计一个基于 FPGA 芯片的弹道计时器

1. 设计要求

利用 Alter 公司的 FPGA 芯片,设计一个测量手枪子弹等发射物速度的便携式计时器,这种计时器可用来测定子弹或其他发射物的速度。

竞赛射手通常用这种设备来测定装备的性能。基本操作要求是:射手在两个分别产生起始测量脉冲和终止测量脉冲的光敏传感器上方射出一个发射物,两个光传感器(本例中假定为阴影传感器)分开放置,两者之间的距离已知。发射物在两个传感器之间的飞行时间直接与发射物的速度成正比。子弹等发射物从上方经过起始传感器时产生 ST 信号,经过终止传感器时产生 SP 信号。传感器之间的距离 S 是固定的。通过测量子弹等发射物经过传感器之间的时间 T 即可计算出子弹的速度 V,$V = S/T$。

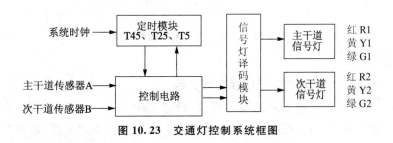

图 10.23 交通灯控制系统框图

2. 原理说明

由题意可知,弹道计时器的主要功能是测量出子弹等发射物穿过起始传感器和终止传感器之间的距离所需要的时间,并将该时间显示出来。因此,该计时器需要由方波信号发生器、控制电路、两位十进制计数器和译码显示等几个部分组成。控制电路收到起始传感器产生的信号 ST 后,在一定频率脉冲作用下启动计数器开始计数,收到终止传感器产生的信号 SP 后令计数器停止计数。这样,计数器统计的脉冲数便直接对应子弹等发射物穿过起始传感器和终止传感器之间的距离所需要的时间。由此可得弹道计时器的系统框图,如图 10.24 所示。

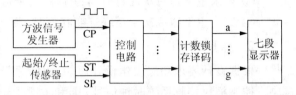

图 10.24 弹道计时器系统框图

弹道计时器的工作原理是:由方波信号发生器产生稳定的高频脉冲信号,作为计时基准;控制电路接收方波信号发生器产生的脉冲信号以及来自传感器的起始信号 ST 和终止信号 SP,输出计数、锁存、译码等控制信号;最后将计数器统计的脉冲数送显示器显示。

10.3.5　课题 5　设计一个基于 FPGA 芯片的汽车尾灯控制器

1. 设计要求

利用 Alter 公司的 FGPA 芯片,设计一个汽车尾灯控制器,实现对汽车尾灯显示状态的控制。在汽车尾部左右两侧各有 3 个指示灯(假定采用发光二极管模拟),根据汽车运行情况,指示灯具有 4 种不同的显示模式:① 汽车正向行驶时,左右两侧的指示灯全部处于熄灭状态;② 汽车右转弯行驶时,右侧的 3 个指示灯按右循环顺序点亮;③ 汽车左转弯行驶时,左侧 3 个指示灯按左循环顺序点亮;④ 汽车临时刹车时,左右两侧的指示灯同时处于闪烁状态。汽车尾灯控制器的结构框图,如图 10.25 所示。

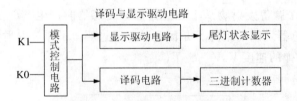

图 10.25 汽车尾灯控制器的结构框图

2. 原理说明

(1) 汽车尾灯显示状态与汽车运行状态的关系

为了区分汽车尾灯的 4 种不同的显示模式,设置 2 个状态控制变量。假定用开关 K_1 和 K_0 进行显示模式控制,可列出汽车尾灯显示状态与汽车运行状态的关系,如表 10.5 所列。

(2) 汽车尾灯控制器功能描述

在汽车左、右转弯行驶时，由于3个指示灯被循环顺序点亮，所以可用一个三进制计数器的状态控制译码器电路顺序输出高电平，按要求顺序点亮3个指示灯。如表10.5所列（表中指示灯的状态"1"表示点亮，"0"表示熄灭）。

表10.5 汽车尾灯显示状态与汽车运行状态的关系

控制变量 K_0 K_1	汽车运行状态	左侧3个指示灯 DL1 DL2 DL3	右侧3个指示灯 DR1 DR2 DR3
0　0	正向行驶	熄灭状态	熄灭状态
0　1	右转弯行驶	熄灭状态	按 DR1 DR2 DR3 顺序循环点亮
1　0	左转弯行驶	按 DL1 DL2 DL3 顺序循环点亮	熄灭状态
1　1	临时刹车	左右两侧的指示灯在时钟脉冲 CP 作用下同时闪烁	

设三进制计数器的状态用 Q_1 和 Q_0 表示，可得出描述指示灯 DL3、DL2、DL1、DR3、DR2、DR1与开关控制变量 K1、K0，计数器的状态 Q_1、Q_0 以及时钟脉冲 CP 之间关系的功能真值表10.6。

表10.6 汽车尾灯控制器功能真值表

控制变量 K0 K1	计数器状态 Q1 Q0	左侧3个指示灯 DL1 DL2 DL3	右侧3个指示灯 DR1 DR2 DR3
0　0	d　d	0　0　0	0　0　0
0　1	0　0	0　0　0	1　0　0
0　1	0　1	0　0　0	0　1　0
0　1	1　0	0　0　0	0　0　1
1　0	0　0	0　0　1	0　0　0
1　0	0　1	0　1　0	0　0　0
1　0	1　0	1　0　0	0　0　0
1　1	d　d	CP CP CP	CP CP CP

10.3.6　课题6　数字密码锁 FPGA 设计

1. 设计要求

设计一个8位串行数字密码锁，并通过 DE2-115 平台验证其操作。具体要求如下。

① 开锁代码为8位二进制数，当输入代码的位数和位值与锁内给定的密码一致，且按规定程序开锁时，方可开锁，并用开锁指示灯 LT 点亮来表示；否则，系统进入一个"错误 error"状态，并发出报警信号。

② 开锁程序由设计者确定，并要求锁内给定的密码是可调的，且预置方便，保密性好。

③ 串行数字密码锁的报警方式是用指示灯 LF 点亮并且用喇叭鸣叫来报警，直到按下复位开关，报警才停止。然后数字锁又自动进入等待下一次开锁的状态。

2. 原理说明

数字密码锁亦称电子密码锁,其锁内有若干位密码,所用密码可由用户自己选定。数字锁有两类:一类并行接收数据,称为并行锁;另一类串行接收数据,称为串行锁,本设计为串行锁。如果输入代码与锁内密码一致时,锁被打开;否则,应封闭开锁电路,并发出报警信号。

设锁内给定的8位二进制数密码用二进制数$D[7..0]$表示,开锁时串行输入数据由开关K产生,可以为高电平1和低电平0,为了使系统能逐位地依次读取由开关K产生的位数据,可设置一个按钮开关READ,首先用开关K设置1位数码,然后按下开关READ,这样就将开关K产生的当前数码读入系统。为了标识串行数码的开始和结束,特设置RESET和TRY按钮开关,RESET信号使系统进入初始状态,准备进入接收新的串行密码,当8位串行密码与开锁密码一致时,按下TRY开关产生开锁信号,系统便输出OPEN信号打开锁,否则系统进入一个"ERROR"状态,并发出报警信号ERROR,直到按下复位开关RESET报警才停止。数字密码锁可划分为控制器和处理器两个模块,其原理框图如图10.26所示。

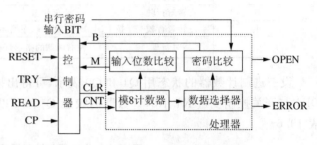

图 10.26 数字密码锁原理框图

10.3.7 课题7 电梯控制器 FPGA 设计

1. 设计要求

设计一个4层楼的电梯控制器,该控制器满足以下要求:

① 每层电梯入口设有上下请求开关,电梯内设有乘客到达层次的停站请求开关。

② 设有电梯所处位置指示装置及电梯运行模式(上升或下降)指示装置。

③ 电梯每秒升(降)一层楼。

④ 电梯到达有停站请求的楼层后,经过1s电梯门打开,开门指示灯亮,开门4s后,电梯门关闭(开门指示灯灭),电梯继续运行,直至执行完最后一个请求信号后停在当前层。

⑤ 能记忆电梯内外的所有请求信号,并按照电梯运行规则按顺序响应,每个请求信号保留执行后消除。

⑥ 电梯运行规则:当电梯处于上升模式时,只响应比电梯所在位置高的上楼请求信号,由下而上逐个执行,直到最后一个上楼请求执行完毕,如更高层有下楼请求,则直接升到有下楼请求的最高楼层接客,然后便进入下降模式。电梯处于下降模式时则与上升模式相反。

⑦ 电梯初始状态为一层开门,到达各层时有音乐提示,有故障报警。

2. 原理说明

根据设计要求可得电梯控制器系统组成框图如图 10.27 所示。

该控制器可控制电梯完成 4 层楼的载客服务而且遵循方向优先原则,并能响应提前关门延时关门,并具有超载报警和故障报警;同时指示电梯运行情况和电梯内外请求信息。

方向优先控制是指电梯运行到某一楼层时先考虑这一楼层是否有请求:有则停止;无则继续前进。停下后再启动时的控制流程为:① 考虑前方(上方或下方)是否有请求;有则继续前进;无则停止;② 检测后方是否有请求,有请求则转向运行,无请求则维持停止状态。这种运作方式下,电梯对用户的请求响应率为 100%,且响应的时间较短。

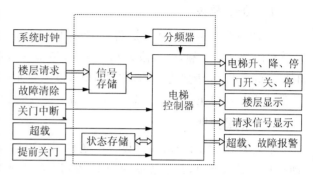

图 10.27 电梯控制器系统组成框图

本系统的输出信号有两种:一种是电机的升降控制信号(两位)和开门/关门控制信号;另一种是面向用户的提示信号(含楼层显示、方向显示、已接收请求显示等)。

电机的控制信号一般需要两位,本系统中电机有 3 种工作状态:正转、反转和停转状态。两位控制信号作为一个三路开关的选通信号。系统的显示输出包括数码管楼层显示、数码管请求信号显示和表征运动方向的箭头形指示灯的开关信号。

10.3.8 课题 8 自动售饮料控制器 VHDL 设计

1. 设计要求

① 该系统能完成货物信息存储、进程控制、硬币处理、余额计算和显示等功能。

② 该系统可以销售 4 种货物,每种的数量和单价在初始化时输入,在存储器中存储。用户可以用硬币进行购物,按键进行选择。

③ 系统根据用户输入的货币,判断钱币是否够,钱币足够则根据顾客的要求自动售货,钱币不够则给出提示并退出。

④ 系统自动计算出应找钱币余额和库存数量并显示。

2. 原理说明

系统按功能分为:分频模块、控制模块、译码模块、译码显示模块。系统组成框图如图 10.28 所示。

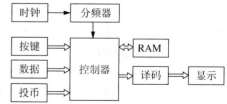

图 10.28 自动售饮料控制器系统组成框图

10.3.9 课题 9 出租车自动计费器 FPGA 设计

1. 设计要求

设计一个出租车自动计费器,计费包括起步价、行车里程计费、等待时间计费 3 个部分,用 3 位数码管显示金额,最大值为 999.9 元,最小计价单元为 0.1 元,行程 3 km 内,且等待累计时间 3 min 内,起步费为 8 元,超过 3 km,以 1.6 元/km 计费,等待时间单价为 1 元/min。用两位数码管显示总里程。最大为 99 km,用两位数码管显示等待时间,最大值为 59 min。

2. 原理说明

根据层次化设计理论,该设计问题自顶向下可分为分频模块、控制模块、计量模块、译码和动态扫描显示模块,其系统框图如 10.29 所示,各模块功能如下:

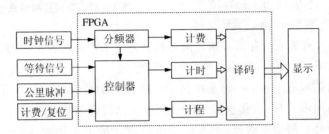

图 10.29 出租车自动计费器系统框图

(1) 分频模块

分频模块对频率为 240 Hz 的输入脉冲进行分频,得到的频率为 16 Hz、10 Hz 和 1 Hz 的 3 种频率。该模块产生的频率信号用于计费,每个 1 Hz 脉冲为 0.1 元计费控制,10 Hz 信号为 1 元的计费控制,16 Hz 信号为 1.6 元计费控制。

(2) 计量控制模块

计量控制模块是出租车自动计费器系统的主体部分,该模块主要完成等待计时功能、计价功能、计程功能,同时产生 3 min 的等待计时使能控制信号 en1,行程 3 km 外的使能控制信号 en0。其中计价功能主要完成的任务是:行程 3 km 内,且等待累计时间 3 min 内,起步费为 8 元;3 km 外以每公里 1.6 元/km 计费,等待累计时间 3 min 外以 1 元/min 计费;计时功能主要完成的任务是:计算乘客的等待累计时间,计时器的量程为 59 分,满量程自动归零;计程功能主要完成的任务是:计算乘客所行驶的公里数。计程器的量程为 99 km,满量程自动归零。

(3) 译码显示模块

该模块经过 8 选 1 选择器将计费数据(4 位 BCD 码)、计时数据(2 位 BCD 码)、计程数据(2 位 BCD 码)动态选择输出。其中计费数据 jifei4~jifei1 送入显示译码模块进行译码,最后送至百元、十元、元、角为单位对应的数码管上显示,最大显示为 999.9 元;计时数据送入显示译码模块进行译码,最后送至 min 为单位对应的数码管上显示,最大显示为 59 s;计程数据送入显示译码模块进行译码,最后送至以 km 为单位的数码管上显示,最大显示为 99 km。

10.3.10 课题 10 简易数字钟的设计

1. 设计要求

简易数字钟实际上是一个对标准 1 Hz 秒脉冲信号进行计数的计数电路。秒计数器满 60 后向分计数器进位;分计数器满 60 后向时计数器进位;时计数器按 24 翻 1 规律计数。计数输出经译码器送 LED 显示器,以十进制(BCD 码)形式输出时、分、秒。用 VHDL 语言设计一个简易数字钟电路,并将程序下载到 DE2-115 实验板上完成硬件测试。

2. 原理说明

根据上述简易数字钟的设计要求,可将该系统的设计分为两部分,即时分秒计数模块和时分秒译码输出模块。其原理框图如图 10.30 所示。秒计数器在 1 Hz 时钟脉冲下开始计数。当秒计数器值满 60 后进位输送到分计数器,同时将数值送往秒译码器,以十进制 BCD 码分别显示输出秒的十位与个位。同理,分计数器也在计数值满 60 后进位输送到时计数器。经译码输出十位与个位计数值。而时计数器则是模为 24 的计数器。当计数值满 24 后,计数值置零,重新开始计数。如此循环计数。

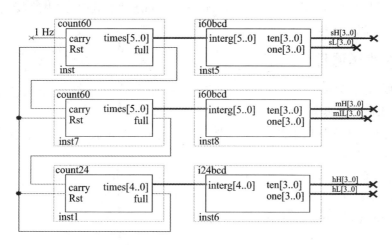

图 10.30 数字钟的原理框图

附 录

网上资料与教学课件

一、网上资料

为便于读者学习,本书提供网上资料,包含第 7 章、第 9 章及第 10 章的部分设计实例与实验题的 VHDL 源程序,综合性设计实例与设计课题参考源程序,以及 DEZ-115 开发板引脚配置信息。

网上资料下载地址为:http://www.buaapress.com.cn"下载中心"中的"数字逻辑原理与 FPGA 设计(第 2 版)"链接。

二、多媒体教学课件

本教材配有教学课件。需要用于教学的老师,请与北京航空航天大学出版社联系。北京航空航天大学出版社联系方式如下:

通信地址:北京市海淀区学院路 37 号北京航空航天大学出版社嵌入式系统图书分社

邮　　编:100191

电　　话:010-82317035

传　　真:010-82328026

E-mail:emsbook@buaacm.com.cn

参考文献

[1] 刘昌华,管庶安.数字逻辑原理与FPGA设计[M].北京:北京航空航天大学出版社,2009.
[2] 管庶安.数字逻辑基础[M].北京:中国水利水电出版社,2005.
[3] 康华光.电子技术基础数字部分[M].5版.北京:高等教育出版社,2006.
[4] 刘昌华.论VHDL语言的程序结构和描述风格[J].武汉:计算机与数字工程,2010.
[5] 刘昌华.基于参数可设置Altera宏功能模块的MAX+plusII设计[J].舰船电子工程,2008.
[6] 刘昌华.EDA技术与应用——基于Quartus II 和VHDL[M].北京:北京航空航天大学出版社,2012.
[7] 刘昌华.层次化设计方法在数字电路设计中的应用[J].武汉:武汉工业学院学报,2004.
[8] 曾繁态.EDA工程概论[M].北京:清华大学出版社,2003.
[9] David R. coelho. The VHDL Handbook. Boston:Vantage Analysis. inc,1993.
[10] Altera Corportation. Alerta Introduction to Quartus II. http://www.altera.com.cn,2013.
[11] 欧阳星明.数字逻辑[M].3版.武汉:华中科技大学出版社,2008.
[12] 白中英,谢松云.《数字逻辑》[M].6版.北京:科学出版社,2013.
[13] 教育部高等学校计算机科学与技术教学指导委员会.高等学校计算机科学与技术专业实践教学体系与规范.北京:高等教育出版社,2008.
[14] 武汉轻工大学数字逻辑精品课程网站. http://szlj.whpu.edu.cn.2013.